“十四五”普通高等教育本科部委级规划教材

现代纺织机械设计

王　青　主　编
张守京　副主编

中国纺织出版社有限公司

内 容 提 要

本书主要内容包括典型纺纱机械的主要机构，如打手机构、均匀装置、牵伸传动机构和加压机构、皮辊自调平衡机构、粗细纱卷绕机构和圈条机构的工作原理和设计方法；织造机械主要机构，如开口机构、剑杆引纬和喷气引纬机构、打纬机构、卷取和送经机构的工作特点和设计原理等。

本书既可以作为高等院校纺织机械、纺织工艺等本科、研究生的教材或参考书，也可供纺织行业相关技术人员阅读使用。

图书在版编目（CIP）数据

现代纺织机械设计/王青主编. --北京：中国纺织出版社有限公司，2021.8

“十四五”普通高等教育本科部委级规划教材

ISBN 978-7-5180-8813-3

Ⅰ.①现… Ⅱ.①王… Ⅲ.①纺织机械—机械设计—高等学校—教材 Ⅳ.①TS103

中国版本图书馆CIP数据核字（2021）第168729号

责任编辑：范雨昕　　责任校对：寇晨晨　　责任印制：何　建

中国纺织出版社有限公司出版发行

地址：北京市朝阳区百子湾东里A407号楼　邮政编码：100124

销售电话：010—67004422　传真：010—87155801

http：//www.c-textilep.com

中国纺织出版社天猫旗舰店

官方微博 http：//weibo.com/2119887771

三河市宏盛印务有限公司印刷　各地新华书店经销

2021年8月第1版第1次印刷

开本：787×1092　1/16　印张：12

字数：236千字　定价：68.00元

前言

随着我国纺织机械科学技术的发展以及高等院校纺织专业设置的改革，我国纺织类高校尚缺乏新形势下纺织机械设计类的教材。随着社会人才需求的不断变化和对专业培养方案的不断修订更新，纺织类课程学时大幅减少，导致现有相关教材无法满足当前的教学要求。因此亟须根据纺织技术的发展以及人才培养方案的更新，编写新的教材来满足纺织机械专业方向的教学以及纺织机械相关行业技术人员培养的需求。

本书主要涉及纺纱和织造工艺中典型和共性机构的设计原理和设计方法介绍，章节安排并非按工艺流程，而是将不同工艺中作用相同或相近的机械设备归入一章编写，内容更加凝练，使相似设备的设计方法类似时，便于读者进行对比分析，更有助于理解。

本书共十一章，包括绪论、打手机构设计、均匀装置设计、牵伸机构设计、卷绕机构设计、气力输送系统设计、织机开口机构设计、织机引纬机构设计、织机打纬机构设计、织机卷取与送经机构设计、纺织智能织造技术。此外，每章开始部分都有本章知识点总结，章后都设有思考题，以使读者在学习前对本章知识点做到心中有数，在学习后通过练习，进一步掌握教材内容。

本书由王青主编，第一至第五章由张守京编写，其余部分由王青编写。在编写本书的过程中得到了同行多位老师的帮助和鼓励，同时在编写初期，贾秀海、叶明露和梁高翔负责资料收集和分类整理工作。编者在此对为本书出版提供帮助者深表感谢。

由于纺织工艺、装备技术的发展十分迅速，加之编者水平有限，书中难免有所疏漏和错误，不当之处敬请读者指正。本书同时参考了其他相关图书和期刊等的研究内容，编者在此对有关作者表示感谢。

作者

2021 年 3 月

目录

第一章　绪论

本章知识点

1. 我国纺织行业现状。
2. 纺织机械行业及其发展方向。

第一节　我国纺织行业发展现状

纺织机械是指应用在纺织工艺各个环节中，把纤维加工成纺织品所需要的各种机械设备的总称。纺织机械设备的智能化是我国纺织工业转变与革新的基础，是使我国纺织工业从劳动密集型向技术密集型转变的关键，是我国从纺织大国发展为纺织强国的重要基石。

我国是全球最大的纺织服装生产国和出口国，拥有完整的产业链布局。纺织行业是我国国民经济支柱产业和重要的民生产业。目前我国纤维加工量占世界总量的50%以上，纺织产业规模位居世界首位。纺织行业的发展带动纺织机械行业的发展，我国纺织机械行业已具有较大的规模，已经形成较为完整的产业链布局。

我国经济步入发展新常态后，纺织行业也处于新旧增长模式转换的关键时期，实施转换的有效途径是依靠科技创新驱动发展。纺织机械是我国纺织工业装备技术的基础，根据纺织工业结构调整的需要，发展高端纺织装备技术，提高国产纺织装备制造水平，是我国纺织工业由大转强的重要基础和关键。

"绿色纺织"是21世纪纺织工业发展的重要主题，因此具有提高资源利用率、降低能耗等效果的纺织装备将拥有广阔的市场空间。同时，纺织服装行业发展动力正在转换，由以往生产要素的生产竞争正在转变为科技实力的综合竞争，并且未来纺织服装产业将不再是劳动密集型产业，而是体现出高科技产业特性的技术密集型、创意密集型产业。因此，具有创新性、高效性、环保性的数字化及智能化纺织机械是未来纺机设备的主要发展趋势。

第二节　纺织机械行业及其发展方向

纺织机械涵盖从纤维制备到服装成型过程中的所有加工设备，具体包括化纤机械、纺纱机械、织造机械、针织机械、非织造机械、染整机械、服装机械及纺织器材八个相对独立的子行业，如图1－1所示。

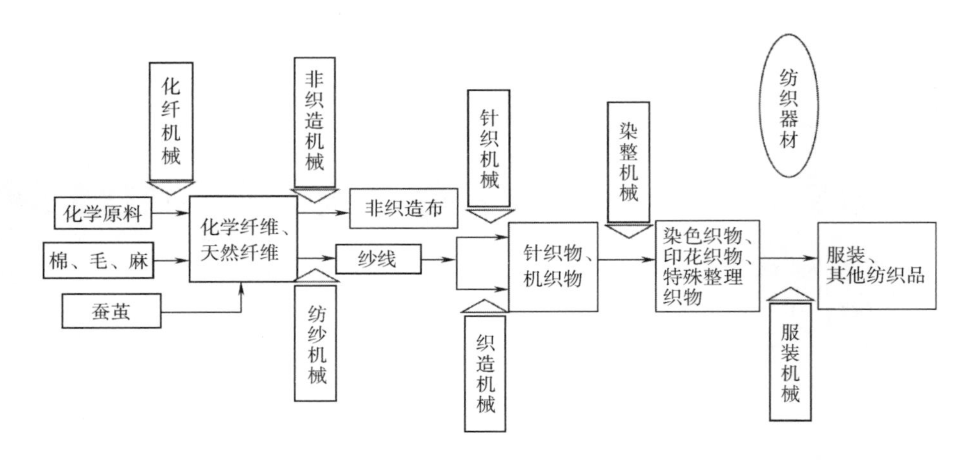

图1－1　纺织机械子行业与纺织产业链的关系

（一）化纤机械

通过原料制备、纺丝流体制备、纺丝成型和化学纤维后加工四大工序过程制成化学纤维的设备称为化纤机械。化纤机械呈现出向生产技术高效率、短流程、连续化、数字化的发展趋势。

（二）纺纱机械

把纺织纤维加工成纱线的过程称为纺纱，对应的机械设备称为纺纱机械。纺纱机械广泛应用电子技术、在线监测监控技术，设备简单、操作方便，具备工艺适应性强、质量可靠稳定等特点，可实现高速、高产、优质、高效及节能的效果。

（三）织造机械

通过织机使纱线经纬交织形成织物的过程称为织造。其中，无梭织机将更多采用新型轻质材料，向高速、高效、高精度以及高度光机电一体化方向发展，并进一步提高品种适应性和通用性，使单一织机可适应多种纤维和纱线的织造。

（四）针织机械

利用织针将纱线弯曲成圈，并相互串套连接而形成织物的工艺过程称为针织。针织机械中电子技术的应用日益扩大，如电子选针、电子送经、电子卷取、电子横移、成形织物程序控制以及机器故障的监测、显示及停机等，实现单机全自动和多机台群控。针织机械今后将重点提升设备的稳定性与适应性，进一步缩小针织产品在可靠性、一致性方面与国际先进产品的差距。

（五）非织造机械

通过原料准备、成网、加固、烘燥、后整理等一系列工艺形成织物的工艺过程称为非织造。非织造机械未来将进一步简化工艺流程，扩大纤维的应用范围，提高生产速度和劳动生产率。非织造布后加工设备仍有待大力开发，以满足高品位、高附加值非织造布的生产需要。

（六）染整机械

对纺织品应用浸轧、洗涤、烘燥、蒸化等物理化学方法进行加工处理，使其具有多种附加功能的加工过程称为染整。染整机械愈加重视高效短流程工序的设备开发，高效、节能、低耗技术的开发与应用，并朝节能、环保、自动控制、模块化、多功能化、多形式组合方向发展，以适应小批量、多品种、快交货的生产要求。

（七）服装机械

将织物制成服装并进行后整理等所用到的机械称为服装机械。缝纫机的机械传动装置将被电控步进电动机替代，以提高其可靠性和缝制速度，并对线迹、长度、缝制速度等参数进行更精确的控制，研发更精确的拉线和线张力调节装置，发展无线缝制。服装整烫设备在系列化、多样化方面进一步扩大应用范围，实现计算机控制和一机多功能。计算机绣花机将采用先进的电子元件和控制软件，广泛应用气动控制技术、针定位技术、倒回针以及大旋梭、大摆梭结构，以实现高速化、静音化，并使绣花制板 CAD 系统的程序设计具有可移植性和可扩充性。

（八）纺织器材

纺织器材将广泛应用新材料或研制纺织器材专用材料，充分应用现代设计方法，采用新工艺、新织造技术，使织机关键零部件和纺织器材的性能进一步提高，寿命进一步延长。

总而言之，纺织机械是一种科技含量高，品种繁多，性能各异，批量生产，连续运转，集光、机、电、气、液于一体的装备，且正在不断朝智能化方向发展和转变。

思考题

1. 简述我国纺织行业现状。
2. 简述纺织机械行业及其发展方向。

第二章　打手机构设计

本章知识点

1. 抓棉打手前角的设计方法。
2. 豪猪打手的结构组成及刀片排列方式。
3. 梳针打手的排列方式。
4. 金属针布工作角、齿尖角、齿高与总高、齿尖密度及锯齿形状的确定方法。

打手是开清棉机械的重要工作机件，有刀片式、锯齿圆盘式、角钉式、豪猪式、翼片式、梳针式、综合式等形式。打手形式对抓棉、开松和除杂效果起决定性作用，应根据开清棉工序前后各阶段不同的工艺要求，采用不同的打手形式。一般来说，开清棉联合机中打手的排列顺序是“先粗后细”，使棉块逐步减小。例如，在 LFA010C 开清棉联合机中打手安排顺序依次是：锯齿圆盘式抓棉打手、角钉式辊筒打手、豪猪式打手、梳针翼片式综合打手。由于梳棉机高产化的趋势对开清棉提出了更高的要求，故必须合理设计打手机械，使喂入梳棉机的棉块进一步减小，以得到充分的松解。同时，为了实现对纤维的有效开松和梳理，须对梳棉机金属针布进行合理设计。

第一节　抓棉打手

一、主要结构及作用

抓棉打手从棉包层中抓取棉块，随后又将棉块甩出，使其在气流作用下被送入输棉管道，喂给前方机台。抓棉打手由许多形状相同或相似的刀片组成。锯齿圆盘式抓棉打手的结构如图 2－1 所示。打手回转时，刀片依次进入抓棉区，从两肋条之间抓取棉块，刀片伸出肋条的距离可以调节。在有些抓棉机上，刀尖并不伸出肋条，而是由于肋条的压力，使棉块被迫进入肋条之间的空间，向上凸出被刀片撕开，分离出棉块。这样可以使抓取的棉块更小，提高开松程度。同一圆盘上的相邻刀片应相互错开，使抓取点均匀分布，从而得到大小均匀的棉块。

对于小车回转式圆型抓棉机，在抓棉小车回转过程中，距小车回转中心较远处的刀片

（即外圆盘上的刀片）在相同时间内走过的行程较长。但为了做到抓取的棉块大小均匀，应使各刀片的抓取弧长基本相等。因此，需要将外圆盘上刀片密度加大。在FA002型自动抓棉机上，打手由三种锯齿圆盘组成，刀片分成三组，内稀外密，各组圆盘上的刀片数由内向外依次为9、12和15。

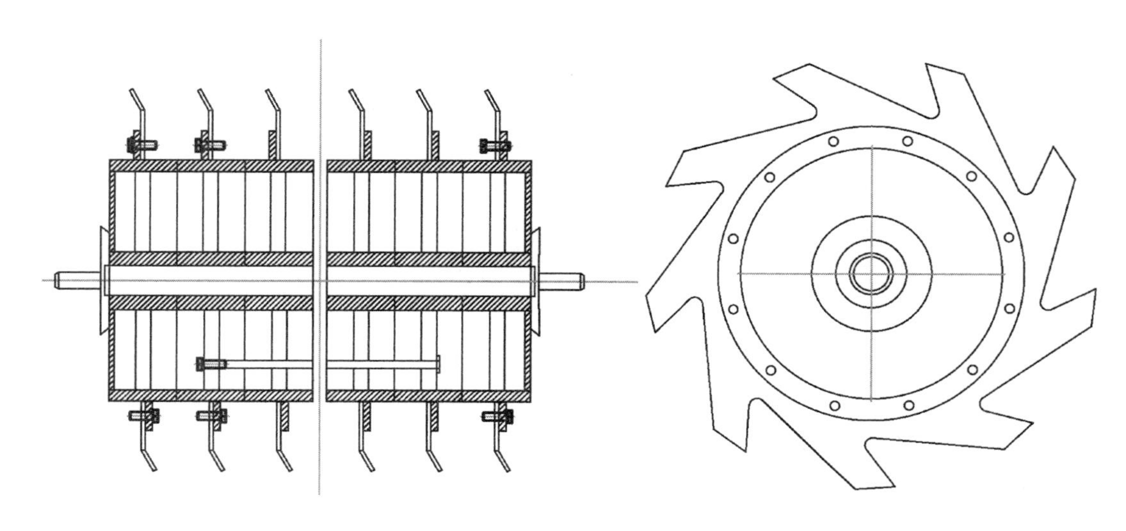

图2-1　抓棉打手

二、主要结构参数的确定

（一）刀片头端角度参数

刀片头部（图2-2）的主要结构参数是前角α、楔角β和后角γ。后角γ较大时，刀片与后方棉层的摩擦力减小。楔角β较小时，能够提高刀片的锐度（即刺入棉层的能力），但是β太小则会影响刀片强度，所以在设计时要兼顾。在选择前角α时，应使刀片易于从棉包层中抓起棉块，并在离开抓棉区后能将棉块顺利甩出。

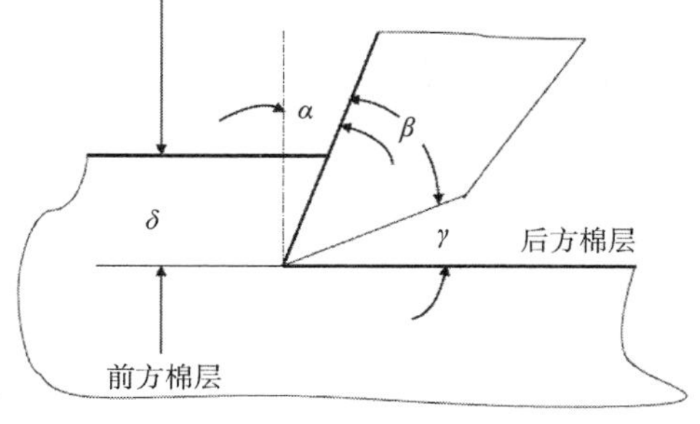

图2-2　刀片头端角度参数

（二）抓棉区棉块受力分析

图2-3（a）表示在抓棉区中能将棉块保持在刀面上不向内滑移的临界条件；图2-3（b）表示能将棉块保持在刀面上不被甩出的临界条件。它们应分别满足以下力学关系式：

$$\begin{cases} N_1\tan\varphi = P\sin\alpha_1 + F_1\sin(\alpha_1 - \theta_1) - C\cos\alpha_1 \\ N_1 = P\cos\alpha_1 + F_1\cos(\alpha_1 - \theta_1) + C\sin\alpha_1 \end{cases} \tag{2-1}$$

$$\begin{cases} N_2\tan\varphi = C\cos\alpha_2 - F_2\sin(\alpha_2 - \theta_2) - P\sin\alpha_2 \\ N_2 = P\cos\alpha_2 + F_2\cos(\alpha_2 - \theta_2) + C\sin\alpha_2 \end{cases} \tag{2-2}$$

式（2－1）和式（2－2）中各变量的下标1和2分别表示（a）、（b）两状态。N 为棉块与刀面之间的正压力；φ 则是它们之间的摩擦角；C 是棉块随刀片做圆周运动时的离心力（若棉块质量为 m，离打手轴心的半径距离为 r，打手的回转角速度为 ω，则 $C = mr\omega^2$）；F 是棉层对棉块的阻力，设它与打手圆周切线的夹角为 θ；P 是棉块被加速时的切向惯性力，它的平均值可根据下面的方法估算。

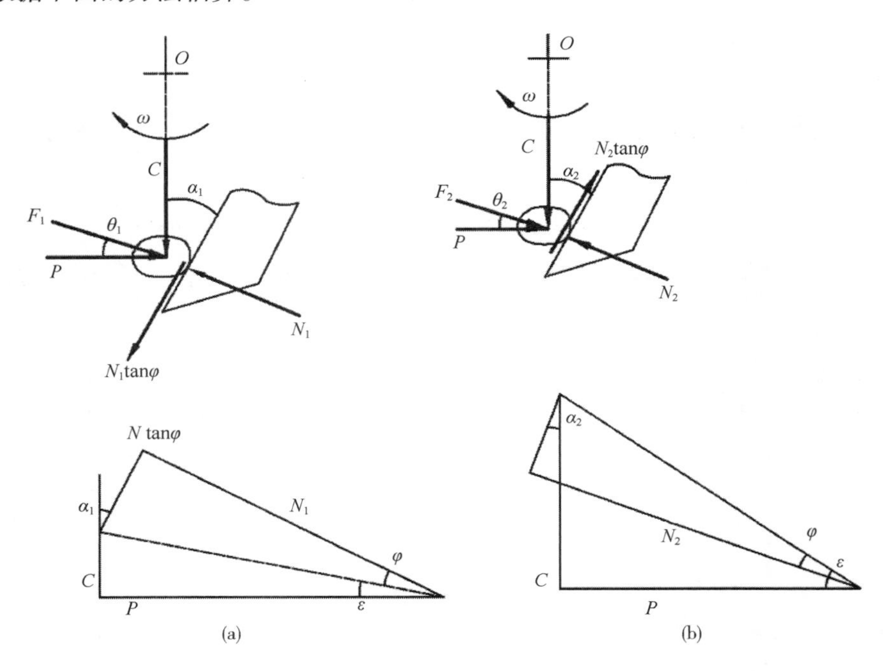

图2－3　抓棉区棉块受力分析

在抓棉区，棉块由静止状态被加速到 $v = r\omega$，其平均加速度为 $a = v/\Delta t = r\omega/\Delta t$，$\Delta t$ 是刀片的作用时间。由图2－4可知，若 δ 为抓取厚度，则：

$$\cos\Delta\varphi = \frac{r-\delta}{r} = 1 - \frac{\delta}{r},\ \sin^2\Delta\varphi = 1 - \left(1 - \frac{\delta}{r}\right)^2 = 2\frac{\delta}{r} - \frac{\delta^2}{r^2}$$

因 $\delta \ll r$，故近似可得：$\Delta\varphi \approx \sin\Delta\varphi \approx \sqrt{2\delta/r}$

转过 $\Delta\varphi$ 角所需时间为：$\Delta t = \Delta\varphi/\omega\,(\approx \sqrt{2\delta/r}/\omega)$

进而可得：$P = ma = mr\omega/\Delta t = mr\omega^2/\Delta\varphi$

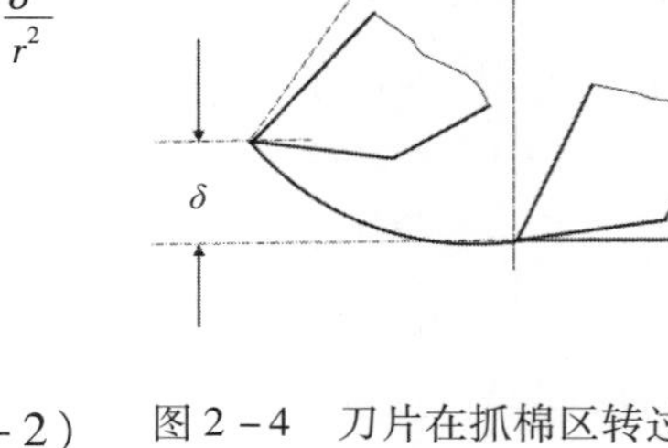

图2－4　刀片在抓棉区转过的角度

若不计棉层阻力 F，则从式（2－1）和式（2－2）可以解出：

$$\pm\tan\varphi = \frac{P\sin\alpha - C\cos\alpha}{P\cos\alpha + C\sin\alpha} = \frac{\tan\alpha - C/P}{1 + (C/P)\tan\alpha} = \tan(\alpha - \varepsilon)$$

式中：$\tan\varepsilon = C/P = mr\omega^2/P = \Delta\varphi(\approx \sqrt{2\delta/r})$

式中取正号时可解出 α_1，取负号时可解出 α_2，即 $\alpha_1 = \varepsilon + \varphi$，$\alpha_2 = \varepsilon - \varphi$

故：

$$\varepsilon + \varphi > \alpha > \varepsilon - \varphi \tag{2-3}$$

式（2－3）表示在不计棉层阻力时使棉块保持在刀面上的条件。

棉层阻力 F 的大小在很大程度上取决于刀片前角 α。

当 $\alpha > 0$ 时，F 是前方棉层对棉块的压力和棉块与棉层之间联系力（即对抗撕扯的纤维联结力）的合力。一般来说，前方棉层的压力要比纤维联结力大得多。若略去纤维联结力不计，则 F 与 P 方向相同，即 $\theta = 0$ 。

当 $\alpha < 0$ 时，刀片有向下方压紧棉块的趋势，此时棉块与下方棉层的压力，棉块与前方棉层的压力以及纤维与纤维之间的联结力共同组成了棉层阻力 F。因此，F 值远比 $\alpha > 0$ 时大，且 θ 角为负（即在图 2－3 中，F 偏到 P 的下方）。为了提高抓棉效率，前角 α 常取较大的正值，同时使 α 小于但接近于 $\alpha_1(=\varepsilon+\varphi)$。

根据以上讨论，当 $\alpha > 0$ 时，可将 F 看作是与 P 方向相同的力，即 $\theta = 0$，于是式（2－1）可简化为：

$$N_1 \tan\varphi = (F+P)\sin\alpha_1 - C\cos\alpha_1$$
$$N_1 = (F+P)\cos\alpha_1 + C\sin\alpha_1$$

两式相除，并设 $\tan\varepsilon_1 = C/(F+P)$，则得：

$$\tan\varphi = \frac{(F+P)\sin\alpha_1 - C\cos\alpha_1}{(F+P)\cos\alpha_1 + C\sin\alpha_1} = \frac{\tan\alpha_1 - \tan\varepsilon_1}{1+\tan\varepsilon_1\tan\alpha_1} = \tan(\alpha_1 - \varepsilon_1)$$

故

$$\varphi = \alpha_1 - \varepsilon, \alpha_1 = \varepsilon_1 + \varphi \tag{2-4}$$

为了计算 ε_1，考虑将一块原棉从棉层中分离并带出抓棉区时，打手为克服阻力 $F+P$ 所做的功为：

$$W = (F+P) r\Delta\varphi$$

若抓棉机的生产率为 G，则单位时间抓取的棉块数为 G/m。又设打手电动机的功率消耗为 Q，传动系统的效率为 η，则有：

$$\eta Q = (F+P)\frac{G}{m} r\Delta\varphi = (F+P)\frac{G}{m}\sqrt{2r\delta}$$

故：

$$\tan\varepsilon_1 = \frac{mr\omega^2}{F+P} = \frac{Gr\omega^2}{\eta Q}\sqrt{2r\delta} \tag{2-5}$$

（三）设计要点

设计时，可近似地以电动机额定功率 W 为依据，由 $Q\eta \leqslant W$，所以用 W 代替式（2－5）中的 $Q\eta$ 得到一较小的数值 ε_W，只要取 $\alpha < \varepsilon_W + \varphi$，就能保证 $\alpha < \varepsilon_1 + \varphi$ 条件满足。

例如，FA002 型自动抓棉机的打手电动机功率 $W = 3\text{kW}$，产量 $G = 800\text{kg/h}$，打手转速为 740rad/min（故 $\omega = 77.5\text{rad/s}$），打手半径为 $r = 0.19\text{m}$，抓棉厚度 $\delta = 0.003 \sim 0.006\text{m}$。代入前

述各式求得$\varepsilon_W = 0.16° \sim 0.23°$，所以前角 $\alpha < \varphi + 0.16°$。

图 2－5 为刀片脱离抓棉区后棉块的受力情况，此时棉块与刀片间的正压力为 $N = C\sin\alpha$，欲使棉块甩出刀片，必须满足：

$$C\cos\alpha > N\tan\varphi = (C\sin\alpha)\tan\varphi$$

故：

$$\tan(90° - \varphi) = \cot\varphi > \tan\alpha$$

即，使 $\alpha < 90° - \varphi$，对于常用的打手刀片和纤维材料，$\mu \leq 0.5$，即 $\varphi \leq 26.5°$，所以前面选出的 α 值可以满足这一要求。即 $\alpha < \varphi + 0.16° < 90° - \varphi$。

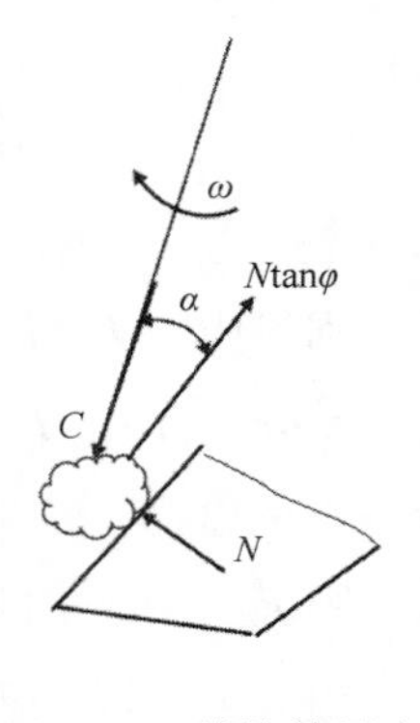

图 2－5　棉块被甩出时的受力情况

常用的前角有 $\alpha = 10°$、$15°$，也有的机器采用 $\alpha = 25°$。

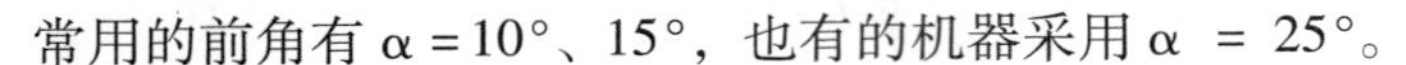

第二节　豪猪打手

一、主要结构及作用

豪猪打手的主要作用是把原棉开松，并在尘格的配合下对原棉除杂。棉层在握持状态下接受打击，同时又因刀片插入棉层起到分割作用，故能逐次从棉层中撕下棉块，并使棉块以较高的速度撞击尘棒而进一步开松，杂质则从尘棒间落下。

豪猪打手由许多矩形刀片组成，其典型结构如图 2－6 所示。打手轴上装有一系列钢盘。图 2－6 中每个钢盘上沿其周向均匀地铆有 12 把厚为 6mm、宽为 30mm 的刀片，刀片工作端偏离盘面的轴向距离参差排列，使相继两次的打击点均匀错开。

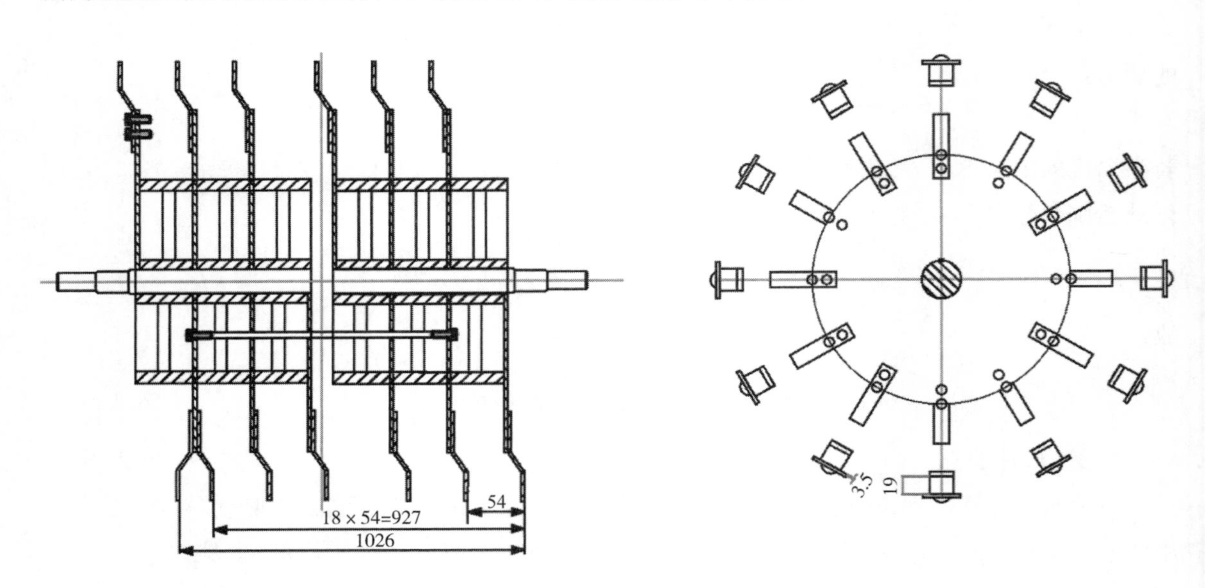

图 2－6　豪猪打手

二、设计要点

（一）打手的直径

豪猪打手的直径主要根据所需击棉速度（即打手刀片工作端的圆周速度）的大小决定，同时也要考虑到机器的外形尺寸、尘格曲率半径等因素。当选择较小直径的豪猪打手时，尘格曲率半径较小，有利于除杂，同时打手本身也更轻便。但当击棉速度一定时，打手直径小，转速要相应提高，但对轴承和传动件不利。目前国内制造的豪猪打手直径大多为610mm，其中，FA107 小型豪猪开棉机的打手直径为406mm。为满足不同的开清棉工艺要求，在打手传动系统中，应设计有调换皮带轮或其他形式的变速装置，从而获得所需击棉速度。豪猪式开棉机的击棉速度一般为15～25m/s，这一击棉速度决定刀片对棉层的开松作用力，进而影响开松效果和除杂效率，具体数值应根据实验来确定。

（二）刀片工作端的排列方式

刀片工作端的排列方式有单头螺旋线、双头螺旋线和双头轴向人字排列三种形式。刀片作单头螺旋线排列时，对于某一棉层区段，例如两倍于刀片宽度的范围内，刀片每转一周所输出的这段棉层将受到两次十分接近的连续打击［图2－7（a）］，这与受到一次打击的作用几乎一样。当刀片工作端作双头螺旋线排列时，同样在这两倍于刀片宽度的棉层上，打手每隔半转就使棉层受到一次打击［图2－7（b）］，故在打手转一转的时间内，棉层将先后分别受到两次打击，这样就提高了打手的开松和除杂能力。但是这两种螺旋线型的排列在运转中会产生轴向气流，从而影响棉层的横向均匀性。为此改进成图2－7（c）的形式，将刀片工作端的分布设计成双头轴向人字形排列，此设计具有双头螺旋线排列增加打击效果的优点，同时消除螺旋线排列造成轴向气流的影响。

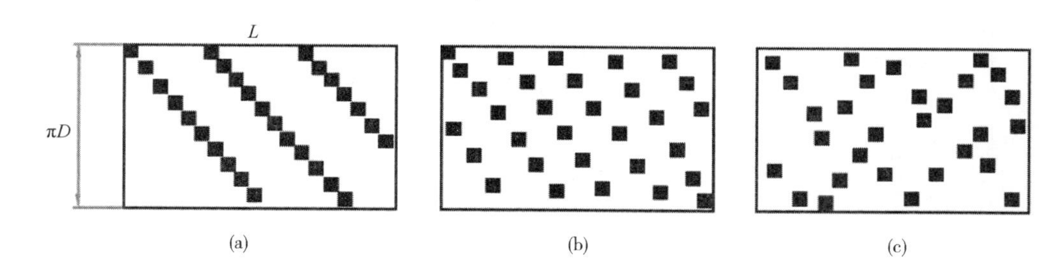

图2－7　豪猪打手刀片分布

（三）刀片工作端偏离钢盘面的距离

确定了刀片工作端的排列方式后，便可确定钢盘上各刀片工作端偏离钢盘面的距离。为方便制造，一般将这些刀片工作端左右对称地布置于钢盘两侧，故12把刀片偏离钢盘的尺寸有6种，只需6种规格的刀片，并且其中一种是平贴于钢盘面两侧而无须弯制。

为使整个棉层在宽度方向上任何位置都能获得打击，刀片厚度沿着棉层宽度方向重合投影于同一平面时应无间断且有重叠。例如图2－6中，钢盘间的距离为54mm，有12把厚6mm的刀片分布在54mm的宽度上（$12 \times 6 > 54$），这就保证了一定的重叠程度，重叠系数为$72/54 = 1.333$。

刀片是由铆钉（或螺钉）固装在钢盘上的，对它进行强度校核时，应根据刀片离心力和打击作用力之合力计算。

豪猪打手的刀片与剥棉刀之间的隔距很小，为1.2～2mm，所以在设计时应注明打手外径的容许误差，例如半径公差为-0.5～0mm。

第三节　翼片打手、梳针打手及综合打手

一、主要结构及特点

翼片打手的刀片具有一定的刀口角度（常用70°锐角），它横跨整个棉层工作区宽度。虽然翼片不能深入棉层而使开松作用受到一定限制，但翼片的打击力大，故除杂能力较强。梳针打手的工作件是植有很多梳针的梳针板，梳针能刺入棉层内部，进行分割、撕扯和梳理，使棉层充分开松，但梳针对棉层的打击力小，排除杂质（特别是大杂）的能力较差。将这两种打手相结合就组成翼片梳针综合打手，其结构如图2-8所示。在打手的每一翼上都是翼片装在前面，梳针板装在后面，故其作用兼有翼片打手和梳针打手的特点：开松作用比翼片打手强；除杂能力虽不及翼片打手，但比梳针打手好；打击作用较翼片打手缓和，杂质破碎较少，并能清除细小杂质，因此国内清棉机上均采用综合打手。

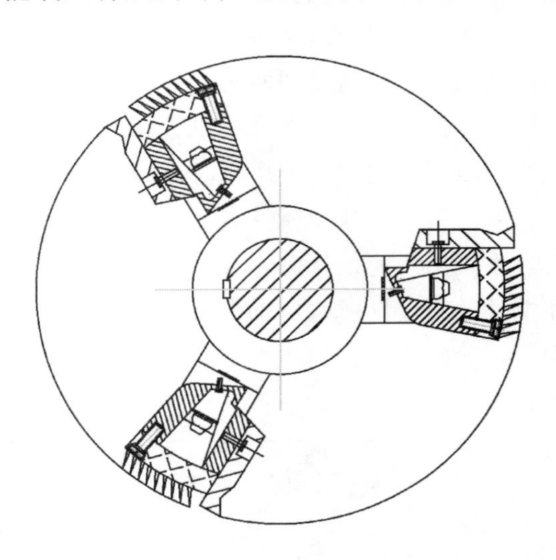

图2-8　综合打手

综合打手的翼片部分可以根据工艺要求或拆或装，拆下刀片换上护板可以作为梳针打手使用。采用梳针打手和综合打手对梳棉工艺有利，因此适于用作成卷前的最后一只打手。

二、设计要点

（一）梳针的倾斜角

梳针板（图2-9）上梳针的倾斜角α是根据梳针在抓取棉束后能将棉束甩向尘格这一条件来确定的。其分析方法与抓棉打手刀片前角的确定类似，常取梳针倾斜角为$\alpha=20°$。

（二）梳针尖端的回转半径

为了有利于梳针逐排深入刺进棉层，并使各排梳针能均匀地抓取棉束，常使梳针尖端到打手轴线的距离（即梳针尖端的回转半径）从前排到后排逐渐增大。如图2-9所示，梳针尖端分布在$R198$的圆弧面上，针板顶面则为$R188$的圆弧面，二者同一轴心O_1。但是，针板底面圆弧面的轴心则是O，即是打手轴心（O与O_1不重合）。这样，既能使梳针尖端回转半

径逐次增大，又能使针板顶面上梳针伸出的高度保持一致，制造和植针方便。

（三）梳针的数量

梳针的数量视原棉的开松和除杂要求而定。梳针多，开松能力强，对改善棉卷不匀也有利。但是，梳针过密，反而不易深入棉层内部。设计时，每翼的梳针数 m 可由下式确定：

$$m = Q \times 10^6/(\omega Z n)$$

式中：Q 为喂棉量（kg/min）；ω 为每针平均抓棉量（1.6 ~ 2mg）；n 为打手转速（r/min）；Z 为打手翼数。

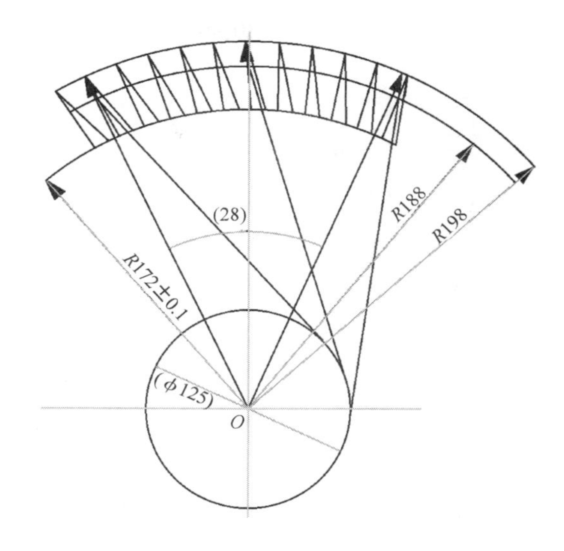

图 2 – 9　梳针板

（四）梳针的排列方式

为保证棉层在横向宽度上能均匀地受到梳针的梳理，梳针多为螺旋线排列。图 2 – 10 表示梳针在一翼梳针板上呈三头螺旋线排列，相当于在某假想圆柱面（周长为 96mm）上三头螺旋线排列的平面展开图。如把每一螺旋线上的梳针重合在同一轴向平面上时，它们应成为连续的一行，使棉层在整个横向上都能均匀受到梳针的作用。因图 2 – 10 中所示每翼上的梳针排列为三头螺旋线，故在同一棉层上，在每翼打手作用时间内，棉层将受到三次梳理，即每隔三分之一的每翼作用时间内棉层就被梳理一次。

若以 d 表示梳针直径，c 为螺旋线头数，常取 $c = 3$。则可近似得到：

$$c = md/L$$

式中：L 为打手的工作宽度。

如图 2 – 11 所示，设针板的工作弧长为 h，螺旋线头数为 3，为保证棉层横向都受到梳理，则螺旋线上的最大针距 t，相邻螺旋线间的距离 T 和螺旋线导角 α 之间应满足以下关系：

$$\frac{T}{h/3} = \frac{d}{t} = \sin\alpha$$

可见，导角 α 大时，应取较小的 t 值和较大的 T 值。考虑到对棉层的均匀梳理和针板的强度（因植针开孔而影响针板强度），梳针在针板上应尽可能均匀分布，即梳针按如图 2 – 10 所示的正方形网格分布排列。这时有：

$$T = \frac{1}{2}t$$

即

$$\frac{h}{3}\sin\alpha = \frac{1}{2}\frac{d}{\sin\alpha}$$

故

$$\sin\alpha = \sqrt{3d/2h}$$

按此估算出的螺旋线导角 α 须经圆整，然后便可确定梳针的排列尺寸。为使加工方便，常采用如图 2 – 10 所示的尺寸标注方法。

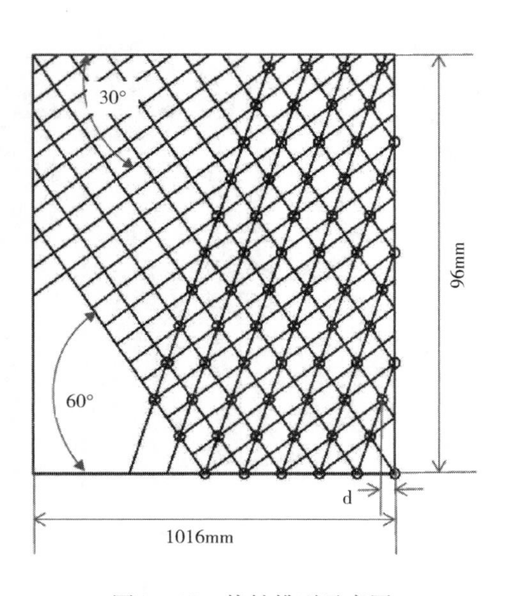

图 2－10　梳针排列示意图

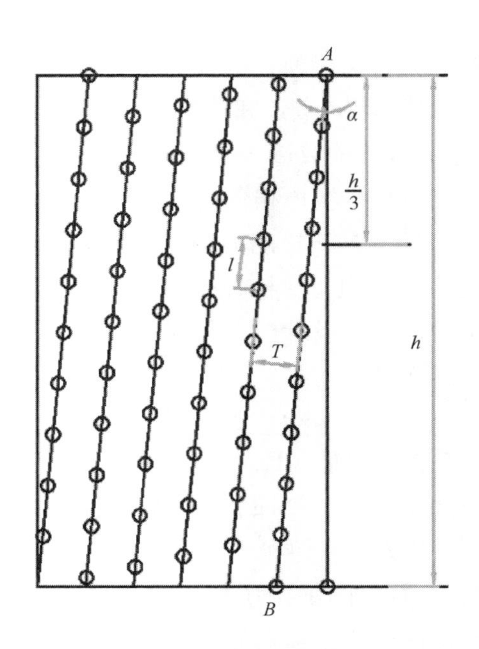

图 2－11　螺旋线导角的确定

第四节　金属针布

在高产梳棉机上，锡林和道夫都采用金属针布（盖板采用弹性针布或半硬性针布），金属针布具有下列优点：对纤维的穿刺和握持能力良好，能保持纤维处于锯齿尖端部分；有利于纤维分梳和转移，齿隙充塞少，不需经常抄针；齿尖经过淬硬故耐磨性高，不需经常磨针，在设计和制造上可以方便地改变锯齿几何参数，以适应不同的工艺要求；齿形的强刚度能够适应梳棉机高速生产和满足紧隔距、强分梳的要求，缺点是齿隙不能储存短纤维，梳棉机的飞花尘埃较多。

金属针布的锯齿（特别是齿尖）应具有清晰的棱边和棱角，如果制造技术水平低或材质差而不耐用，使棱角变钝或棱边缺损，将使梳理效果降低，棉网质量变差。锡林针布材料采用高碳工具钢，含碳量为 0.7% ～0.8%，或采用低合金钢 80WVRe 制成更佳，齿尖高度 0.1mm 范围内硬度需大于 HRC58，以提高其耐磨性。道夫针布仍采用 45#或 50#钢制成，因为凝聚剥取作用比分梳作用缓和。

一、基本齿形要素

金属针布基本齿形要素如图 2－12 所示。

（一）工作角 α

1. 齿尖工作角 α　设齿尖部分纤维在运动中所受的力为 F（梳理力、空气阻力、离心力

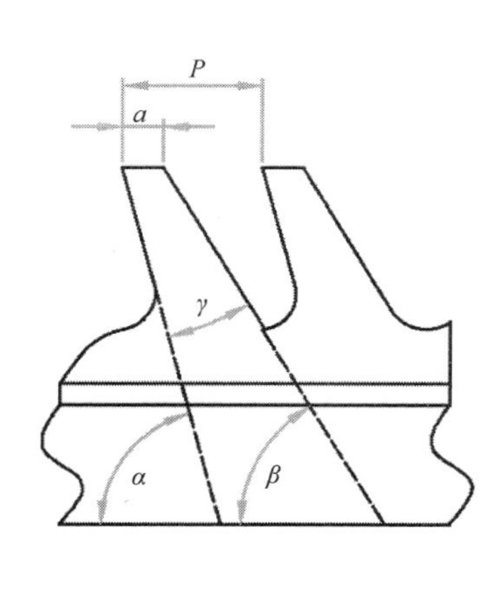

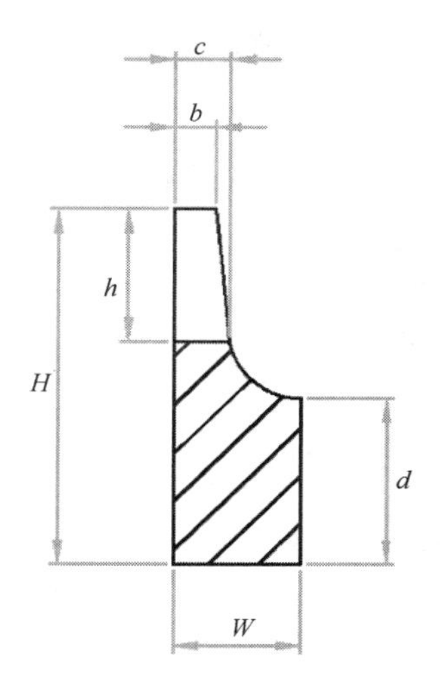

图 2－12 金属针布齿形的要素

H—总高 h—齿高 α—工作角 β—齿背角 P—齿距 W—基部厚度

γ—齿夹角 a—齿尖宽度 b—齿尖厚度 c—齿极厚度 d—基部高度

和纤维间的弹性力等）与齿尖速度方向夹角为 θ，如图 2－13 所示，在齿尖工作角为 α 时，纤维下沉力 F_T 和正压力 F_N 分别为：

$$F_T = F\cos(\alpha + \theta), F_N = F\sin(\alpha + \theta) \quad (2-6)$$

由式（2－6）可知，设 $\alpha + \theta < 90°$，在一定的 θ 值时工作角 α 越大，则下沉分力越小（如果设 $\alpha + \theta > 90°$，那么 F_T 将为负值，为滑出分力）。反之，工作角 α 越小，则下沉分力越大。

设齿面与纤维之间的摩擦系数 $\mu = \tan\varphi$（φ 为纤维与齿面的摩擦角），如能满足式（2－7），纤维即可保持在齿尖工作面上，既不沿工作面下沉到齿根，也不沿工作面滑离齿尖。

$$|F_T| / F_N \leqslant \mu = \tan\varphi \quad (2-7)$$

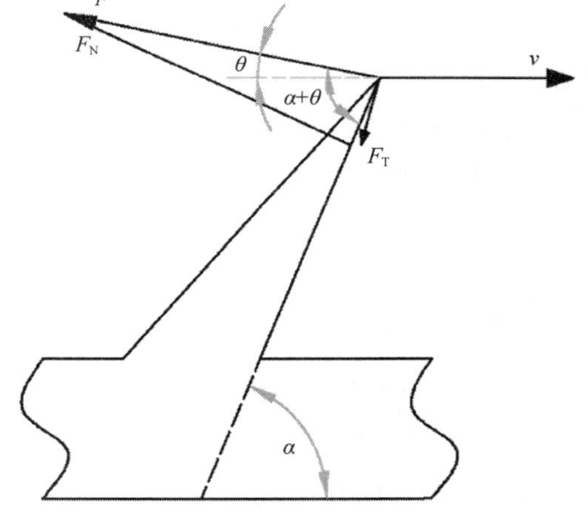

图 2－13 纤维在锯齿尖部的受力分析

换言之，上述条件既能保证纤维在齿尖处接受两个梳理锯齿面的握持或分梳，又能提高转移能力，减轻齿面负荷。

根据式（2－6）和式（2－7），可得：

$$|\tan[90° - (\alpha + \theta)]| = |\cot[(\alpha + \theta)]| = |F_T| / |F_N| \leqslant \tan\varphi$$

如 $\alpha + \theta < 90°$，则得：

$$90° - (\alpha + \theta) \leqslant \varphi \text{ 或 } \alpha \geqslant 90° - \varphi - \theta$$

如 $\alpha + \theta > 90°$，则得：

$$(\alpha + \theta) - 90° \leqslant \varphi \text{ 或 } \alpha \leqslant 90° + \varphi - \theta$$

故

$$90° - \varphi - \theta \leqslant \alpha \leqslant 90° + \varphi - \theta \qquad (2-8)$$

因为 φ 值较大（$\varphi = 15° \sim 22°$），所以式（2－8）所规定的 α 值范围也很大（α 值范围为 2φ），故尚须针对实际工作条件来确定 α 值。

2. 锡林锯齿齿尖工作角 α_c 锡林锯齿的工作角 α_c 值应稍偏大，使纤维不易沉入齿根，增加在齿尖处接受握持梳理以及混合的机会，同时增强转移纤维的能力。但 α_c 值过大将导致握持梳理效果降低，造成盖板花增加和减弱锡林从刺辊上抓取纤维的能力。根据被加工纤维的性状、锡林直径的大小和转速，锡林锯齿的工作角 α_c 在 $60° \sim 80°$ 范围内选取，随着梳棉机的高速高产化，趋向于使用较小的 α_c 值。

当纺高支纱（用长绒纤维）和中长纤维时，纤维长度大，受锯齿握持机会多，为保证一定的释放能力，α_c 可取较大值，例如包在大锡林（$\varphi = 1282$mm）上的传统直齿形锯齿，取 $\alpha_c = 75° \sim 80°$；当纺低中支纱时，该锯齿取 $\alpha_c = 65° \sim 75°$，既能得到足够的握持，又有一定的释放能力。

根据锡林直径大小和转速高低选取角 α_c 的原则是：高速大锡林的针布应取较小的工作角 α_c，例如 65°，以便在离心力增大的情况下保持锯齿的握持力和合理的转移率。在同样的锡林表面工作速度 v 下，小锡林锯齿的工作角应选较小值 60°，因为在速度 v 相同时小锡林锯齿上纤维所受到的离心力更大。

道夫针布的主要作用是凝聚纤维，其锯齿工作角 α_d 应取较小值（$60° \sim 65°$），以保证足够的抓取纤维的能力。

（二）齿尖角 γ

齿尖角 γ 取决于齿背角 β 的大小（$\gamma = \alpha - \beta$），齿尖角越小则齿越锋利，穿刺分梳纤维效果好，且磨针后齿还能保持锋利（但过小则齿的强刚度差，淬硬困难）。齿尖顶面的大小取决于制造技术，顶面越小，齿越锋利，穿刺分梳纤维能力越强，可以多次磨针，使针布性能持久。减小齿尖顶面和保持棱边呈直角是提高针布使用质量的主要途径。

（三）齿高 h 和总高 H

1. 锡林针布齿高 h_c 锡林针布齿高 h_c 小，意味着齿槽的深度浅，可减少纤维充塞和沉积，有利于纤维浮升在齿尖部分以接受分梳，提高梳理和均匀混合效果。齿槽深度浅又能增加齿尖的强刚度，增加防轧能力，且不易嵌破籽（但齿槽过浅则使齿隙容纳纤维量太小，降低其储存纤维能力而影响均匀作用）。

2. 道夫针布齿高 h_d 道夫针布齿高 h_d 较大些（范围是 1.8～2.3mm），不但有利于提高道夫凝聚纤维的能力，而且有利于锡林高速回转所产生的气流能从道夫锯齿隙间疏导逸出。但 h_d 过高时会使锯齿刚度变差而易倒伏和轧伤。

3. 总高 H 总高 H 和齿高 h 都和基部高度 d 的尺寸有关，如果 d 值过大，则包卷时针布不易弯曲贴伏于筒体上；如果 d 值太小，则包卷时易发生跳刀，造成倒条。

（四）齿尖密度 N

齿尖密度 N 是指梳针表面单位面积内的齿尖数。传统上常用 25.4mm×25.4mm（1 平方英寸）面积内的齿尖数 N 来表示。如用纵向齿密 T（纵向齿数/25.4mm）和横向齿密 S（横向齿数/ 25.4mm）来表示则更清楚。

1. 锡林的齿尖密度 N_c　锡林的齿尖密度 N_c 增加，可提高锯齿握持和梳理纤维的能力，使每根纤维平均作用齿数 Z_c 增加，但锯齿转移纤维的能力降低，且易嵌破籽。锡林的齿尖密度一般是 370 ~ 1000 齿/（25.4mm)^2。在大锡林高产梳棉机上加工棉纤维时 N_c 可取 600 ~ 850 齿/（25.4mm)^2，对于含杂少的细纤维则 N_c 值可取大些以增加梳理作用。对于中长纤维，由于它对锯齿的摩擦系数增大以及不易转移又容易缠绕锯齿的缺陷，故应用稀齿 N_c < 400 齿/(25.4mm)^2 和大角度 α_c = 78° ~ 80°。但会降低梳理效果，目前采用特殊齿形（如高低深浅齿形或负角凹背齿形），N_c 取 700 ~ 800 齿/(25.4mm)^2，α_c = 75°，可避免缠绕锯齿，也能解决分梳与绕纤维之间的问题。

在同样的梳理效果下，合理地将 N_c 值选得稍大些，可使锡林转速略降低，节省动力消耗。

在同样 N_c 值的情况下，增加横向齿密 S 值对纤维的握持梳理和均匀混合作用更有利，可减少棉结。现在一般取针布基部厚度 0.6mm，横向齿密为 42.33 齿/（25.4mm)^2，纵横齿密比为 2.2 左右。

2. 道夫齿尖密度 N_d　道夫齿尖密度 N_d 增加，可提高道夫凝聚纤维的能力，但当 N_d 过大时将使空隙容积减小，气流通路狭窄，对纤维转移不利。反之，如 N_d 过小则每齿抓取的纤维量多，纤维凝聚不均匀，生条条干恶化。因此 N_d 取 400 ~ 500 齿/（25.4mm)^2，小于锡林齿尖密度 N_c。

（五）锯齿形状

改变锯齿形状可使其满足均匀混合或转移等方面的一些要求。

例如图 2－14（a）所示的直线锯齿，工作角 α 已满足握持分梳的要求，如还需有较高的均匀混合作用，则将角 β 增大到角 β' 以增加齿间容积，如虚线所示，但这样将使齿尖抗弯刚度变差，甚至发生倒齿。如将锯齿背面做成双折线形状，并配上大半径圆弧齿底，这样就能增大齿间容积，提高储存吸收性能而又不削弱齿的刚度，如图 2－14（b）所示。

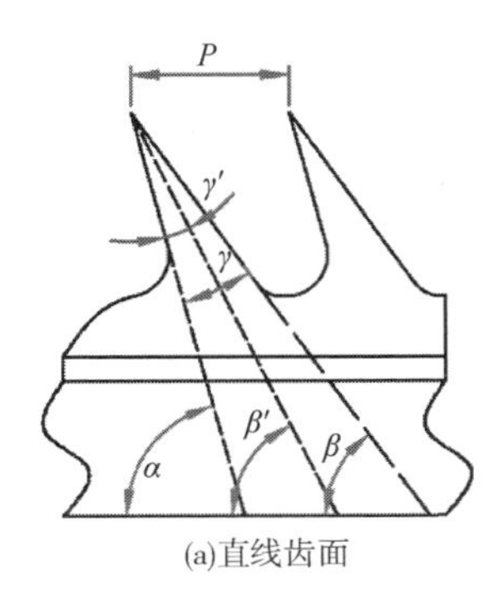

(a)直线齿面

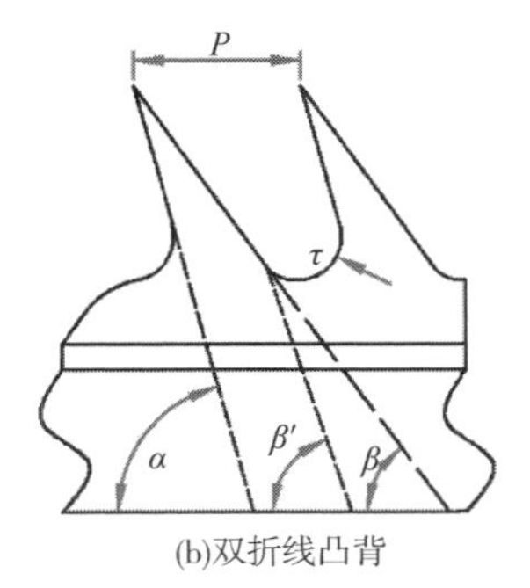

(b)双折线凸背

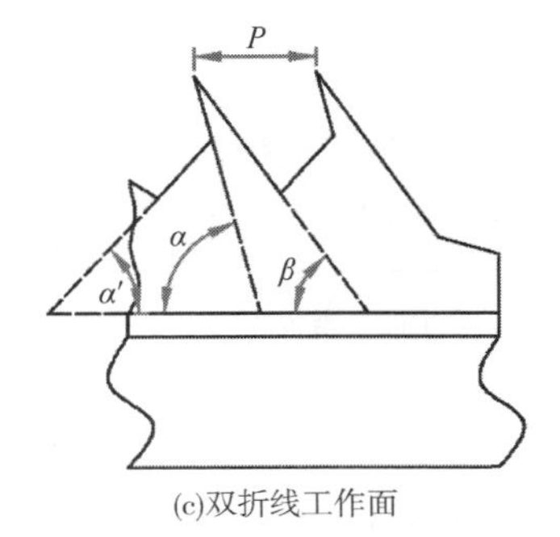

(c)双折线工作面

图 2－14　锯齿形状

又如要求提高齿转移纤维的能力，则将图 2－14（a）改为图 2－14（c），把工作面改为双折线形状，α' 为负角，增大纤维下沉的阻力，从而使纤维浮附齿尖，加强梳理作用，并能及时释放转移纤维。

二、常用齿形特点及适用范围

常用齿形特点及适用范围见表 2－1。

表 2－1 常用齿形特点及适用范围

齿形特征	特点	适用范围
直线齿面	基本满足梳理工艺要求，加工制造方便	普通产量梳棉机锡林，高支纱梳棉机锡林
双折线工作面（下部为负角）	工作面上部为正工作角 α_c，具有握持分梳能力；下部变为负角，能阻止纤维下沉，使其易于浮于针尖上而加强梳理作用；下齿间容积减小，有利于转移，但不利于均匀混合作用	棉型高产梳棉机（大）锡林金属针布
双折线凸背面	在保证齿尖强度（齿夹角）的同时，获得较大的齿间容积，便于凝聚，分梳和混合作用	小锡林高产梳棉机锡林针布，道夫针布
圆弧形凸背面	作用与双折线凸背齿相似，当工作角小时，对齿尖的增强作用更为显著，释放能力进一步增强；当齿尖过度磨损后，齿尖面积将迅速增大，降低齿尖锋利度	棉型高产梳棉机（大）锡林金属针布
中凹形背面	提高齿尖锋利度，有利于穿刺分梳；背部中凹，能增大齿隙容量，有利于纤维的释放和均匀混合	梳理化纤时的锡林针布（配以小工作角双折线负角的工作面）
深浅齿面	高低齿纵向间隔排列。高齿具有适中的工作角度，齿槽深度较大，有利于分梳和吸收纤维；低齿具有较大的工作角，齿槽深度较小，有利于转移和释放纤维；高低齿既能保持对纤维的梳理，又可减少对中长纤维的损伤，冲齿效率较高	梳理棉型及中长化纤混纺的锡林针布

思考题

1. 试推导抓棉打手前角 α 的表达式。
2. 简述豪猪打手的结构组成及刀片排列方式。
3. 简述梳针打手的最佳排列方式并进行相关参数的推导。
4. 试推导金属针布工作角 α 的表达式。

第三章　均匀装置设计

本章知识点

1. 单打手成卷机天平检测装置的工作原理。
2. 铁炮变速机构设计方法。
3. 自调匀整装置的作用原理、组成、分类及特点。

为保证纱线均匀度，从开清棉到并条机各道工序中都有设置均匀装置。在开清棉中主要是利用棉箱和天平调节装置进行调节，在梳棉机中主要利用针齿吸放纤维作用进行调节，并条机中利用并和纱条进行调节，而现代梳棉机和并条机则采用精确的自调匀整装置进行调节。本章主要介绍天平调节装置和自调匀整装置的均匀作用原理和设计方法。

第一节　成卷机均匀给棉装置

成卷机是开清棉最后一道工序，其作用是对喂入的棉丛进行细致的开松，清除细小杂质，制成均匀的棉卷。均匀给棉装置是成卷机的一个重要机构，其作用是获得恒定流量的棉筵，以喂给开清棉机械的最后一个打手，这对制成均匀的棉卷是十分必要的。均匀给棉的要求是：

$$\frac{\mathrm{d}M}{\mathrm{d}t}=\frac{\rho \mathrm{d}V}{\mathrm{d}t}=\frac{\rho b\Delta \mathrm{d}S}{\mathrm{d}t}=\rho bu\Delta=\text{常数}$$

式中：$\mathrm{d}M$ 为在 $\mathrm{d}t$ 时间内送入打手室的棉层质量；ρ 为棉层的密度；b 为喂入棉层的宽度；Δ 为喂入棉层的厚度；$\mathrm{d}S$、$\mathrm{d}V$ 分别为在 $\mathrm{d}t$ 时间内喂入棉层的长度和体积；u 为给棉速度，$u=\mathrm{d}S/\mathrm{d}t$。

喂给棉层宽度一般认为是不变的，即 b 是一恒定值；同时喂给棉层是处在恒定的加压状态下的，因此可以近似地认为棉层密度是均匀的，即 ρ 也为一恒定值，则得：

$$u\Delta=\text{常数} \tag{3-1}$$

因此，只要根据棉层厚度 Δ 的变化，按照式（3－1）来调节给棉速度 u，就可以达到均匀给棉的目的。

均匀给棉装置一般由三个部分组成：检测装置，探测棉层厚度 Δ 的变化；信号转换和放大装置，将棉层厚度变化的检测信号转换放大成为变速装置可以接受的控制信号；变速装置，根据信号的大小变化使给棉罗拉能获得随棉层厚度 Δ 而做相应变化的给棉速度 u，满足式（3－1）

的要求。

最常用的棉层厚度检测装置是钢琴式天平杆机构。它通过一系列沿着棉层宽度方向并列安装的天平杆，探测沿宽度方向各位置上的棉层厚度，通过联结构件，最后获得能代表棉层平均厚度的合成信号，送入变速装置。

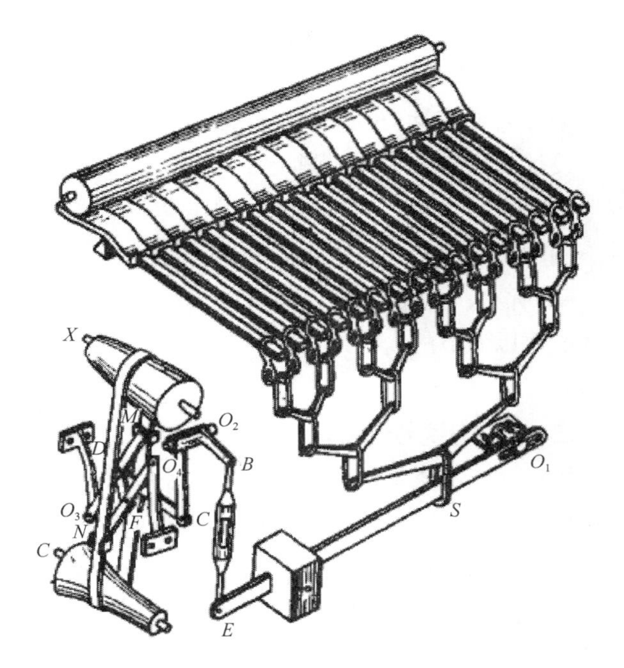

图 3－1　天平调节装置结构示意图

变速装置可分为机械式和电气式两类。机械式中最常用的是铁炮变速装置，另外也有采用无级变速器（PIV）传动的。对于铁炮式变速装置，通常用连杆机构来联系检测装置和变速装置。图 3－1 是一机械式天平调节装置的结构图。由天平检测装置探测出的棉层厚度信号经过连杆机构的放大和转换就可用来移动铁炮皮带的位置，从而调节上铁炮及由上铁炮传动的天平（给棉）罗拉的速度，以获得恒定的原棉流量。

对于以调速电动机为主的电气式均匀给棉装置，首先应由信号转换装置将棉层厚度信号（如天平杆的位移值）转化为电信号，再经放大后即可用来控制调速电动机的转速，以此来调节给棉罗拉的给棉速度。

为保证均匀给棉装置能始终在最佳状态下工作，以改善棉卷的纵向均匀性，设计时应注意使检测正确灵敏、变速准确及时，减少直至消除给棉罗拉变速滞后现象。

下面介绍铁炮式天平调节装置的设计方法。

一、天平检测装置

天平检测装置沿棉筵的宽度方向安装，天平杆的数量为 2^n 根，如图 3－1 所示为 16 根，天平杆搁放在一菱形刀口上，以减小摆动时的阻力。这些天平杆与天平罗拉之间共同组成握持棉层的钳口。天平杆上从刀口到尾端的长度一般是钳口到刀口距离的 4～5 倍，即天平杆的放大系数。

由于棉层厚度横向分布不均匀，故天平杆的尾端有高有低。为了获得天平杆尾端位移量的算术平均值，通常将其逐层分组并联。为保证沿着棉层宽度方向上加压均匀，应使联结点位于所联结的天平杆尾端均布作用力的合力作用线上。由于各天平杆的宽度相等，故各杆上的作用力 f 也相同，因此联结点就应位于它所联结天平杆组的中央位置。

根据虚功原理，可得出联结点的垂直位移 Δ 如下：

因
$$n f\Delta = \sum_{i=1}^{n} f\Delta_i = f\sum_{i=1}^{n}\Delta_i$$

故 $$\Delta = \frac{1}{n}\sum_{i=1}^{n}\Delta_t$$

即联结点的位移量是所联结各杆尾端位移量 Δ_t 的算术平均值。

设计和制造天平杆检测装置时，应注意尽量减少天平杆刀口支点处以及各杠杆连接副中的摩擦阻力，以提高调节装置的工作灵敏性。另外，为使同一设计的铁炮变速装置能适应各种不同的棉卷定量，除应利用变换齿轮使天平罗拉处棉层平均厚度保持基本不变外，还可如图 3－1 所示，使综合杠杆的杠杆比 O_1E/O_1S 能做一定范围的调整（通常是将支点 O_1 的位置设计成可以调节的）。

二、铁炮变速装置

机械式清棉机均匀给棉装置一般采用铁炮形式的变速装置，这种形式早期常用在各种纺纱机械自调匀整装置和卷绕机构的变速传动上，如粗纱机和细纱机上。

（一）铁炮作用半径计算

设常速（主动）铁炮的转速为 n_c，其作用半径为 r_c，变速（被动）铁炮的转速为 n_x，作用半径为 r_x，若铁炮皮带的打滑率为 ε，则铁炮传动比为：

$$i_{xc} = \frac{n_x}{n_c} = \frac{r_c}{r_x}(1-\varepsilon)$$

1. 减小铁炮皮带打滑率的措施 在铁炮机构的设计中，应尽量减小铁炮皮带的打滑率，具体措施如下：

（1）避免上、下铁炮半径相差太多，在可能的情况下，应使二铁炮的大端半径（R_1, R_2）和小端半径（r_1, r_2）分别互等或相接近，即 $R_1 \approx R_2(=R), r_1 \approx r_2(=r)$。

（2）将两铁炮的中心距设计成可以调节的，若使用一段时间后皮带伸长，将中心距调大一些，以保持必要的皮带张力，如图 3－1 所示，只要转动手轮即可调节下铁炮中心轴位置，这里的输入轴采用万向接头连接方式，使两接头之间的距离能自行伸缩。

2. 铁炮变速装置的设计 设计铁炮变速装置时，应满足以下各项要求：

（1）对应于皮带拨叉任一位置的传动比要与工艺要求相符。对于均匀给棉装置，即要求：

$$u\Delta = 常数$$

按具体传动机构 $u\alpha n_x \propto i_{xc}$，代入上式后即得：

$$i_{xc}.\Delta \equiv i_0\Delta_0 \text{ 或 } i_{xc} = \frac{i_0}{\Delta/\Delta_0}$$

式中：Δ_0，i_0分别为理想均匀给棉状态下棉层的厚度（等于平均棉层厚度）和对应的铁炮传动比。Δ_0由工艺给出，i_0与给棉罗拉传动系统的总传动比有关（常取接近 1 的数值）。若不计皮带打滑的影响，则有：

$$i_{xc} = \frac{r_x}{r_c} = \frac{i_0}{\Delta/\Delta_0} \tag{3-2}$$

（2）任一传动位置上的皮带长度为一定值。设上、下铁炮的中心距为 H_0，皮带长度为

l，则由图 3－2 求得：

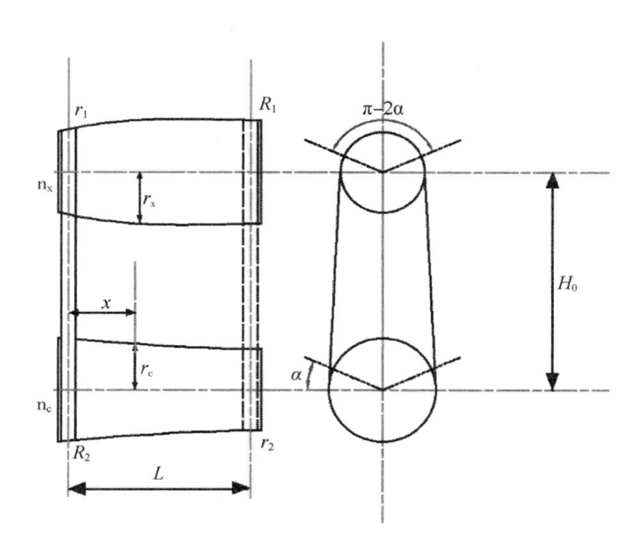

图 3－2　皮带在铁炮上的位置

$$l = \pi(r_c + r_x) + \frac{(r_c - r_x)^2}{H_0} + 2H_0 \ (=定值)$$

作近似计算时，可略去上式中间第二项不计，得：

$$r_c + r_x = \frac{l - 2H_0}{\pi} = 2\bar{r}\ (常数) \tag{3-3}$$

设计均匀给棉装置时，首先应根据生产工艺要求确定 Δ_0、i_0，再根据调节范围（即允许通过的最大和最小棉层厚度）即可确定 $R_1 = (r_x)_{max}$，$r_1 = (r_x)_{min}$，$R_2 = (r_c)_{max}$，$r_2 = (r_c)_{min}$ 如下：

并且　$$r_1 + R_2 = R_1 + r_2$$

其中，最小半径 r_1（或 r_2）应先根据传动功率来进行选择，然后再根据上面三个方程即可解出另外三个半径 R_1，R_2 和 r_2（或 r_1）。

由式（3－2）和式（3－3）可以解出：

$$r_c = \frac{2\bar{r}}{1 + 1/i_{xc}},\ r_x = \frac{2\bar{r}}{1 + i_{xc}} \tag{3-4}$$

这就是铁炮的近似理论作用半径。

（二）铁炮工作长度确定

铁炮工作长度 L 的确定，应考虑铁炮调节工作的灵敏性，因此 L 不宜太大；但考虑到皮带应充分贴合在曲线铁炮面上，铁炮半径变化率不能太大，故 L 也不宜太小，一般取 $L = 280 \sim 400$mm。则得天平调节装置机械信号总放大系数 $a = L/(\Delta_{max} - \Delta_{min})$。

取铁炮轴向为坐标轴 x，对应于棉层厚度 Δ 的皮带中心线位置为 x，若具体机构保证线性关系 $d\Delta \propto dx$，则：

$$\Delta \propto (x + C) \qquad (C 为常数)$$

若具体机构不能保证线性关系，则应首先根据该具体机构求出 Δ 与 x 之间的函数关系。

根据均匀给棉条件，对于保证线性关系的机构可得：

$$i_{xc} \cdot \Delta \propto (x + C) \cdot i_{xc} = K \qquad (K\text{为常数}) \tag{3-5}$$

式（3-5）表示传动比 i_{xc} 必须与铁炮皮带位置 x 呈双曲线规律变化，这也是均匀给棉条件要求铁炮曲线必须满足的基本规律。下面由边界条件来确定式中的常数 C 和 K，如图 3-2 所示：

$$x = 0\text{时}, i_{xc} = (i_{xc})_{max} = R_2/r_1$$

$$x = L\text{时}, i_{xc} = (i_{xc})_{min} = r_2/R_1$$

代入式（3-5）得：

$$CR_2/r_1 = (L + C)r_2/R_1 = K$$

由此得到：

$$C = \frac{L}{R_1R_2/(r_1r_2) - 1}, K = \frac{CR_2}{r_1} = \frac{L}{R_1/r_2 - r_1/R_2}$$

$$1/i_{xc} = x/K + C/K = (R_1/r_2 - r_1/R_2)x/L + r_1/R_2$$

代入式（3-4）。可求得上、下铁炮的近似理论作用半径 r_c 和 r_x 分别为：

$$i_c = \frac{2\bar{r}}{1 + 1/i_{xc}} = \frac{2\bar{r}}{(R_1/r_2 - r_1/R_2)x/L + 2\bar{r}/R_2} \tag{3-6}$$

$$i_x = \frac{2\bar{r}/i_{xc}}{1/i_{xc} + 1} = \frac{2\bar{r}[(R_1/r_2 - r_1/R_2)x/L + r_1/R_2]}{(R_1/r_2 - r_1/R_2)x/L + 2\bar{r}/R_2} = 2\bar{r} - r$$

由式（3-6）得出的铁炮曲线为双曲线，但这里的 r_c 和 r_x 只是铁炮理论半径的近似值。由于皮带长度公式中的 $(r_c - r_x)^2/H_0 \neq 0$，因此还应对 r_c 和 r_x 做相应的修正，设它们的修正值分别为 Δr_c 和 Δr_x，则修正后的半径为：

$$r_c' = r_c - \Delta r_c, r_x' = r_x - \Delta r_x \tag{3-7}$$

由式（3-3）得：

$$\pi(r_c + r_x) = 2H_0 = l = \pi(r'_c + r'_x) + (r'_c - r'_x)^2/H_0 + 2H_0 =$$
$$\pi(r_c + r_x - \Delta r_c - \Delta r_x) + (r_c - r_x - \Delta r_c + \Delta r_x)^2/H_0 + 2H_0$$

得：

$$\pi(\Delta r_c + \Delta r_x) = \frac{[(r_c - r_x) - (\Delta r_c - \Delta r_x)]^2}{H_0} \approx \frac{(r_c - r_x)^2 - 2(r_c - r_x)(\Delta r_c - \Delta r_x)}{H_0} \tag{3-8}$$

另外，修正后的铁炮传动比仍应保持不变，即：

$$r_c/r_x = (r_c - \Delta r_c)/(r_x - \Delta r_x) = \Delta r_c/\Delta r_x \tag{3-9}$$

联立方程式（3-7）、式（3-8）可解出：

$$\Delta r_c = \frac{1}{1 + \frac{(r_c - r_x)^2}{\pi H_0 \bar{r}}} \frac{(r_c - r_x)^2}{\pi H_0} \frac{r_c}{2\bar{r}} \approx \frac{(r_c - r_x)^2}{\pi H_0} \frac{r_c}{2\bar{r}}$$

$$\Delta r_x = \frac{1}{1 + \frac{(r_c - r_x)^2}{\pi H_0 \bar{r}}} \frac{(r_c - r_x)^2}{\pi H_0} \frac{r_x}{2\bar{r}} \approx \frac{(r_c - r_x)^2}{\pi H_0} \frac{r_x}{2\bar{r}} \tag{3-10}$$

按上述方法求得的r'_c、r'_x是铁炮的理论作用半径（若中心距H_0较大，也可不作上述修正）。若皮带厚度为δ，则得铁炮的工作半径为：

$$r_c'' = r_c' - \delta/2, r_x'' = r_x' - \delta/2 \quad (3-11)$$

要使铁炮传动比准确，就应使皮带承受较小的载荷，以减小其打滑率。在传递一定功率N时，为减小载荷P，则应增加皮带速度v（因$N = Pv$），所以主动铁炮的转速应该较高，常取$n_c = 700 \sim 1000$r/min。

第二节 自调匀整装置

现代纺纱系统，如梳棉机和并条机，为提高输出纱条的均匀度，普遍采用自调匀整装置。清梳联机械安装自调匀整装置可以改善清梳联合机的生条重量不匀率；在并条机上安装自调匀整装置可以改善并条机输出纱条长、中、短片段均匀性。自调匀整装置的具体作用是：保证任一瞬时生产出来的纱条重量为恒值，属于恒值调节系统。

一、自调匀整装置的工作原理

下面以梳棉机为例分析自调匀整装置的匀整原理，并条机自调匀整原理和其相似，此处不再介绍。在自调匀整工作状况下应有：

$$\rho_1 b_1 h_1 v_1 = k (k \text{ 为常值})$$

式中：ρ_1为输出生条密度；b_1为输出生条宽度；h_1为输出生条厚度；v_1为输出生条速度。

在梳棉机上输出与喂入棉量之间有如下关系：

$$\rho_1 b_1 v_1 v_1 = (1 - \varepsilon) \rho_2 b_2 h_2 v_2 = k$$

式中：ρ_2为喂入棉层密度；b_2为喂入棉层宽度；h_2为喂入棉层厚度；v_2为喂入棉层速度；ε为落棉率，包含刺辊落棉、盖板花、吸尘等损失。

一般认为：ρ_1、ρ_2、b_1、b_2为常值，则得：

$$h_2 v_2 = k/(1 - \varepsilon) \rho_2 b_2 = \text{常值}$$

又得：

$$h_2 = \rho_1 b_1 v_1 v_1/(1 - \varepsilon) \rho_2 b_2 v_2 = \rho_1 b_1 D h_1/(1 - \varepsilon) \rho_2 b_2$$

式中：D为梳棉机机器牵伸倍数，$D = v_1/v_2$。

联立上列两式得：

$$h_1 v_2 = k/\rho_1 b_1 D = \text{常值} \quad (3-12)$$

式（3－12）给出了给棉罗拉速度v_2随生条厚度h_1变化的关系。所以，在梳棉机自调匀整装置上，纱条轻重（即线密度）是被调量，纱条输出罗拉和棉层喂给罗拉组成了调节对象，即检测输出端纱条的厚度值，改变输入端棉层喂给罗拉的速度，保证输出纱条的重量均匀性。

由于实际条件影响，很难获得理想均匀的条子。一般经过匀整作用改善纱条在10～

12cm 长度内的轻重均匀度称为短片段自调匀整系统；改善纱条在 3m 长度以上的轻重均匀度称为中片段自调匀整系统；改善纱条在 20m 长度以上的轻重均匀度称为长片段自调匀整系统。

二、自调匀整装置的组成

自调匀整装置由以下四个部分组成。

1. 检测机构 测出某瞬时喂入或输出品的厚度，并转变成相应的电信号。

2. 比较机构 将检测量与给定量进行比较得出误差信号。

3. 放大机构 将误差信号按比例放大，使它具有足够的能量以驱动执行机构。

4. 执行机构 对调节对象实行调整动作。

三、自调匀整装置的分类

自调匀整装置按控制方式可分为开环系统，闭环系统和混合环系统。

（一）开环系统

1. 梳棉机开环系统 开环系统为先检测，后匀整，系统中的控制回路非封闭。如图 3-3 所示为梳棉机上采用的开环系统，检测点和控制点均在机后喂给部分，先检测喂给棉层的厚度信息，且转变为相应的脉冲信号，送入电气控制装置，由该装置产生的控制信号传送到调节装置，来调节给棉罗拉的速度，达到均匀给棉的目的。开环系统特点是匀整反应快，适于短片段匀整，易产生“零漂移”，无法匀整长片段不匀。

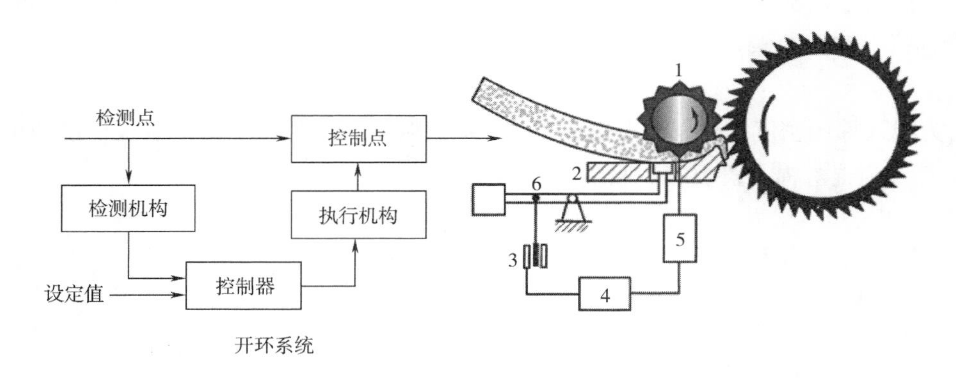

图 3-3 梳棉机短片段开环自调匀整系统方框图

1—给棉罗拉 2—给棉板 3—位移传感器 4—控制器 5—执行机构

2. 并条机开环系统 如图 3-4 所示为并条机上开环系统框图。在牵伸机构输入端设置一凸凹罗拉检测棉条厚度信息，将该信息输入控制器进行信号处理和放大，驱动伺服电动机改变凸凹罗拉、后牵伸区罗拉转速，来调节棉条的均匀性。前罗拉由主电动机输出的恒速驱动其运转，在匀整过程中保持速度不变，即并条机出条速度不变。

3. USG 开环自调匀整系统 开环系统由于先检测后控制，没有反馈信息，因此控制效果

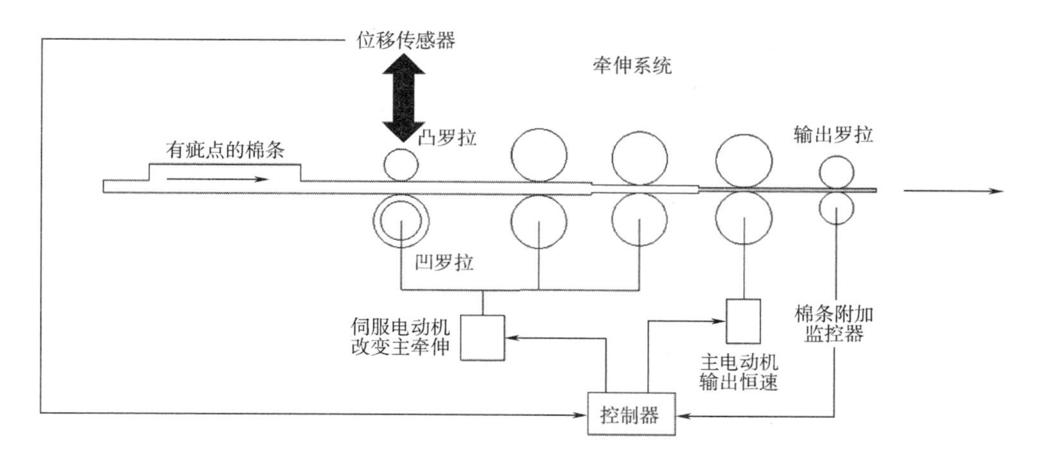

图 3－4　并条机上开环自调匀整系统方框图

好坏不可知，而乌斯特公司的 USG 开环自调匀整系统（图 3－5）则在输出压辊之前安装一个 FP 传感器(图 3－6)。该传感器是一个类似喇叭口的导条器，随时监测输出条子的粗细，并将监测的数据经 FP—MT 前置放大器放大后送入匀整及监测控制单元，经计算机处理，将条子的质量情况以数据或图形的形式显示在微型终端上。

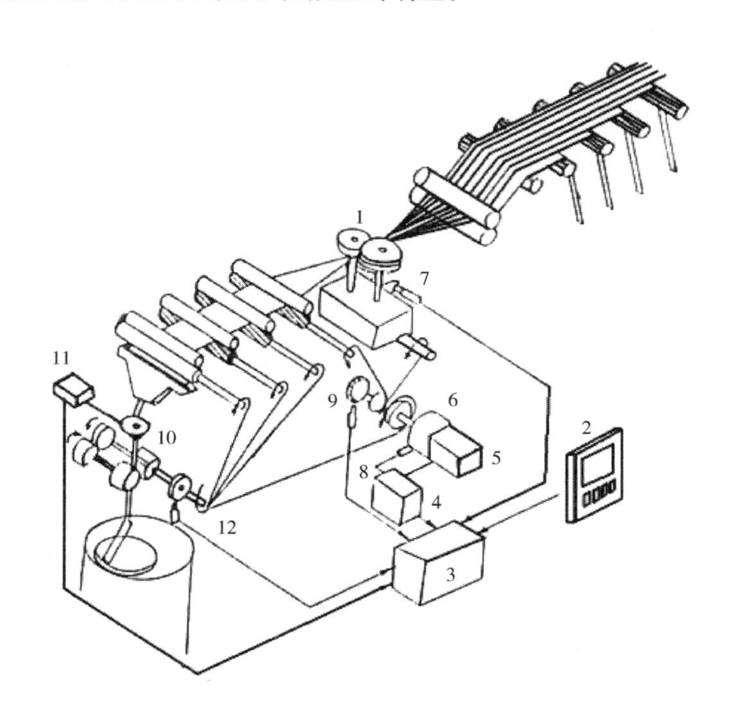

图 3－5　FA322 型高速并条机 USG 自调匀整系统

1—T&G 罗拉　2—微型终端　3—控制计算机　4—驱动电源　5—伺服电动机　6—差动齿轮箱　7—位移传感器　8—T_2 速度传感器　9—T_3 速度传感器　10—FP 喇叭口　11—FP—MT 前置放大器　12—T_1 出条（压辊）速度传感器

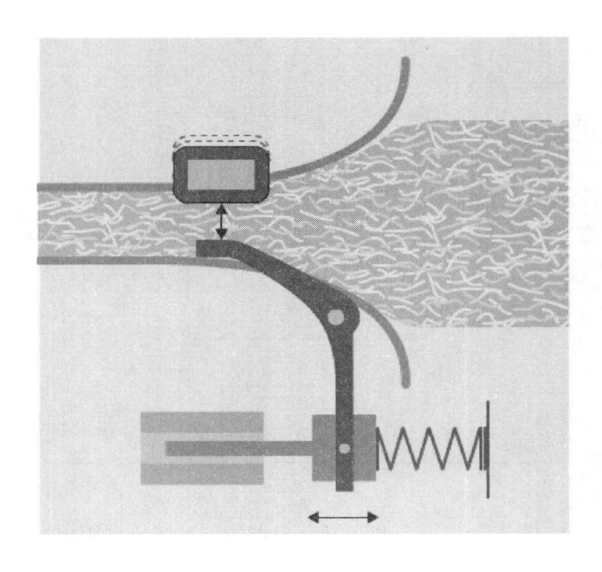

图 3－6　FP 传感器

FP 传感器不断监测棉条的重量偏差、重量不匀、条干等，看是否超出设定的质量限制，若超限则报警停车，对开环控制作最后把关，从而解决了开环控制只能进行调节，不能核实调节结果的问题。此外，该系统还具有自诊断功能，在终端上可显示系统故障原因。

图 3－7 为凸凹罗拉结构图。凹罗拉固定不动，凸罗拉通过弹簧加压紧靠在凹罗拉上，形成一测量钳口。当条子变粗或变细时，凸罗拉位置向下或向上移动，使测量钳口变大或变小，以此信息反应条子的厚度变化。根据喂入条子的定量及纤维品种的不同，凹凸罗拉需要更换不同的槽宽盘片和相应的辅件，同时调整凸罗拉的加压量，凸罗拉的加压量随罗拉速度的增加而适当加重。

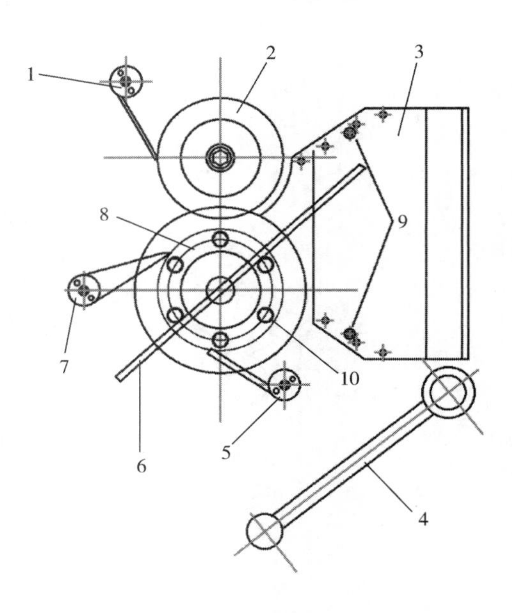

图 3－7　FA322 型并条机凹凸罗拉检测单元

1，5—罗拉清洁舌　2—凸罗拉　3—集棉器　4—加压手柄　6—清洁扇叶　7—分条舌部件　8—凹罗拉　9，10—螺钉

USG 自调匀整系统还有三套测速传感器，如图 3－5 中的 8、9 和 12。一套安装在凹凸罗拉下面的传动链上，用于检测喂入棉条的速度；一套安装在输出压辊的轴上，用于检测并条机的出条速度；还有一套安装在主电动机到差动齿轮箱之间的传动轴上，用于检测输入差动齿轮箱的固定速度。USG 自调匀整系统的执行装置包括差动齿轮箱、伺服电动机和伺服系统。其中，差动齿轮箱将主电动机输入的恒定转速与伺服电动机输入的变速合成后带动中罗拉以后的传动机构转速变化，以改变后牵伸区的

牵伸倍数。

（二）闭环系统

闭环系统一般在输出端检测，在输入端匀整，具有反馈信息，用来保持纱条长片段轻重恒定，如图3－8所示。在该匀整装置上，大喇叭口被进一步设计成可以测量纱条厚度的装置，如图3－9所示。纱条进入喇叭口时，随着纱条厚度的变化，测量杠杆会绕着支点摆动，位移传感器则检测到位移信号，该信号经控制器转换放大后，驱动执行机构以改变给棉罗拉转速。

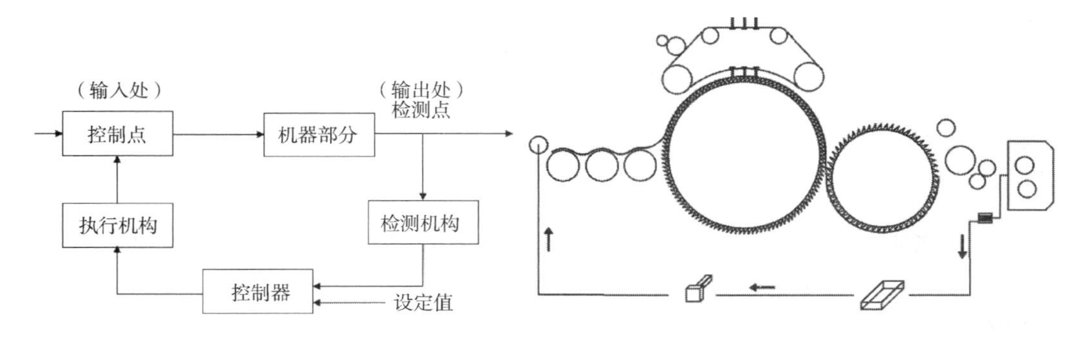

图3－8　梳棉机长片段闭环自调匀整系统方框图

由图3－8可以看出，输出端的检测点和输入端的调节点相距较远。由于调节环节的延迟时间和梳棉机的机械牵伸及吞吐纤维作用，意味着要在输出一段较长的条子后才有校正效果。对于高产梳棉机此长度大约是25m，因此闭环系统适合长片段的匀整。

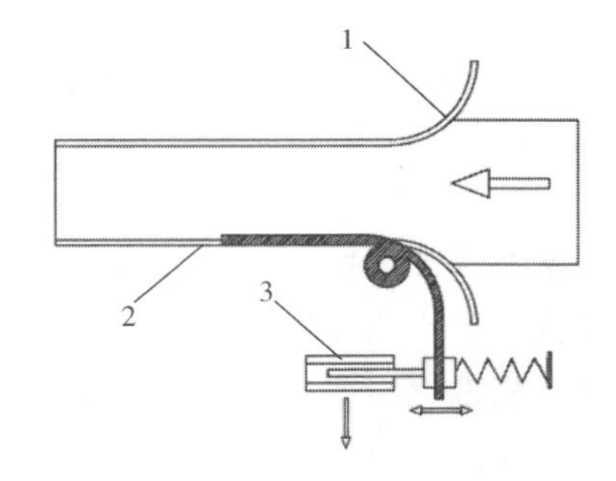

图3－9　喇叭口纱条检测装置

1—喇叭口　2—检测杠杆

3—位移传感器

（三）混合环系统

混合环一般有两种类型：一种是两个检测点（机后给棉罗拉处、机前凹凸罗拉处），一个控制点，控制给棉罗拉速度；另一种是一个检测点两个控制点，机前检测同时控制机后给棉罗拉及机前牵伸区罗拉速度，是闭环和机前短片段开环相结合的匀整系统。混合环将开环和闭环的优点结合在一起，不仅能匀整中、短片段不匀，而且能匀整长片段不匀，有利于缩短工艺流程、省去粗纱工序、减少并条工序，可应用于转杯纺或其他棉条直接纺纱的生条生产。

图3－10为DK788梳棉机混合环自调匀整系统，该系统采用两个检测点，一个控制点，即分别在喂入端检测喂给棉层厚度，在输出端检测纱条厚度信息，在输入端调整喂棉罗拉转速。同时，该梳棉机输入端设置有双棉箱，通过检测下棉箱含棉量和给棉厚度，控制上棉箱给棉罗拉转速。

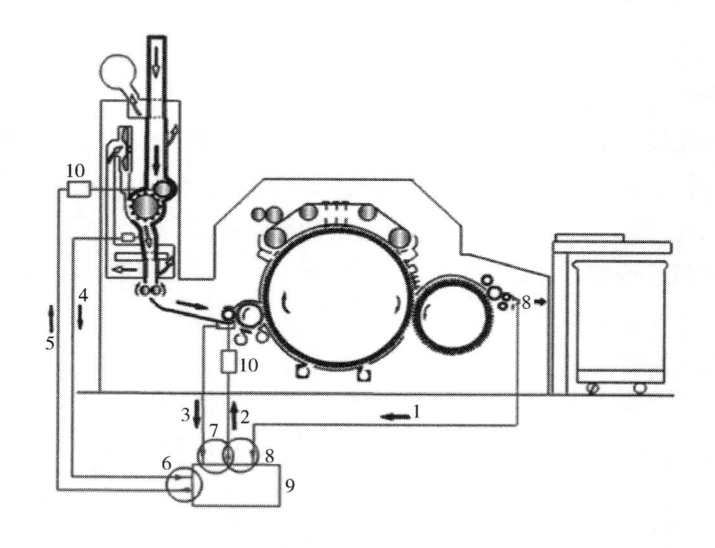

图 3-10 梳棉机混合环自调匀整系统

1—棉条厚度检测信号 2—喂棉罗拉转速指令 3—棉层厚度检测信号 4—下棉箱压力检测信号 5—给棉罗拉转速指令 6—喂棉箱闭环自调匀整 7—短片段开环 8—长片段闭环 9—微机控制器 10—调速电动机

第三节 智能化清棉自调匀整仪

铁炮式变速机构属于纯机械式变速机构，存在结构复杂、变速精度低和灵敏性低等问题。随着技术的不断发展，机械式变速机构逐渐被机械电子式、微电子式代替，大幅提高了变速精度，实现无级变速，且反应速度快、性能稳定。

目前清棉机均使用智能化清棉自调匀整仪检测棉层厚度不匀并进行速度调整，工人师傅仅需要通过对控制面板上相关参数进行修改，即可适纺不同产量。以 P-3 型智能型清棉自调匀整仪为例，来说明智能型清棉自调匀整仪的特点和优势。

P-3 型自调匀整仪由中国纺织科学研究院开发，代替了传统的铁炮式变速机构，通过软件编程，实现了 PLC、文本显示器、自调匀整仪、变频器之间的通信。该自调匀整仪采用先进可靠的微电子技术，控制变频器直接驱动三相交流电动机，改善天平罗拉转速，从而达到自调匀整的目的，大幅提高了棉卷的均匀度。

一、工作原理

位移传感器通过重锤和天平杆来检测天平罗拉与天平杆之间棉层厚度（h），棉层厚度与设定值的差异经控制器输出一相应数据，迅速改变天平罗拉速度（v），使输出棉层在单位时间内保持恒定（$C=hv$）。

二、主要机构

P－3 型自调匀整仪主要分为三大部分：检测机构、控制机构和执行机构。检测机构由安装在给棉罗拉下的洋琴、重锤及位移传感器组成；控制机构即自调匀整控制器；执行机构主要采用变频器和给棉电动机。

三、主要特点

1. 操作方便　通过软件编程，实现了自调匀整仪、电子秤、PLC、文本显示器、变频器等之间的通信，棉卷重量、当前长度、棉层平均厚度和电动机速度修整指标在 TD200 文本显示器上即时显示，方便挡车工查看和安排操作。校称、匀整功能在清棉机 D0200 操作板上一键实施，由 P－3 型自调匀整仪自动调节，让挡车工实现全自动式操作。

2. 传动简单　去除了铁炮、连杆、调节螺杆、传动齿轮、传动带等许多部件，以自调匀整仪进行控制，大幅简化天平传动机构和调速装置。棉层的厚度变化通过洋琴组件和重锤最后反映到位移传感器上，通过自调匀整仪计算输出对应频率到变频器，改变给棉罗拉的速度，使成卷棉层均匀。

3. 功能强大　该装置实现对棉卷曲线进行 5 段以下计算机自动补偿，每段可单独加速或减速，实现了落卷后棉卷的自动称重。匀整、校称功能可以用清棉机 D0200 操作面板的打手开、给棉开按钮进行操作，很大程度上减轻了工人的劳动强度，并且具有正、反转点动功能，便于检修和处理棉层过厚出现的停、噎车。

4. 性能稳定　P－3 型清棉自调匀整仪采用计算机控制、数字控制技术，具有无温漂、零漂的特点。并采用电子称重仪反馈棉卷重量信息的闭环控制系统，降低了棉卷的不匀与重量偏差。

☞ 思考题

假设铁炮变速装置中，铁炮大小头端半径分别为 $R=200\text{mm}$，$r=100\text{mm}$，铁炮工作长度为 $L=350\text{mm}$，上下铁炮中心距为 $H_0=300\text{mm}$。请根据已知参数进行上下铁炮轮廓外形设计。

第四章　牵伸机构设计

本章知识点

1. 牵伸原理和牵伸机构主要工艺参数。
2. 牵伸传动机构。
3. 弹簧摇架加压机构工作原理和锁紧机构。
4. 皮辊自调平衡机构工作原理、复位力和复位力矩的推导、操作力的计算。

第一节　牵伸运动及相关工艺参数

牵伸是纺纱机械的主要工艺作用之一，从杂乱无序的纤维原料纺成结构均匀、有一定强力的细纱，需要经过较长的工艺过程并配备开清、梳理、并条、粗纱、细纱等一系列机械。梳理以后的纱条经过几道并合和多次牵伸成为粗细均匀、内部结构伸直平行的纤维束，再经加捻成为粗纱和细纱。故并条机、粗纱机和细纱机都有牵伸机构。

一、牵伸过程中纤维的运动

凡输入慢，输出快，使被加工物逐步抽长拉细的工艺作用均可称为牵伸。在纺纱机械上最常见的是罗拉式牵伸：利用两对或两对以上表面速度递增的罗拉将纱条抽长拉细，即使纱条由粗变细，由厚变薄，由重变轻，由断面纤维根数多变成纤维根数少。本章即讨论罗拉式牵伸。

牵伸的主要作用为将纱条抽长拉细，使纤维伸直平行。

牵伸过程实质上是连续不断地将一部分纤维从纱条中均匀快速抽取滑移的过程，牵伸机构的作用就是要均匀控制纤维间的这种滑移，使成纱均匀。研究牵伸过程的作用就是要掌握牵伸过程中纤维的运动规律，从而改进现有的牵伸工艺，或进一步发展新的牵伸机构，以适应纺织工业不断发展的需要。

（一）牵伸过程中纤维的速度转变

牵伸区中可以有成百根到成万根的纤维在运动，运动的结果是将一部分纤维按照前罗

拉表面速度 v_1 从后面的慢速纱条中滑移抽取出来。即原来以后罗拉表面速度 v_2 慢速前进的纤维在某一位置转变为前罗拉的表面速度 v_1 而快速前进。假设所有纤维等长、伸直、头端均匀分布，且纤维长度与罗拉隔距相等，则这些纤维在转变速度时的头端位置都将统一在前罗拉钳口处，牵伸区内纤维排列状态可用图 4－1 表示。喂入纤维均以后罗拉表面速度 v_2 向前运动，其头距（即纤维排列整齐后的头端间距）均保持为 a ，当纤维在前钳口处转变为以前罗拉表面速度 v_1 运动时，其头距即成为 b 。因为 $a:b = v_2:v_1$，所以纤维束经过牵伸后即变细，但其排列均匀度保持原状不变，既不改善也不恶化。然而实际情况下由于纤维不伸直平行，纤维排列头距参差不齐，且纤维长短不等，罗拉隔距也会大于纤维的品质长度，因此存在既不受前钳口控制也不受后钳口控制，呈浮游状态的浮游纤维。浮游纤维的运动速度将受周围纤维摩擦力作用的影响，其变速点位置不定，单位时间内转变速度的纤维量也变化不定。若浮游纤维提早变速，则在该段时间内转变速度的纤维量相应增多，使输出的纤维束变粗；而在随后的须条中，由于一部分纤维已被过早地抽取，那么继续转变速度的纤维量就会减少，输出的纤维束必将相应变细，就造成了输出纱条一节粗、一节细的结果，使纱条的条干均匀度恶化。在牵伸机构设计中如果能控制浮游纤维不过早变速，使速度转变点尽量靠近前钳口，并集中稳定于前钳口处，将有利于成纱均匀性。

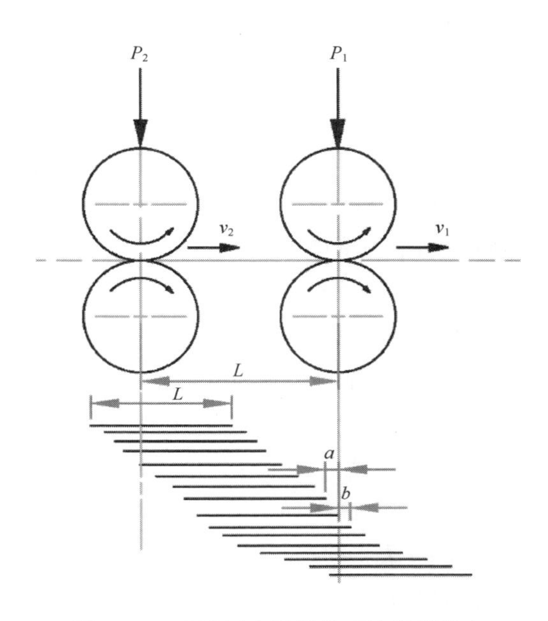

图 4－1 牵伸区内纤维排列的理想状态

（二）牵伸过程中的纤维受力状态

从单纤维看，受后钳口控制的纤维应按后罗拉速度前进（称慢速纤维），受前钳口控制的纤维应按前罗拉速度前进（称快速纤维）。不受前、后罗拉控制而呈浮游状态的浮游纤维的运动，由引导力和控制力的相对大小决定。引导力是快速作用纤维对浮游纤维的摩擦牵引力，其大小决定于快速作用纤维的数量。因各截面内的快速作用纤维数量是变化的，所以引导力在牵伸区中也是变化的，离前钳口越近快速纤维越多，则引导力越大；反之，离后钳口越近引导力越小。控制力是慢速作用纤维对浮游纤维的摩擦阻力，其大小决定于慢速作用纤维的数量。因各截面内慢速作用纤维的数量是变化的，所以控制力在牵伸区中也是变化的。离后钳口越近慢速纤维越多，则控制力越大；反之，离前钳口越近则控制力越小。引导力对浮游纤维起促进变速的作用，控制力则起阻碍纤维变速的作用。从上述情况可以看出，浮游纤维的变速条件是“引导力大于控制力”。因此，设计牵伸机构时应使浮游纤维尽量靠近前钳口，才能满足“引导力大于控制力”的变速条件，进而使纤维变速点的位置尽量靠近前钳口，并集中稳定于前钳口处。

从整根纱条来看，其受到握持力和牵伸力两者的作用。在牵伸区中，由前罗拉握持的快速纤维在从其他慢速纤维丛中抽出时必受到慢速纤维对它的摩擦阻力作用。全体快速纤维所受到的摩擦阻力的总和，即是牵伸阻力（简称牵伸力）。能把快速纤维从纤维丛中抽拉出来的力是前罗拉钳口带动它们前进的摩擦力，其极限摩擦力称为前罗拉的握持力。当握持力大于牵伸阻力时，纱条就能获得牵伸倍数；相反，当握持力小于牵伸阻力时，纱条就会在前罗拉钳口处打滑，得不到预期的、均匀的牵伸效果。为使牵伸过程正常顺利进行，必须保证“握持力大于牵伸力”。

握持力由加压力大小及上下罗拉的直径、材料和表面状态（包括纤维性能和状态在内）等因素决定。在既定条件下，握持力是一定值，牵伸力的大小取决于纤维状态和性质、牵伸倍数，喂入纱线密度以及加压、隔距等因素，因此牵伸力是经常变化的。牵伸力波动很大时，输出纱条的不匀率增大，故要获得均匀的纱条，一定要保持牵伸力相对稳定。另外，牵伸力是实现牵伸所必须克服的阻力，但适当的牵伸力则有助于纤维伸直和分离。握持力和牵伸力都可以用实验方法进行测定。

（三）纤维速度转变与摩擦力强度分布的控制

从纤维受力分析可知，引导力与控制力、握持力与牵伸力等都是相互间的摩擦力，所以需研究牵伸区中纱条的摩擦力界及其强度的合理分布。纤维受到摩擦力作用的空间界限称为摩擦力界。在摩擦力界的范围内，各点摩擦力强度不等，形成一个分布，称为摩擦力界强度分布。图 4 -2（a）为罗拉钳口下的纵向（须条方向）压强分布，（b）为罗拉钳口下的横向（罗拉轴向）压强分布，其中纵向压强分布对纤维运动影响较大，故研究摩擦力界强度分布时主要研究纵向分布。图 4 -3 为简单罗拉牵伸摩擦力界强度分布示意图，图中纵坐标表示摩擦力强度，横坐标表示摩擦力的作用位置。

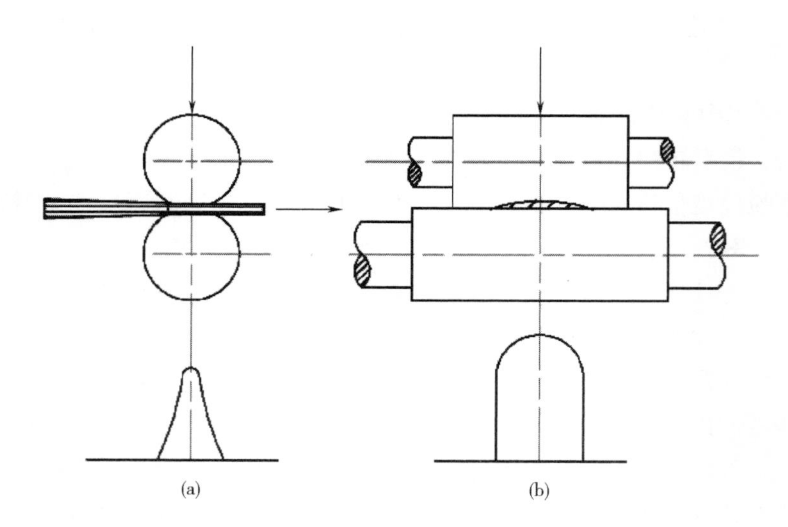

图 4 -2　罗拉钳口下的压强分布

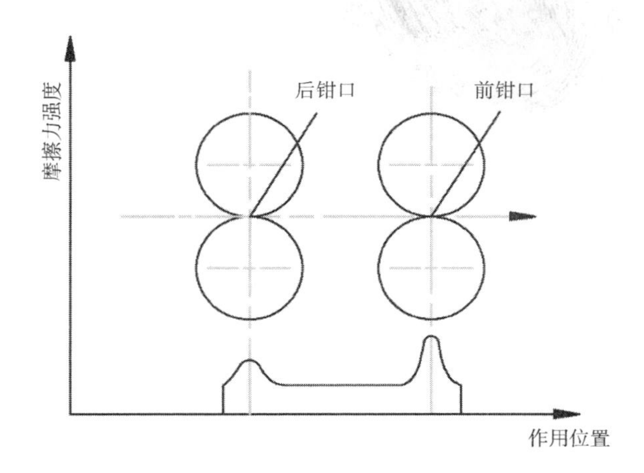

图4－3　简单罗拉牵伸摩擦力界示意图

摩擦力界强度分布受以下几个因素影响：

（1）罗拉加压数值；

（2）上罗拉（也称皮辊）包覆物和皮圈的材料性能、表面状态和涂料性能；

（3）纤维材料的摩擦性能；

（4）纤维间的约束紧密程度；

（5）罗拉钳口的握持距（钳口隔距）；

（6）附加控制元件的应用（附加摩擦力界）。

从某种意义上讲，对牵伸机构的设计首先是对牵伸区中摩擦力界强度分布的设计。其设计原则如下：

1. 对前钳口的要求

（1）要有足够的摩擦力强度和强度峰值，始终能满足“握持力大于牵伸力”的正常牵伸条件。

（2）摩擦力强度分布应适当集中，不要过于扩展，以保证只在靠近前钳口时才满足“引导力大于控制力”的纤维变速条件，使纤维变速点尽量集中而稳定地靠近前钳口处。

2. 对后钳口的要求

（1）要有一定的摩擦力强度，保持一定的牵伸力，有利于纤维的伸直平行，也要保持一定的握持力，防止打滑。

（2）摩擦力强度分布尽可能向前钳口方向伸展，增强对纤维的控制，使纤维变速点尽量靠近前钳口。

采用简单罗拉牵伸形式时的摩擦力界强度分布，不能完全满足上述设计原则的要求。因此，常采用附加控制元件，例如皮圈销、约束管道、压力棒等，形成附加摩擦力界，以补充和完善牵伸区的摩擦力界强度分布，如图4－4所示。

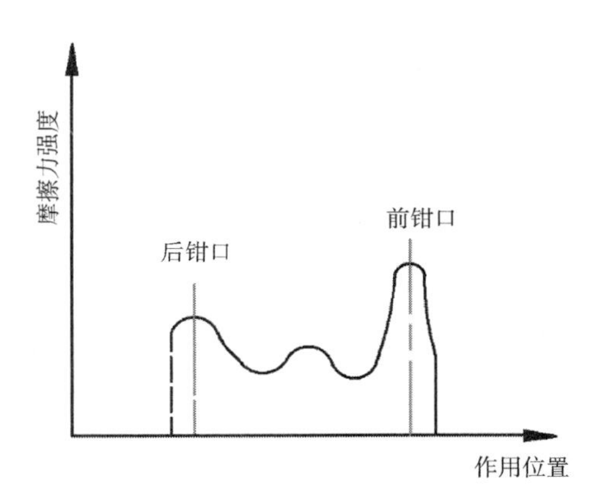

图4－4　附加摩擦力界强度分布示意图

二、牵伸机构工艺参数

在罗拉牵伸过程中，纱条被拉细的程度一般用牵伸倍数 E 来表示。若纱条被拉长 E 倍，则其单位长度上纱条重量或横截面内纤维根数减少为原来的 $1/E$，则其牵伸倍数为 E。

（一）理论牵伸倍数和实际牵伸倍数

假设牵伸过程中没有纤维损失，罗拉和纱条之间没有滑溜现象，则理论牵伸倍数为：

$$E_1 = \frac{L_2}{L_1} = \frac{v_1}{v_2} \tag{4-1}$$

式中：L_1，L_2 分别为牵伸后和牵伸前纱条的长度；v_1，v_2 分别为输出端和输入端罗拉的表面线速度。

实际牵伸过程中，存在一定的纤维损失，且有可能发生罗拉的滑溜、纱条的回弹和缩捻等现象，则实际牵伸倍数为：

$$E_2 = \frac{W_2}{W_1} = \frac{T_2}{T_1} \tag{4-2}$$

式中：W_1，W_2 分别为牵伸后和牵伸前单位长度纱条的重量；T_1，T_2 分别为牵伸后和牵伸前纱条的特数。

考虑纤维损失等各种情况，通常 E_2 和 E_1 不相等。实际牵伸倍数和理论牵伸倍数之比称为牵伸效率，即：

$$\eta = \frac{E_2}{E_1} \times 100\% \tag{4-3}$$

（二）总牵伸和部分牵伸

罗拉牵伸装置一般由几对牵伸罗拉组成若干个握持钳口，在多个点上对纱条进行牵伸。从喂入罗拉到输出罗拉间的牵伸倍数为总牵伸倍数，相邻两对罗拉间的牵伸倍数为部分牵伸倍数。

如图4－5所示，由四对罗拉组成三个牵伸区，罗拉速度从右到左依次增大，即 $v_1 > v_2 > v_3 > v_4$，各部分牵伸倍数分别为：$e_1 = v_1/v_2$，$e_2 = v_2/v_3$，$e_3 = v_3/v_4$，则总牵伸倍数为：

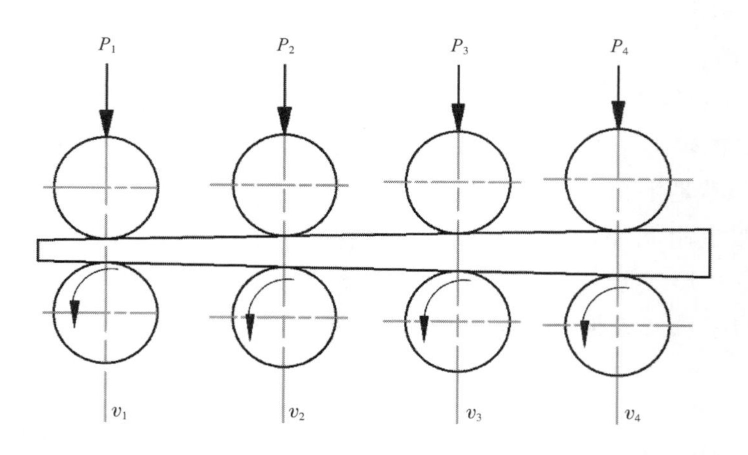

图4－5　某四上四下罗拉牵伸机构示意图

$$E = \frac{v_1}{v_4} = e_1 \cdot e_2 \cdot e_3 \tag{4-4}$$

由此可见：总牵伸倍数等于各部分牵伸倍数的乘积。此结论可作为在牵伸机构设计时进行牵伸比分配的依据。

（三）牵伸区组合方式和牵伸分配

牵伸机构是由单个或若干个牵伸区组合而成的，常用的组合方式有连续牵伸、双区牵伸和单区牵伸。

1. 连续牵伸　连续牵伸（图4－6）是指各个牵伸区（每相邻两列罗拉间）都有一定的牵伸倍数，而其最小值一般应大于1。这种组合方式最有利于提高总牵伸倍数，发挥各牵伸区的能力，因此在粗纱和细纱牵伸机构中应用最多。连续牵伸中的中间罗拉既是前牵伸区的控制罗拉，又是后牵伸区的牵伸罗拉。

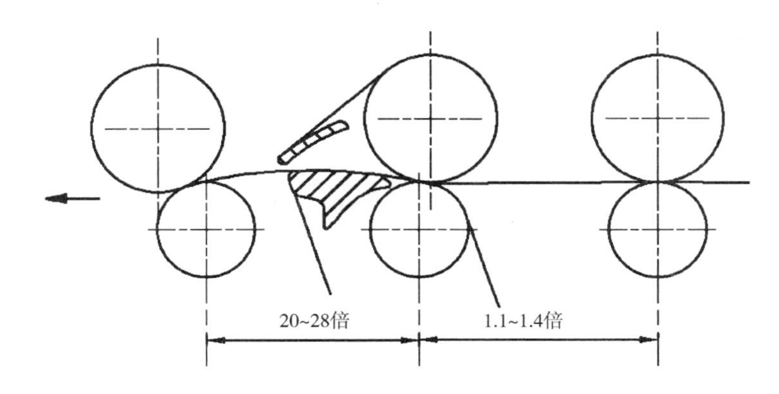

图4－6　二罗拉双皮圈连续牵伸

V形牵伸（图4－7）属连续牵伸组合方式。它的前牵伸区结构保持皮圈牵伸形式，而后牵伸区将传统罗拉牵伸改进为曲线牵伸。后罗拉位置相对于普通牵伸平面抬高12.5mm或13.5mm（约罗拉直径一半），后皮辊沿后罗拉表面后移，使后上下罗拉中心连线与水平夹角为25°~31°；后下罗拉前移，缩小中、后罗拉中心距，并采用曲面的导纱喇叭喂入。这些特点使得喂入后牵伸区中的纱条从后罗拉钳口起有一接触弧段包围在后罗拉表面。由于后罗拉抬高形成了曲线牵伸和适当的粗纱捻回相配合，使后牵伸区中的纱条获得较高的集合，牵伸纱条不仅不扩散，反而向中罗拉逐渐收缩集合，形成狭长V形，以较高的纱条紧密度喂入前牵伸区，使总牵伸倍数增大，故称V形高倍牵伸机构。

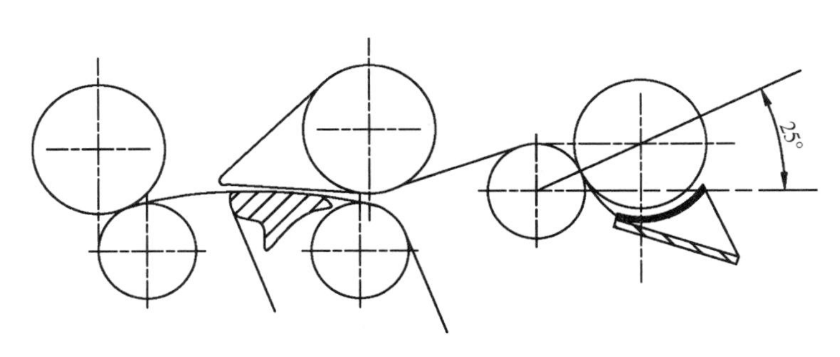

图4－7　V形牵伸

2. 双区牵伸 双区牵伸（图4－8）常用于粗纱和并条的牵伸机构，一般都是四列罗拉。第一、第二列罗拉间为前牵伸区，具有较高的牵伸倍数；第三、第四列罗拉间为后牵伸区，牵伸倍数小，属于预牵伸，而在第二、第三罗拉间的牵伸倍数接近1，以维持一定张力。双区牵伸避免了中间罗拉既是牵伸罗拉又是控制罗拉以致容易产生打滑的缺点。此外，通常在第二、第三罗拉间设置集合器，改善纤维的扩散现象。

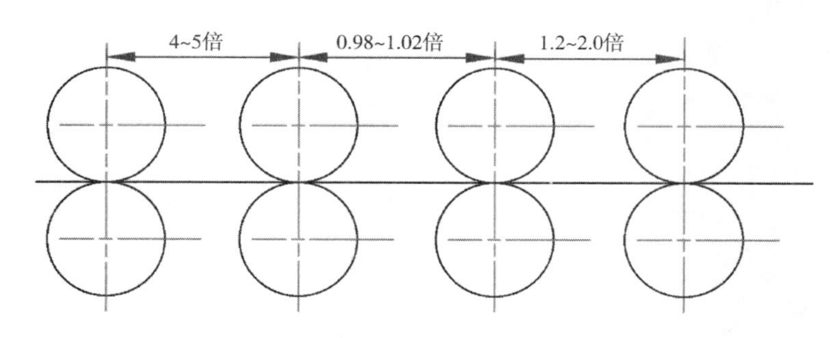

图4－8 四罗拉双区牵伸

3. 单区牵伸 单区牵伸的应用，一种是最简单的二罗拉牵伸机构，用于对牵伸倍数要求不高的场合；另一种是常用于长纤维纺纱，如毛、丝、化纤等长纤维所用的细纱机三罗拉牵伸机构。前后罗拉积极握持，其中，间距按最长纤维长度考虑，而中罗拉钳口则未积极握持，对于长纤维来说是滑溜钳口，对于较短纤维仍起控制作用（图4－9），中后罗拉之间维持较小的张力牵伸（≤1.1）。因此单区牵伸的牵伸区总长度最短，在原来加工短纤维的牵伸机构上进行部分零件更换，就可形成单区牵伸，适应加工长纤维的要求，近年来在化纤纺纱方面有较多应用。

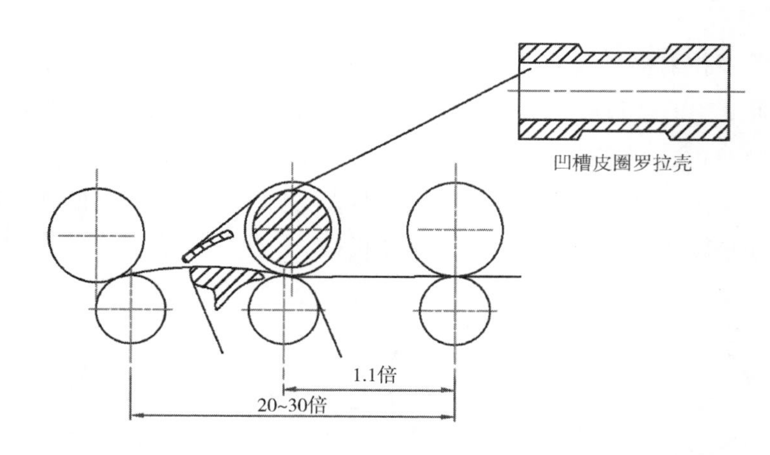

图4－9 三罗拉单区牵伸

牵伸类型一旦确定，接下来就是如何分配牵伸比。一般把后牵伸区作为预牵伸区，解除捻回，使纤维伸直平行，为前牵伸区进行高倍牵伸创造条件。另外，适当提高后牵伸区牵伸倍数又是提高总牵伸倍数的简捷途径。

第二节　牵伸传动机构

一、设计要求

1. 纺纱工艺

（1）满足牵伸倍数的变化范围（e_{min} ～ e_{max}）；

（2）适应前、后牵伸区罗拉隔距的调节范围；

（3）满足纱支重量偏差的要求。

2. 传动结构

（1）传动零件和支承托架应有足够的刚度和强度，以保证正常运转；

（2）提高传动件和支承件的制造精度，以减少牵伸机械波；

（3）合理选择传动路线。

3. 操作要求　便于运转和调整操作，使维修及拆装方便。

二、传动路线的选择

安排传动路线的一般原则是先传动大功率件，后传动小功率件；先传动高速件，后传动低速件。现有以下几种牵伸传动路线，如图4－10所示。

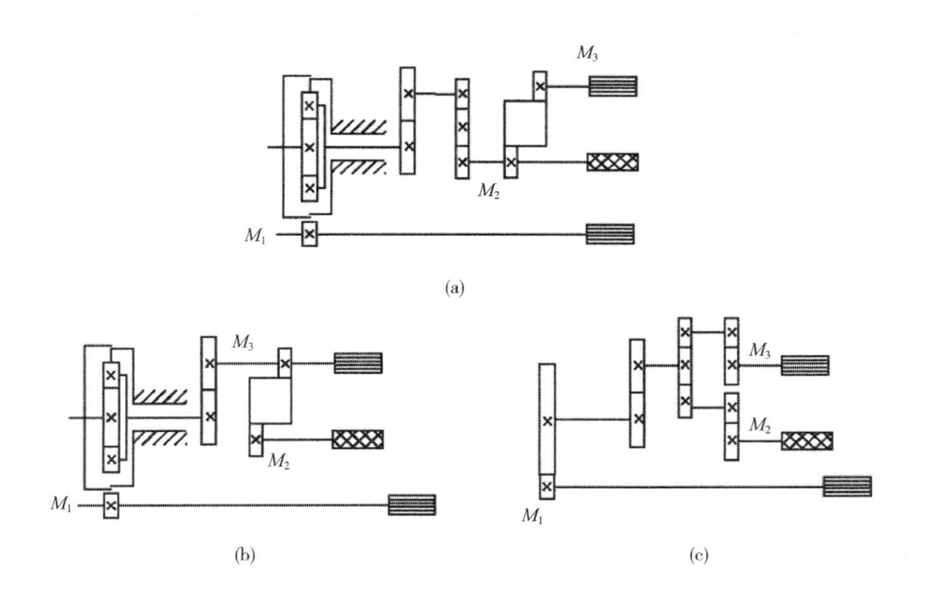

图4－10　三种牵伸传动路线

（a）前罗拉→中罗拉→后罗拉；

（b）前罗拉→后罗拉→中罗拉；

（c）前罗拉→中间轴→中、后罗拉（即同时传动中、后罗拉）。

传动路线的不同选择，影响中、后罗拉头端扭矩的负荷大小和轮系速比分配，下面进行分析。

（一）罗拉头端的扭矩负荷

罗拉头端的扭矩负荷计算公式如下：

$$M = N/\omega = N/2\pi n \tag{4-5}$$

式中：M 为扭矩；N 为罗拉消耗功率；n 为罗拉转速。

如果对同一牵伸机构分别采用上述三种不同的传动路线，可分别列出其前、中、后各列罗拉的头端扭矩负荷，以便相互对比，见表4－1。

表4－1　各列罗拉头端的扭矩负荷

各列罗拉的头端负荷	(a)	(b)	(c)
$M_1(=M_{前})$	$(N_1+N_2+N_3)/2\pi n_1$	$(N_1+N_2+N_3)/2\pi n_1$	$(N_1+N_2+N_3)/2\pi n_1$
$M_2(=M_{中})$	$(N_2+N_3)/2\pi n_2$	$N_2/2\pi n_2$	$N_2/2\pi n_2$
$M_3(=M_{后})$	$N_3/2\pi n_3$	$(N_2+N_3)/2\pi n_3$	$N_3/2\pi n_3$

由表4－1可知：以第三种传动路线的中、后罗拉头端扭矩负荷为最小，第一种传动路线的中罗拉头端以及第二种传动路线的后罗拉头端，均需同时负担中、后两罗拉的扭矩，故负荷较大。

（二）轮系速比的分配安排

总牵伸倍数 e 是部分牵伸倍数的乘积，即 $e = e_1 \cdot e_2$。采用第二种传动路线时，先由前罗拉降速传动后罗拉，再由后罗拉升速传动中罗拉，显然不合理。当总牵伸和后区牵伸倍数较大时，以（a）、（c）两种传动路线较为合理，可以充分利用部分牵伸速比，减少当总牵伸速比要求很大时在机构具体安排上的问题。

目前国内外细纱机牵伸传动路线，大多采用第三种传动路线。

三、牵伸变换齿轮的齿数搭配

牵伸变换齿轮用来控制纺出纱条的重量，其调节范围应满足纺制各种纱支的工艺要求，且应符合纱支重量偏差的规定，故在设计牵伸变换齿轮时应先给出：

（1）牵伸倍数的变化范围 $e_{min} \sim e_{max}$；

（2）纱条轻重的容许偏差 δ。此外，在机械设计上还要求能以最少的变换齿轮数量实现上述目标。

牵伸变换齿轮可以安排在传动轮系中适当的某一级，通常采用变换其中一个齿轮，或者同时变换两个相啮合的齿轮，必要时也可再变换另一级齿轮，以求得更大的变换范围。

（一）牵伸倍数数列和牵伸倍数变换级差率

设某牵伸传动机构牵伸倍数的变换范围分布如下：$e_1, e_2, e_3, \cdots, e_j, e_{j+1}, \cdots, e_n$，其中 e_1 为最小牵伸倍数，e_n 为最大牵伸倍数，变换档数为 n。从 e_j 变换到 e_{j+1} 时，其牵伸倍数变换级差率为：

$$\Delta e = (e_{j+1} - e_j)/e_j \tag{4-6}$$

此级差率 Δe 应满足纱支重量偏差 δ 的要求，即：

$$\Delta e = (e_{j+1} - e_j)/e_j = (e_{j+1} - e_j) - 1 \leqslant \delta$$

牵伸倍数数列分档越多越细，即变换级差率 Δe 越小，越易满足 $\Delta e \leqslant \delta$ 的要求。但分档越多，则变换齿轮数量越多。合理的设计应做到以最少的变换齿轮数满足纺纱工艺对重量偏差的要求。如果牵伸倍数的分布采用等差数列，并设仅换一只齿轮，其齿数为 $Z_{A1} \sim Z_{Am}$（各相差一齿）共 m 挡，对应的牵伸倍数即为 $e_{min} \sim e_{max} = CZ_{A1} \sim CZ_{Am}$。这一数列即为等差数列，其公差值为牵伸常数 C，其通式为：

$$e_j = e_1 + C(j - 1)$$

式中：e_1 为最小牵伸倍数。

该等差数列中的各挡变换级差率相应为 $\Delta e_1 = (e_2 - e_1)/e_1 = [C(Z_{A1} + 1) - CZ_{A1}]/CZ_{A1} = 1/Z_{A1}$，同理，$\Delta e_2 = 1/Z_{A2}$，$\Delta e_j = 1/Z_{Aj}$，$\Delta e_n = 1/Z_{An}$ 等。

由此可知，等差数列的各档变换级差率不相等，第一档最大，随着 Z_A 的不断增加而逐渐递减。如取第一挡 $\Delta e_{max} = \Delta e_1 \leqslant \delta$ 满足了重量偏差要求，但当 Z_A 逐步增大时，其变换级差率将逐步减小，因而将造成变换齿轮的数量过多。

为了充分利用纱支重量偏差的精度要求，应使每挡变换级差率全部相等，且小于该偏差容许值 δ。由式（4－6）可知：

$$\Delta e = (e_{j+1} - e_j)/e_j \equiv k(<\delta) \tag{4-7}$$

故

$$e_{j+1}/e_j = 1 + k \equiv \varphi \tag{4-8}$$

此种数列为等比数列，其公比 φ 就是相邻项的比值，任意项为 $e_j = e_1\varphi^{j-1}$。当牵伸倍数数列按这种等比数列安排时，将比等差数列所需要的变换齿轮数量大幅减少。两者对比结果，如图 4－11 所示。图中横坐标为挡数序列 0 ~ n，纵坐标为牵伸倍数，其变化范围为 $e_{min} \sim e_{max}$。从图 4－11 中可明显看出，同样从 e_{min} 到 e_{max} 的变化范围，等比数列比等差数列的挡数少，即变换齿轮数量。故目前牵伸变换齿轮设计一般都按牵伸倍数的等比数列来安排。

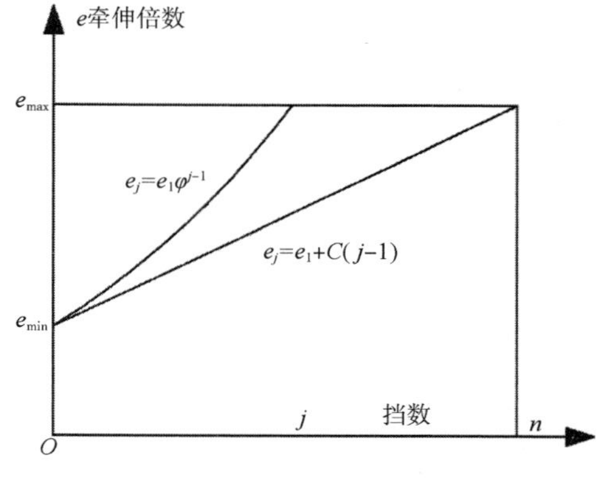

图 4－11　两种数列曲线

（二）牵伸倍数为等比数列的公比 φ 和变换总挡数 N 的确定

1. 公比 φ　由式（4－7）和式（4－8）可得：

$$\varphi \equiv 1 + k \leqslant 1 + \delta \tag{4-9}$$

由式（4－9），根据已经给定的纺纱工艺所要求的纱条重量偏差值 δ，就可确定公比值 φ。

2. 变换总挡数 N　采用一对互相啮合的变换齿轮（齿数为 Z_A 和 Z_B），按递增公比 φ 搭配而得牵伸倍数系列为 $e_1, e_1\varphi, e_1\varphi^2, e_1\varphi^3, \cdots, e_1\varphi^{n-1}$（其中，$e_1$ 为 $Z_A = Z_B$ 时的牵伸倍数）。其指数的公差为1，而 $e_n / e_1 = \varphi^{n-1}$，总共有 n 挡。

如将上述 Z_A, Z_B 变换齿轮对调啮合，成为按递减公比 φ^{-1} 搭配，则可得等比数列 $e_1, e_1\varphi^{-1}, e_1\varphi^{-2}, e_1\varphi^{-3}, \cdots, e_1\varphi^{-(n-1)}$，其指数公差为 -1，$e_n / e_1 = \varphi^{-(n-1)}$，包括 e_1 在内也有 n 挡。以上两数列合在一起，则可得总挡数（其中 e_1 重复）为：

$$N = 2n - 1 \tag{4-10}$$

其中最大牵伸倍数 $e_{max} = e_1\varphi^{n-1}$，最小牵伸倍数 $e_{min} = e_1\varphi^{-(n-1)}$，以 B 代表 e_{max} 与 e_{min} 之比值，可得：

$$B = \frac{e_{max}}{e_{min}} = \frac{e_1\varphi^{n-1}}{e_1\varphi^{-(n-1)}} = \varphi^{2n-2} \tag{4-11}$$

代入式（4-10）可得变换挡数：

$$N = (\lg B / \lg\varphi) + 1 \tag{4-12}$$

故在 B 值及公比 φ 确定后，即可由上式求出所需的变换总挡数 N。

（三）牵伸传动常数 C

已知牵伸倍数的变化范围为 $e_{min} \sim e_{max}$，则可得：

$$e_{min} \cdot e_{max} = e_1\varphi^{-(n-1)}\varphi e_1\varphi^{n-1} = e_1^2$$

故

$$e_1 = \sqrt{e_{max} \cdot e_{min}} \tag{4-13}$$

对牵伸传动机构来说，牵伸倍数的通式为：

$$e = C(Z_A / Z_B)$$

式中：C 为牵伸传动常数，它等于牵伸传动系统中除变换齿轮以外各级齿轮速比的连乘积（在前、后罗拉直径不同时，还应乘以后罗拉和前罗拉直径比）。由于齿数必须是整数，一般很难做到 $C = e_1$，因此应使 C 尽量接近 e_1。

在设计牵伸传动轮系时，应根据具体机构和位置等实际情况，合理选择轮系级数和各级速比。

（四）指数方阵表和变换齿轮数量的确定

牵伸倍数数列按公比为 φ 的等比数列设计，则按 $e = C(Z_A / Z_B)$ 可知，速比为 Z_A / Z_B 的数列也应为同一公比 φ 的等比数列。现以四个齿轮为例，设 Z_1、Z_2、Z_3、Z_4 为四个变换齿轮的齿数，其中 $Z_1 > Z_2 > Z_3 > Z_4$，可列出齿轮搭配方阵表见表4-2。

表4-2 齿轮搭配方阵表

Z_B	Z_A			
	Z_1	Z_2	Z_3	Z_4
Z_1	Z_1/Z_1	Z_2/Z_1	Z_3/Z_1	Z_4/Z_1
Z_2	Z_1/Z_2	Z_2/Z_2	Z_3/Z_2	Z_4/Z_2
Z_3	Z_1/Z_3	Z_2/Z_3	Z_3/Z_3	Z_4/Z_3
Z_4	Z_1/Z_4	Z_2/Z_4	Z_3/Z_4	Z_4/Z_4

设
$$\frac{Z_1}{Z_2}=\varphi^a,\ \frac{Z_2}{Z_3}=\varphi^b,\ \frac{Z_3}{Z_4}=\varphi^c$$

则
$$\frac{Z_1}{Z_3}=\frac{Z_1Z_2}{Z_2Z_3}=\varphi^{a+b},\ \frac{Z_2}{Z_4}=\varphi^{b+c},\ \frac{Z_1}{Z_4}=\varphi^{a+b+c}$$

$$\frac{Z_2}{Z_1}=\varphi^{-a},\ \frac{Z_3}{Z_2}=\varphi^{-b},\ \frac{Z_4}{Z_3}=\varphi^{-c}$$

$$\frac{Z_3}{Z_1}=\varphi^{-(a+b)},\ \frac{Z_4}{Z_2}=\varphi^{-(b+c)},\ \frac{Z_4}{Z_1}=\varphi^{-(a+b+c)}$$

将上述结果代入表 4－2 后可得表 4－3。

表 4－3　齿轮搭配比值方阵表（$Z_A/Z_B=\varphi^x$）

Z_B	Z_A			
	Z_1	Z_2	Z_3	Z_4
Z_1	φ^0	φ^{-a}	φ^{-a-b}	φ^{-a-b-c}
Z_2	φ^a	φ^0	φ^{-b}	φ^{-b-c}
Z_3	φ^{a+b}	φ^b	φ^0	φ^{-c}
Z_4	φ^{a+b+c}	φ^{b+c}	φ^c	φ^0

表 4－3 还可简化为以 φ 的指数 x 来表示，称为指数方阵表，见表 4－4。

表 4－4　齿轮搭配指数（x）方阵表

Z_B	Z_A			
	Z_1	Z_2	Z_3	Z_4
Z_1	0	$-a$	$-a-b$	$-a-b-c$
Z_2	**a**	0	$-b$	$-b-c$
Z_3	$a+b$	**b**	0	$-c$
Z_4	$a+b+c$	$b+c$	**c**	0

为确定变换齿轮的数量和各变换齿轮的齿数，首先应研究指数方阵表，从这一方阵表中可以得出以下几点规律：

（1）自左上至右下的对角线方格中全部指数值为零（即一对变换齿轮齿数相等的情况）。

（2）对角线左下方第一斜梯方格（粗线）中的数值为级差指数。也就是相邻齿数比 φ^x 中的指数值 x。

（3）以对角线方格为分界，在右上方对称方格内的指数绝对值与左下方相同，但为负值，故可从简不写，只写出对角线左下方的正数部分。

（4）对角线左下方除第一斜梯方格中数值为级差指数外，其他各格中的数值均可由该第一斜梯级差指数来确定。有三种确定方法（结果一致）：

①各格右侧数值与该格竖列级差指数之和；

②各格上列数值与该格横列级差指数之和；

③从该格竖列级差指数到该格横行级差指数所包含的全部级差指数之和。

故已知第一斜梯级差指数后，其他指数都可按上述三种方法中任一种方法求得。

（5）第一斜梯的级差指数应该选择恰当，保证全部指数能排成连续的整数数列，允许有重复，但不能有遗漏。如以4只齿轮为例，可写出如表4－5和表4－6所示两种方案的指数方阵表。表4－5有缺挡，表4－6更完善。

表4－5　4只齿轮搭配指数方阵表（取 $a=1$，$b=2$，$c=3$）

Z_B	Z_A			
	Z_1	Z_2	Z_3	Z_4
Z_1	0	－1	－3	－6
Z_2	1	0	－2	－3
Z_3	3	2	0	－3
Z_4	6	5	3	0

表4－6　4只齿轮搭配指数方阵表（取 $a=1$，$b=3$，$c=2$）

Z_B	Z_A			
	Z_1	Z_2	Z_3	Z_4
Z_1	0	－1	－4	－6
Z_2	1	0	－3	－5
Z_3	4	3	0	－2
Z_4	6	5	2	0

为了便于设计时查阅，经过具体运算找到能满足牵伸倍数数列要求的相邻两齿轮齿数比 φ^x 中指数 x（即第一斜梯方格中的级差指数）的排列规律，见表4－7。

表4－7　变换齿轮只数、搭配挡数及第一斜梯级差指数

变换齿轮只数	可能搭配的挡数	重复挡数	不重复挡数	第一斜梯级差指数（按顺序排列）即相邻齿数比 φ^x 的指数 x
3	7	0	7	1，2
4	13	0	13	1，3，2
5	21	2	19	1，3，3，2 或 1，1，4，3
6	31	4	27	1，1，4，4，3
7	43	8	35	1，1，4，4，4，3 或 1，1，1，5，5，4
8	57	12	45	1，1，1，5，5，5，4
9	73	18	55	1，1，1，5，5，5，5，4 或 1，1，1，1，6，6，6，5
10	91	24	67	1，1，1，1，6，6，6，6，5

续表

变换齿轮只数	可能搭配的挡数	重复挡数	不重复挡数	第一斜梯级差指数（按顺序排列）即相邻齿数比 φ^x 的指数 x
11	111	32	79	1, 1, 1, 1, 6, 6, 6, 6, 6, 5 或 1, 1, 1, 1, 1, 7, 7, 7, 7, 6
12	133	40	93	1, 1, 1, 1, 1, 7, 7, 7, 7, 7, 6
13	157	50	107	1, 1, 1, 1, 1, 7, 7, 7, 7, 7, 7, 6 或 1, 1, 1, 1, 1, 1, 8, 8, 8, 8, 8, 7
14	183	60	123	1, 1, 1, 1, 1, 1, 8, 8, 8, 8, 8, 8, 7
15	211	72	139	1, 1, 1, 1, 1, 1, 8, 8, 8, 8, 8, 8, 8, 7 或 1, 1, 1, 1, 1, 1, 1, 9, 9, 9, 9, 9, 9, 8
16	241	84	157	1, 1, 1, 1, 1, 1, 1, 9, 9, 9, 9, 9, 9, 9, 8
17	273	98	175	1, 1, 1, 1, 1, 1, 1, 9, 9, 9, 9, 9, 9, 9, 9, 8 或 1, 1, 1, 1, 1, 1, 1, 1, 10, 10, 10, 10, 10, 10, 10, 9
18	307	112	195	1, 1, 1, 1, 1, 1, 1, 1, 10, 10, 10, 10, 10, 10, 10, 10, 9
19	343	128	215	1, 1, 1, 1, 1, 1, 1, 1, 10, 10, 10, 10, 10, 10, 10, 10, 10, 9 或 1, 1, 1, 1, 1, 1, 1, 1, 1, 11, 11, 11, 11, 11, 11, 11, 11, 10
20	381	144	237	1, 1, 1, 1, 1, 1, 1, 1, 1, 11, 11, 11, 11, 11, 11, 11, 11, 11, 10

根据所需总挡数 N，查阅表 4－7 中“不重复挡数”项，即可确定变换齿轮的只数。同时可从表 4－7 中查得相应的第一斜梯级差指数，即可进一步对各变换齿轮的齿数进行计算确定。

（五）变换齿轮齿数的确定

根据牵伸倍数等比数列有 $e = e_1 \varphi^x$（x 为整数数列），根据牵伸传动计算 $e = C Z_A / Z_B$。因此应分别使上两式中常数部分和变数部分基本互等，即：

$$C \approx e_1, Z_A / Z_B \approx \varphi^x$$

式中：e_1 为牵伸常数，按理论计算为 $\sqrt{e_{min} e_{max}}$；C 为牵伸传动常数，由齿数比求得。

首先确定最小齿数，然后即可根据指数方阵表的最末一行来确定其他各齿轮的齿数。最小齿数可以适当选择，主要根据齿轮结构尺寸，还应考虑齿轮根径与轴孔键槽之间要留有充分余地，保证其安全强度。在采用单只变换齿轮时最小齿数 Z_{min} 应等于或大于 $1/\delta$，这里 δ 为纱支重量偏差。如设 $\delta = 0.015$，则 $Z_{min} \geqslant 67$ 齿；设 $\delta = 0.02$，则 $Z_{min} \geqslant 50$ 齿。最大齿数主要受相关机件可能容纳的空间尺寸限制，应根据具体条件确定。

需要注意：计算所得的变换齿轮齿数，都要按“四舍五入”的原则圆整为整数。

（六）验算

1. 变换齿轮的齿数复核 圆整后的变换齿轮齿数需再复核一下，确认是否满足纺纱工艺要求：

(1) 是否满足牵伸倍数变化范围的要求。

(2) 各挡变换级差率 Δe 是否都能满足纱支重量偏差，即变换精度的要求。若有个别挡的变换级差率不能满足变换精度的要求，需重新计算，重新确定各变换齿轮的齿数。

2. 重新确定变换齿轮的齿数

(1) 增加最小齿轮的齿数。根据 $Z_A = Z_{min}\varphi^x$ 重新计算各个变换齿轮齿数，圆整后再进行上述验算，直至验算全部合格。

(2) 选取更小些的公比值 φ。即增多变换齿轮只数 m，然后根据 m 可求得 N，再根据 $\lg\varphi = \frac{\lg B}{N-1}$ 重新修正 φ 值。按照前述计算步骤重新计算确定变换齿轮只数和各变换齿轮的齿数，圆整后再进行上述验算，直至验算全部合格。

(3) 个别调整：根据设计计算与实践经验逐步完善。

(七) 列出牵伸倍数与变换齿轮齿数搭配对照表

为便于纺织厂根据工艺参数要求选用相应的变换齿轮齿数，需列出牵伸倍数与变换齿轮齿数搭配对照表，供参照使用。

例：某细纱机的牵伸传动机构简图如图 4-12 所示，试求牵伸倍数范围为 10~50 倍，牵伸倍数的变换差异率 $\Delta e \leqslant 2\%$ 时的变换齿轮。

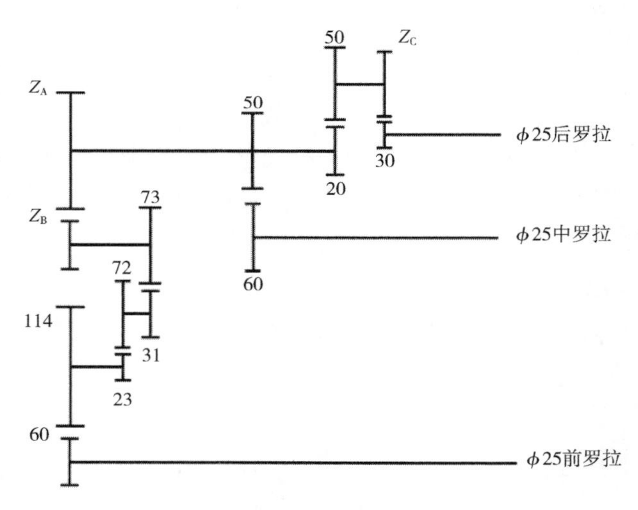

图 4-12　某细纱机牵伸传动系统图

1. 求公比 φ

$$\varphi \leqslant 1 + \Delta e = 1.02$$

取 $\varphi = 1.018$。

2. 求牵伸倍数总挡数 N

$$N = (\lg B / \lg\varphi) + 1 = \frac{\lg(50/10)}{\lg 1.018} + 1 \approx 91$$

3. 求传动机构常数 C

由式 (4-13) 得：

$$e_1 = \sqrt{e_{max}e_{min}} = \sqrt{50 \times 10} = 22.4$$

参照传动系统图4－12可得：

$$e = \frac{30 \times 50 \times Z_A \times 73 \times 72 \times 114}{Z_C \times 20 \times Z_B \times 31 \times 23 \times 60} = C\frac{Z_A}{Z_B}$$

根据传动机构常数 C 的定义，即上式中除 Z_A/Z_B 外其余各级齿轮速比的乘积为 C，且应等于或接近 e_1。现取 $Z_C = 47$，则该乘积为 $C = 22.35$，与 $e_1 = 22.4$ 接近。

4. 求变换齿轮只数及指数 x，列出指数方阵表　按 $N = 91$ 查表4－7得不重复挡数＝93时，应选12只变换齿轮，其指数排列规律为1，1，1，1，1，7，7，7，7，7，6。相应的指数方阵表见表4－8。

表4－8　指数方阵表（12只齿轮）

Z_B	Z_A											
	Z_1	Z_2	Z_3	Z_4	Z_5	Z_6	Z_7	Z_8	Z_9	Z_{10}	Z_{11}	Z_{12}
Z_1	0											
Z_2	**1**	0										
Z_3	**2**	**1**	0									
Z_4	**3**	**2**	**1**	0								
Z_5	**4**	**3**	**2**	**1**	0							
Z_6	5	**4**	**3**	**2**	**1**	0						
Z_7	12	11	10	9	8	**7**	0					
Z_8	19	18	17	16	15	**14**	**7**	0				
Z_9	26	25	24	23	22	**21**	**14**	**7**	0			
Z_{10}	33	32	31	30	29	**28**	**21**	**14**	**7**	0		
Z_{11}	40	39	38	37	36	35	**28**	**21**	**14**	**7**	0	
Z_{12}	46	45	44	43	42	41	34	27	20	13	6	0

注　部分数字重复出现，在表中加粗表示。

5. 求 Z_{min} 和 Z_{max}　当模数为2.5，齿轮孔径 $d = 25$mm时，取 $Z_{min} = 30$ 齿是允许的。此时 $Z_{max} = 30 \times 1.018^{46} \cong 69$ 齿，检查其结构布置也是合理的。

$$e_{max} = 22.35 \times 69/30 = 51.41,\ e_{min} = 22.35 \times 30/69 = 9.72$$

以上结果基本满足要求。

6. 按指数方阵表初定变换齿轮的齿数　确定 $Z_{12} = 30$（$= Z_{min}$）之后，即可按指数方阵表最末一行的各指数值来确定其余各齿轮齿数，如下：

$$Z_1 = Z_{12}\varphi^{46} = 30 \times 1.018^{46} = 68.16 \qquad \text{取为 } 69$$

$$Z_2 = Z_{12}\varphi^{45} = 30 \times 1.018^{45} = 66.95 \qquad 67$$

$$Z_3 = Z_{12}\varphi^{44} = 30 \times 1.018^{44} = 65.77 \qquad 66$$

$$Z_4 = Z_{12}\varphi^{43} = 30 \times 1.018^{43} = 64.61 \qquad 65$$

$Z_5 = Z_{12}\varphi^{42} = 30 \times 1.018^{42} = 63.46$　　64

$Z_6 = Z_{12}\varphi^{41} = 30 \times 1.018^{41} = 62.34$　　63

$Z_7 = Z_{12}\varphi^{34} = 30 \times 1.018^{34} = 55.02$　　55

$Z_8 = Z_{12}\varphi^{27} = 30 \times 1.018^{27} = 48.56$　　49

$Z_9 = Z_{12}\varphi^{20} = 30 \times 1.018^{20} = 42.86$　　43

$Z_{10} = Z_{12}\varphi^{13} = 30 \times 1.018^{13} = 37.83$　　38

$Z_{11} = Z_{12}\varphi^{6} = 30 \times 1.018^{6} = 33.39$　　34

上例 $Z_1 \sim Z_{12}$ 的数值已经过计算和圆整，注意不可有相同齿数。

7. 列出变换齿轮Z_A与Z_B的搭配和形成的牵伸倍数表　可以编程序进行齿轮齿数计算、牵伸比计算和排序，牵伸变换极差率计算。表4－9列出一部分齿轮搭配方案和对应的牵伸比、变换极差率值（齿数搭配方案较多，在此不一一列举）。

表4－9　牵伸倍数与变换齿轮齿数搭配

No.	Z_A	Z_B	$e = CZ_A/Z_B$	$\Delta e/e$
1	30	69	9.72	0
2	30	67	10.01	**0.030**
3	30	66	10.16	0.015
4	30	65	10.32	0.016
5	30	64	10.48	0.016
6	30	63	10.64	0.015
7	34	69	11.01	**0.035**
8	34	67	11.34	**0.030**
9	34	66	11.51	0.015
10	34	65	11.69	0.016
11	34	64	11.87	0.015
12	34	63	12.06	0.016
13	30	55	12.19	0.011
14	38	69	12.31	0.001
15	38	67	12.68	**0.030**
16	38	66	12.87	0.015
17	38	65	13.07	0.016
18	38	64	13.27	0.015
19	38	63	13.48	0.016
20	30	49	13.68	0.015
21	34	55	13.81	0.01
22	43	69	13.93	0.009

续表

No.	Z_A	Z_B	$e = CZ_A/Z_B$	$\Delta e/e$
23	43	67	14.34	**0.029**
24	43	66	14.56	0.015
25	43	65	14.79	0.016
26	43	64	15.02	0.016
27	43	63	15.25	0.015
28	38	55	15.44	0.012
29	34	49	15.47	0.002
30	30	43	15.59	0.008
31	49	69	15.87	0.018
32	49	67	16.35	**0.030**
49	66	16.59	0.015	33
34	49	65	16.85	0.016
35	49	64	17.11	0.015
36	38	55	17.33	0.013
37	49	63	17.38	0.003
38	30	38	17.64	0.015
39	34	43	17.67	0.002
40	55	69	17.82	0.008

在该表内共有六挡牵伸倍数数值的变换级差率 Δe 超出 2%（$<4\%$），在表内已加粗表示。若进一步改进可从下列几方面着手。

（1）调整有关的齿轮齿数；

（2）更换最小齿轮齿数；

（3）选用更小的公比值 φ，此时后两项都需重新计算。

第三节　牵伸加压机构

牵伸加压机构由加压元件、压力分配元件和操作锁紧元件三部分组成，是牵伸机构的重要组成部分。该机构要求有稳定和足够的加压值，各锭加压力大小尽量一致（偏差小），能根据工艺要求进行调节，加压、释压操作方便省力，罗拉隔距要在规定范围内可调，以满足工艺要求。

随着纤维材料种类的增多和机械技术的进步，原来简单的重锤加压和重锤杠杆加压已不能满足需要，现代牵伸加压机构中多已采用弹簧、磁性材料、压缩空气等实现加压，其中弹簧摇架加压是目前广泛使用的加压形式。弹簧摇架加压利用弹簧变形的弹性力来使皮辊对罗拉加压，以满足牵伸工艺的要求，其优点是结构较轻巧，用简单的弹簧机构和元件就能产生较大的作用力，且有吸振作用；缺点是对弹簧材料和制造工艺要求较高，长期使用会有“压力衰退”现象。图 4－13 为细纱机牵伸用弹簧摇架加压机构。

摇架的加压机构通常由加压和锁紧两部分组成：加压部分完成对皮辊加压和握持定位作用，锁紧部分是为加压操作后锁紧定位及释压操作而设置。加压部分的加压杆有可摆动的自调式和固定式两种。锁紧部分主要是一四连杆机构，通常有两类：一类是加压和释压过程中始终是四连杆机构（如 PK－225 型，SFA65－1 型），它的掀起角度较小，不便于牵伸机构的维修保养，但锁紧较可靠；另一类加压时为四连杆机构，释压时有一杆件脱开而不再是四连杆机构，掀起角度较大，有利于维修保养。

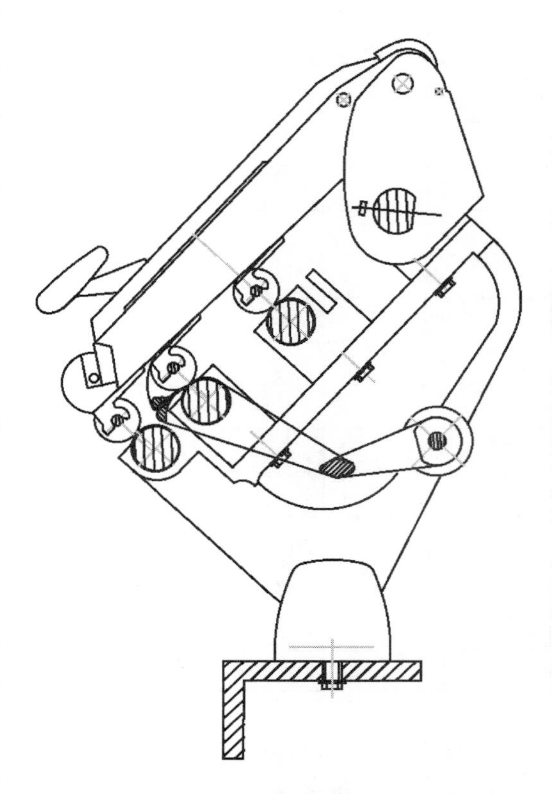

图 4－13　细纱机牵伸用弹簧摇架加压机构

一、摇架加压的弹簧计算

加压弹簧通常采用圆钢丝绕成螺旋压缩圈簧的形式，一般用一组碳素弹簧钢丝冷绕，再经回火处理。钢丝直径（1.6～2.5mm）根据工作压力的大小适当选择。为提高承载能力，加压弹簧在热处理后可进行强压处理及喷丸处理等。

圆柱螺旋压缩圈簧的基本尺寸参数包括：簧丝直径 d ，螺旋圈平均直径即中径 D_2 ，弹簧圈数 n ，自由高度 H_0 ，自由高度时的弹簧节距 t 等（图 4－14）。

弹簧的设计计算，应根据使用要求，如压力、空间位置等条件来确定弹簧的尺寸。为了简化设计计算，一般当 $d \ll D_2$ 及螺旋导角 α 很小时，螺旋圈的曲率可略去不计。

（一）弹簧径向参数 d、D_2（D_1，D）的确定

设 P 为作用在弹簧轴线上的压力，d 为簧丝直径，D_2 为弹簧圈平均直径（中径），n 为弹簧工作圈数（支承圈不计算在内）。

在弹簧中部截取任一截面如图 4－15 所示，截面的受力情况为通过截面圆心的剪力 P 和扭矩 $M_K = PD_2/2$。

剪力 P 在截面上产生的剪应力为：$\tau_1 = 4P/\pi d^2$。

由扭矩 M_K 产生的剪应力 τ_2 可分两种情况来考虑：

1. 小曲率（$D_2/d>20$）的情况　为了简化计算，可略去曲率不计，即可按直杆扭转时截面最大剪应力的计算公式求得：

$$\tau_{2max}=\frac{W_K}{W_P}=\frac{PD_2/2}{\pi d^3/16}=\frac{8PD_2}{\pi d^3}$$

式中：W_P 为簧丝截面的抗扭刚度系数。

根据叠加原理，簧丝截面离轴心线最近点（即内侧）有最大剪应力（$\tau_1+\tau_{2max}$）

故

$$\tau=\tau_{2max}+\tau_1=\frac{8PD_2}{\pi d^3}+\frac{4P}{\pi d^2}\approx\frac{8PD_2}{\pi d^3}$$

因 τ_1 较小，故一般可略去不计。

2. 大曲率（$D_2/\mathrm{d}<20$）的情况　此时簧圈的内圆周与外圆周相比小得多，曲率大，再用直杆剪应力公式计算其误差比较大，故须考虑曲率的影响改用下列公式：

$$\tau=\frac{8PD_2}{\pi d^3}K=\frac{8PCK}{\pi d^2}\leqslant[\tau],\left(C=\frac{D_2}{d}\right)$$

式中：$[\tau]$ 为许用剪应力；K 为曲率系数（一般 $K>1$），可以查表得到，也可按下式计算得出：

$$K=\frac{4C-1}{4C-4}+\frac{0.615}{C}$$

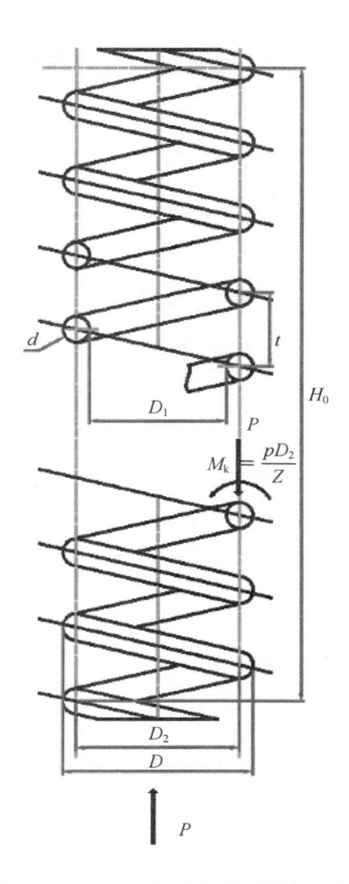

图 4－14　圆钢丝螺旋压簧的结构

故

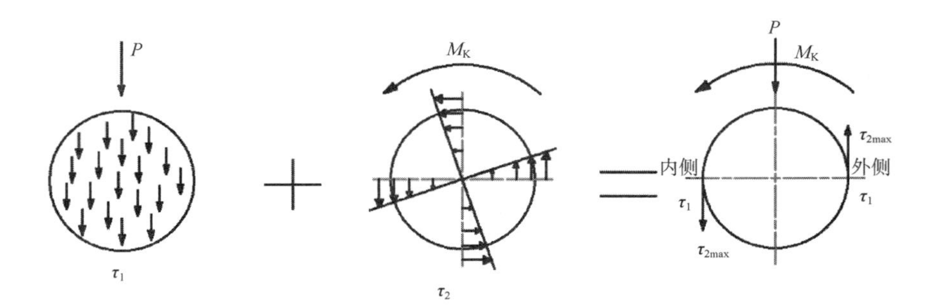

图 4－15　簧丝截面受力分析

$$\tau=\frac{8P}{\pi d^3}\left(\frac{4C^2-C}{4C-4}+0.615\right)$$

此处 C 是簧圈平均直径 D_2 与簧丝直径 d 之比，称为弹簧指数，也称旋绕比，在 4～25 之间选取（一般取 $4\leqslant C\leqslant15$，常取 $C=5\sim8$）。如 $C<4$，则簧圈曲率太大，故钢丝变形也很大，使用寿命短，工作范围小；反之，如 $C>25$，则弹簧太软，弹簧会因自重而抖动，受压时易失稳。

根据上列强度验算公式，即可由 $[\tau]$ 确定簧丝直径 d：

$$d \geqslant 1.6\sqrt{PCK/[\tau]}$$

式中的轴向加压力 P 值，应按弹簧承受最大载荷代入。由上式可知，在设计计算时应首先选定弹簧指数 C，再求得曲率系数 K，代入上式计算簧丝直径 d，即可确定簧圈平均直径或中径为 $D_2 = Cd$。在图纸上要求注明内径 $D_1 = D_2 - d$ 和外径 $D = D_2 + d$。

（二）弹簧轴向参数 n、λ、H_0、t 的确定

1. 弹簧轴向总变形量 λ 和工作圈数 n 弹簧轴向总变形量 λ 是每圈簧丝轴向变形量之和。由于轴向压力 P 的作用，弹簧产生轴向变形，在弹性范围内压力 P 大小与变形量 λ 成正比。因此，当弹簧发生轴向变形 λ 时，载荷 P 所做的功 $A = P\lambda/2$，转化为簧丝所储存的变形能。对于圈簧的变形只需考虑簧丝的扭转剪切变形，可把簧丝简化为直杆，因扭矩与角位移（扭角）成正比，故弹簧所储存的变形能即等于扭矩所做的功：

$$U = \frac{M_K}{2}\varphi = \frac{M_K}{2}\frac{M_K l}{GJ_\rho} = \frac{4P^2D_2^3n}{Gd^4}$$

式中：U 为变形能；φ 为扭角，$\varphi = M_K l/(GJ_\rho)$；$M_K$ 为扭矩，$M_K = PD_2/2$；l 为簧丝工作部分的展开长度，$l = \pi D_2 n$；n 为弹簧工作圈数；G 为剪切弹性模量（钢丝的 $G = 8\times10^3 daN/mm^2$）；J_ρ 为簧丝横截面的极惯性矩，圆截面为 $J_\rho = \pi d^4/32$。

根据功能原理，外力 P 所做的功 $P\lambda/2$ 等于储存的变形能，即：

$$\frac{P\lambda}{2} = \frac{4P^2D_2^3n}{Gd^4}$$

故

$$\lambda = \frac{8PD_2^3n}{Gd^4},\left(或\ n = \frac{Gd^4\lambda}{8PD_2^3}\right)$$

n 与 λ 中已知一个，即可求得另一个。

2. 弹簧自由高度 H_0 和节距 t

$$H_0 = H_1 + \lambda$$

式中：H_1 为弹簧工作高度（根据罗拉、摇架体相对位置确定）；λ 为弹簧轴向总变形量，即牵伸工艺要求加压值为 P 时的变形量。

弹簧并紧高度：

$$H_b = (n + 1.5)d$$

式中：n 为弹簧工作圈数；1.5 为弹簧非工作圈数，根据弹簧两端支承圈的结构而定。现设每端一圈，沿轴向高度各磨去 $d/4$（两端磨平是为了使弹簧端面与轴线垂直）。

设 δ 为圈与圈之间的间隙，则：

$$\delta = (H_0 - H_b)/n = (H_1 + \lambda - nd - 1.5d)/n$$

故节距：

$$t = \delta + d = (H_1 + \lambda - 1.5d)/n$$

这样，根据使用要求，弹簧的参数 d 、D_2（D_1/D）、n、λ、H_0、δ 、t 都可确定。

二、摇架锁紧机构

锁紧是指当加压弹簧的变形使皮辊与罗拉间达到了工作状态所需压力时，要有一机构能够维持弹簧始终被锁紧于该变形位置上，即始终能使皮辊、罗拉间保持该加压值不变，保证纺纱正常可靠地进行。这种锁紧机构的设计首先考虑保证加压，同时考虑到释压操作是否轻便。

（一）设计要求

根据实际纺纱需要，加压锁紧机构需满足以下四点要求：

（1）在正常运转条件下始终保持该锁紧加压状态，不允许有自行解锁现象；

（2）加压、释压操作方便、省力；

（3）释压后的摇架定位角度要方便保全保养操作；

（4）尽可能缩小摇架后部尺寸，便于调换粗纱和清洁工作。

（二）工作原理

目前国内外的摇架式样很多，除加压元件不同，其主要区别是各种不同形式的锁紧机构及其所决定的外形。它们虽然式样各异，但就其基本的工作原理来讲，一般都属于四连杆机构。图4－16所示是常见的几种弹簧加压、摇架锁紧机构的工作原理图。它们的主要特性见表4－10。

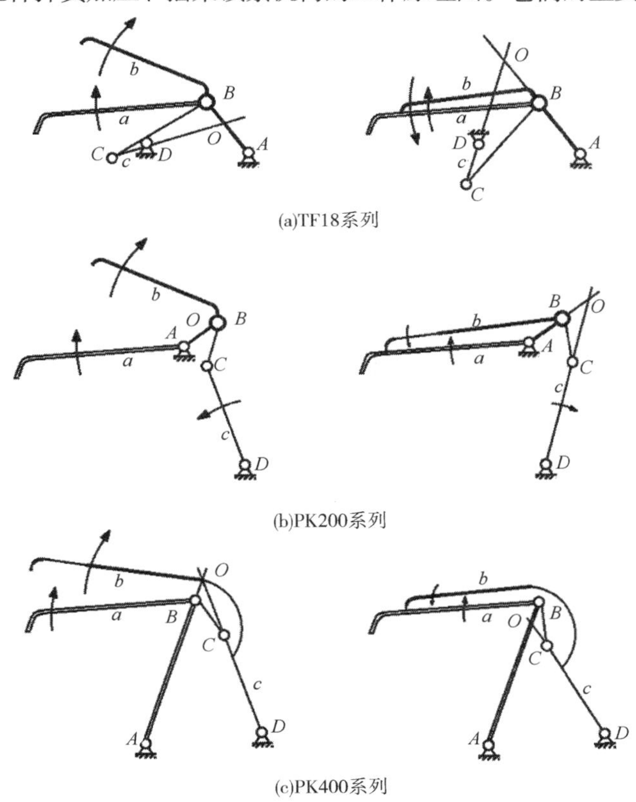

图4－16　常见的摇架锁紧机构工作原理图

表 4－10　各类弹簧摇架的锁紧机构特性

类型	摇架体	手柄	锁紧件	摇架座	实例	锁紧特征
(a)	a	b	c	CD	TF18 系列 （C 杆两滚子可分离）	架心 A 与柄心 O 分别位于 BC（即 b 杆）异侧
(b)	a	b	c	CD	SKF－PK200 系列 SF65－1	
(c)	a	c	b	CD	SKF－PK400 系列、PK500 系列、PK600 系列	架心 A 与柄心 D 分别位于 BC（即 b 杆）异侧

现以 TF 系列为例说明这些锁紧机构的基本工作原理。图 4－16（a）表示在加压状态下，摇架体 AB 受弹簧力矩的作用而有顺时针方向回转的趋势，使 B 点带动 C 点有右移的倾向。但因 BC 杆（手柄）的回转瞬心在 AB 与 CD 的交点 O 处，因而它有逆时针方向回转的趋势，这样就形成了摇架体要上抬，手柄端点要下压的趋势，两者相互对峙而发生自锁锁紧。也就是说，无论什么形式的四连杆锁紧机构，只要手柄杆件的回转方向和摇架体杆件的回转方向趋势相反，两者相互对峙就必然会产生自锁作用。

释压操作时，抬起手柄使 C 点左移，因 $BD + CD > BC$，故 B 点将略向下移而使所有加压弹簧均略增压缩变形量。当 C 点到达死心位置（即 C、D、B 三点呈一直线）时，B 点位置最低，加压弹簧压缩变形量最大，因而弹簧压力达到最大值。此后，BC 杆继续左移，越过死心位置，使 D 点到了 BC 杆的右侧（即 BC 杆到达 D 点的左侧），于是，摇架体在弹簧力作用下自行上抬，直到弹簧对皮辊、罗拉不再加压为止。因此时摇架体 AB 杆绕 A 点作顺时针方向转动，根据手柄 BC 杆瞬心 O 的位置可知，BC 杆也作顺时针方向转动（且 $\omega_{BC} > \omega_{AB}$），这样两者不会产生自锁作用。

（三）设计要点

锁紧机构除了要求锁紧作用外，为便于保全、保养工作，在解锁后，还要求将摇架体掀起后能停留在一个或两个适当的位置上，故在设计中就应考虑好定位机构。而且为了使同机台上的摇架在安装时能保持在同一正确工作位置上，在设计锁紧机构的同时，还必须考虑摇架安装位置的微调机构。当然，在摇架设计中除了考虑上述各点以外，还需选择好摇架与摇架支杆（常称摇架支轴）的配合形式以及它们的紧固方式等。

三、皮辊自调平衡机构

皮辊在工作时，如果与罗拉轴线不平行，将影响皮辊、罗拉钳口的正确位置以及皮辊对罗拉的正确加压，在不平行度过大时必将严重影响牵伸后纱条条干的均匀度。因此，要求皮辊与罗拉轴线必须具有一定的平行度。

目前有两种基本结构形式，一种不能自调，皮辊与罗拉之间的平行度靠零件的制造和安装精度来保证；另一种能自调，皮辊加压杆可绕其尾端支承点左右摆动，利用罗拉运转时对皮辊的摩擦力自动调整皮辊与罗拉之间的平行度，称为皮辊自调平行机构，如图 4－17 所示。加压杆头端通过加压爪握持皮辊芯轴，将弹簧压力分配到皮辊上。加压杆尾端则支承在支销轴上，在与支销轴接触处有圆弧凸筋，两者之间近似于点接触，使加压杆具有各向摆动的自由度。

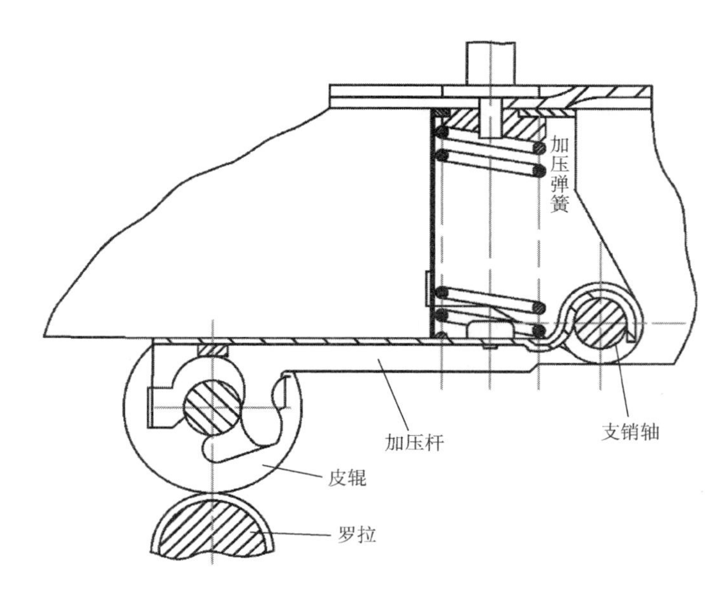

图 4－17　摇架加压皮辊自调平行机构

（一）工作原理

弹簧加压使皮辊与罗拉钳口处具有一定的正压力，罗拉由牵伸齿轮传动按一定方向回转。皮辊是靠罗拉与它接触处的摩擦力克服工艺阻力（牵伸力）及皮辊芯的摩擦阻力而转动。

若皮辊与罗拉轴线平行，且两者具有足够大的摩擦力，足以克服工艺阻力和皮辊芯轴的摩擦阻力，则罗拉与皮辊间不会产生打滑，符合正常牵伸的要求。此时，两者在接触处的表面线速度大小相等，方向也相同，都沿圆周公切线的方向。两者之间的摩擦力因无打滑而未达极限值，其大小由力的平衡条件决定，取决于工艺阻力（牵伸力）及皮辊芯轴摩擦阻力的大小。

如果由于制造、安装等因素，皮辊与罗拉轴线不平行，其间交叉角（偏斜角）为 α，于是它们在接触处各自的圆周速度 v_g 和 v_r 大小和方向都不相等，那么在两者间就将产生相对速度 v_{rg}，如图 4－18 所示，其速度矢量式为 $\vec{v}_r=\vec{v}_g+\vec{v}_{rg}$。

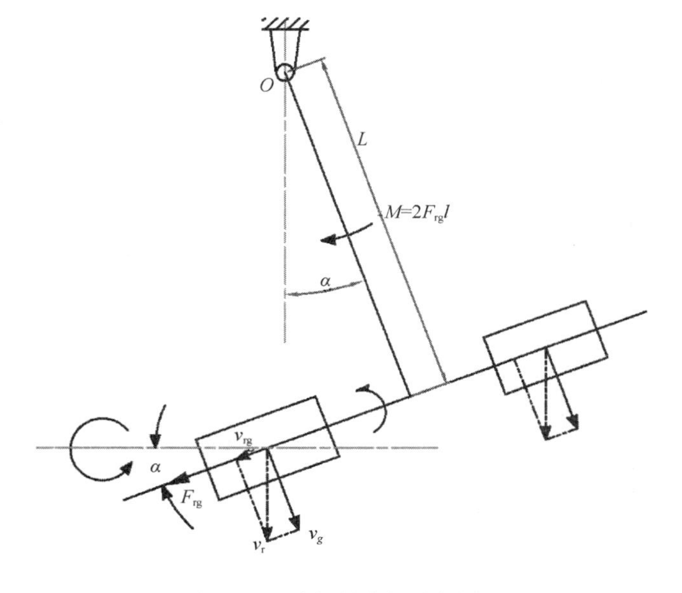

图 4－18　皮辊的自调平行原理

故：

$$\vec{v}_{rg} = \vec{v}_r - \vec{v}_g = v_r\sin\alpha, v_g = v_r\cos\alpha$$

式中：v_r为罗拉表面线速度；v_g为皮辊表面线速度；v_{rg}为罗拉对皮辊在接触点上的相对速度；α为皮辊与罗拉两轴线的交叉角（皮辊倾斜角）。

因在皮辊、罗拉接触处有相对速度，其间的摩擦力达到摩擦力极限值，所以罗拉对皮辊的摩擦力应为：

$$F_{rg} = P_y f_{rg}$$

式中，摩擦力方向与v_{rg}同向，P_y为皮辊与罗拉间的加压力，f_{rg}为皮辊与罗拉间的滑动摩擦系数。

若加压杆长度为l，则2 F_{rg}对O点的力矩为：

$$M = 2F_{rg}l = 2P_y f_{rg}l$$

力矩M将促使皮辊轴线恢复平行，称为复位力矩。

皮辊自调平行机构的工作原理是：当皮辊、罗拉两轴线不平行时，其相对滑动摩擦力所引起的摩擦力矩将克服其他阻力矩促使加压杆带着皮辊，围绕支承点O摆动而回复到与罗拉轴线平行的位置为止（此时复位力矩消失）。

（二）回复力P的分析

以下分析时把罗拉、皮辊都看作刚体，考虑皮辊芯轴上存在摩擦阻力的情况。

图4－18中的F_{rg}作用在皮辊轴线方向上，这是不考虑皮辊与其芯轴间摩擦阻力得到的结果。若考虑该摩擦阻力，则恢复力F_{rg}将偏斜皮辊轴线一个角度ε，如图4－19所示，图中把F_{rg}（$=f_{rg}P_y$）分解成垂直和平行于皮辊轴线的两个分力，如下：

（1）垂直分力为$P_y f_{rg}\sin\varepsilon$，该力克服皮辊芯的摩擦阻力，使皮辊转动。

（2）平行分力为$P_y f_{rg}\cos\varepsilon$，该力为皮辊自调平行的回复力。

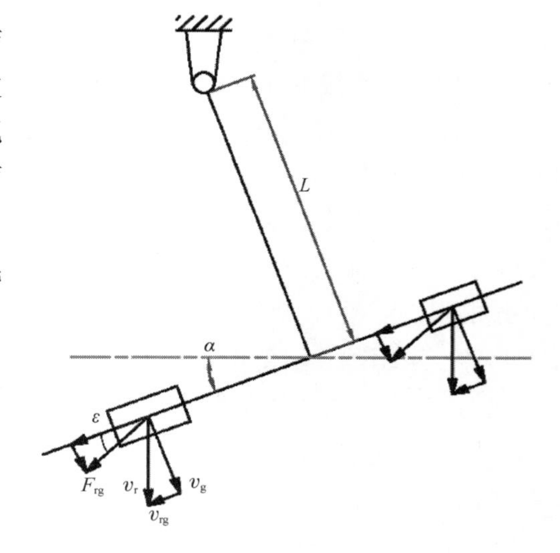

图4－19　考虑偏角ε时的自调平行原理

根据图4－20，由力矩平衡可得：

$$P_y f_{rg}\sin\varepsilon \cdot R_g = P_y f_0 \cdot r_0$$

故：

$$\varepsilon = \sin^{-1}(f_0 r_0 / f_{rg} R_g)$$

式中：ε为因皮辊与其芯轴间的摩擦阻力而造成F_{rg}与皮辊轴线之间的偏斜角度；f_0为皮辊壳与芯轴间的摩擦系数；f_{rg}为皮辊与罗拉间的摩擦系数；r_0为皮辊芯轴半径；R_g为皮辊外径。

因$f_o \ll f_{rg}, r_0 < R_g$，故偏角$\varepsilon$很小。

根据沿皮辊轴线方向的回复力$P = P_y f_{rg}\cos\varepsilon$可知，复位力矩$M_f$为：

$$M_f = 2P_y f_{rg} L\cos\left(\sin^{-1}\frac{f_0 r_0}{f_{rg}R_g}\right) = 2P_y f_{rg} L\sqrt{1-\left(\frac{f_0 r_0}{f_{rg}R_g}\right)^2} \tag{4-14}$$

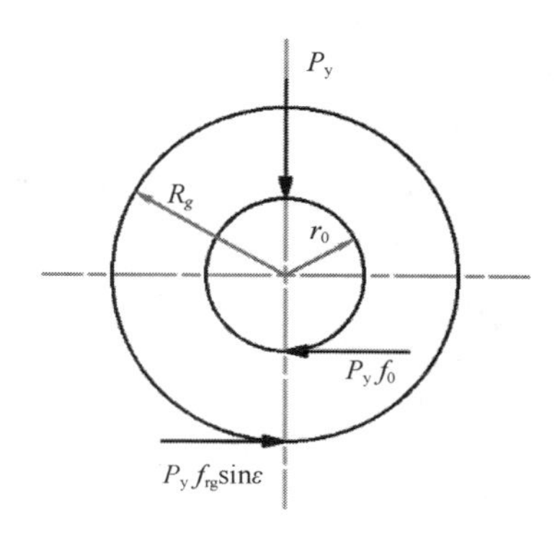

图 4－20　皮辊受力图

式（4－14）中有两个问题需进一步研究：

（1）复位力矩 M_f 与偏斜角 α 无关。这样当 P_y、L、f_0、f_{rg}、r_0、R_g 一定时，则回复力 P 近似为一常量。但根据实际测量，P 不是常量，随偏斜角 α 的增加，P 在开始阶段呈正比线性关系而增加，但随着偏斜角 α 的继续增大，其增长率逐渐减小。

（2）把皮辊当作刚体进行分析，与实际不符。实际上皮辊壳外包丁腈橡胶，在皮辊与罗拉接触区内皮辊有明显变形，故虽可对罗拉视作刚体，但对皮辊则应视作弹性体来进行分析以减少误差。

（三）皮辊自调平行的阻力因素

1. 支销轴与加压杆尾部凸筋接触点 O 处的摩擦阻力矩　如图 4－21 所示，支销轴与加压杆尾部凸筋之间转动不灵活，如该部分的形状误差、粗糙度以及尺寸不合适引起多点接触、线接触等，使阻力矩变大，将影响自调效果。

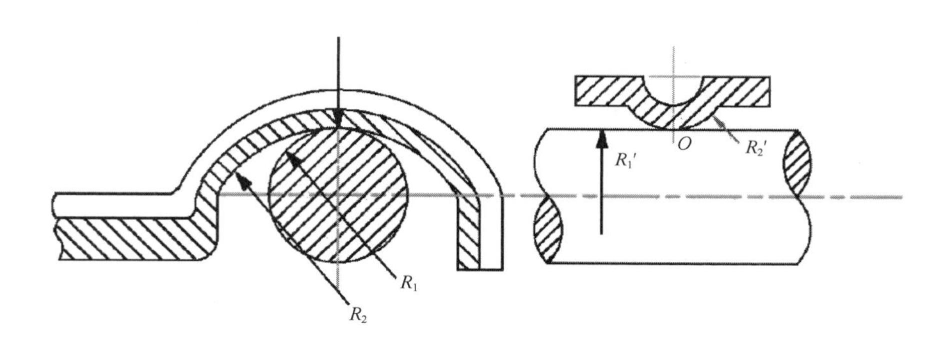

图 4－21　支销轴与加压杆尾部凸筋接触情况

2. 加压弹簧的偏斜　即上、下定位圆柱凸台（上面的 O_{r1} 在弹簧匣上，下面的 O_{r2} 在加压杆中部）的轴心线不重合（图 4－22），也将对皮辊的复位产生横向阻力。

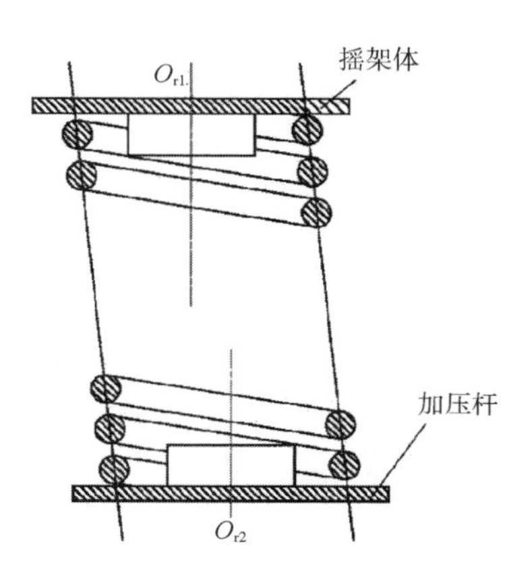

图 4－22　加压弹簧轴心线偏斜

3. 加压杆与皮辊、罗拉连心线的夹角（90°－θ）　在加压杆带着皮辊沿罗拉表面绕支承点 O 摆动复位过程中，皮辊的高低位置会发生变化，因而使加压弹簧的压缩量改变，其弹性势能随之改变，外力必做功，因此必将对皮辊自调平行产生一定影响。若在自调平行复位过程中，加压杆位置从高向低移动使弹簧压缩量减小，将有助于复位。反之，若自调平行复位过程中，加压杆从低向高移动而使弹簧压缩量增大，则对自调平行是一个阻力因素而不利于复位。所以最好使皮辊和罗拉在平行位置时的加压杆处于最低位，即稳定平衡态，这样对自调平行有利。

图4－23（a）表示，皮辊轴心线 A_1A_2 偏离其平行位置 yy 线的偏斜角 α 也就等于加压杆 $OA(=L)$ 本身的摆角。设 $A_1A=A_2A=D$，则因 A 点偏离 yy 线的偏距为：

$$\delta = L - L\cos\alpha \tag{4-15}$$

故得 A_1 和 A_2 偏离 yy 线的偏距相应各为：

$$\Delta_1 = D\sin\alpha - \delta,\ \Delta_2 = D\sin\alpha + \delta \tag{4-16}$$

图4－23（b）中 B 为罗拉中心，$A_1'A_2'$ 为皮辊中心摆动的圆弧轨迹，该圆弧半径为 R（皮辊与罗拉的中心距），该圆弧的中心即为罗拉中心 B。当皮辊轴线平行于罗拉轴线时，加压杆处于 OA'_0 的位置（$\angle OA'_0B = 90° - \theta$）。图4－23中表示当 A_1A_2 摆过一个角度 α 后，A'_1 将比原来位置降低一个距离 Δz_1，而 A'_2 比原来位置升高一个距离 Δz_2。如果 $\Delta z_1 = \Delta z_2$，加压杆 OA 将维持原来高度不变。如果 $\Delta z_2 > \Delta z_1$，加压杆 OA 在复位时将有所降低，使加压弹簧的压缩量减少，对皮辊的复位有利。反之，如果 $\Delta z_2 < \Delta z_1$，则 OA 在复位时将有所抬高使弹簧受压增加，这就增加了复位的阻力。

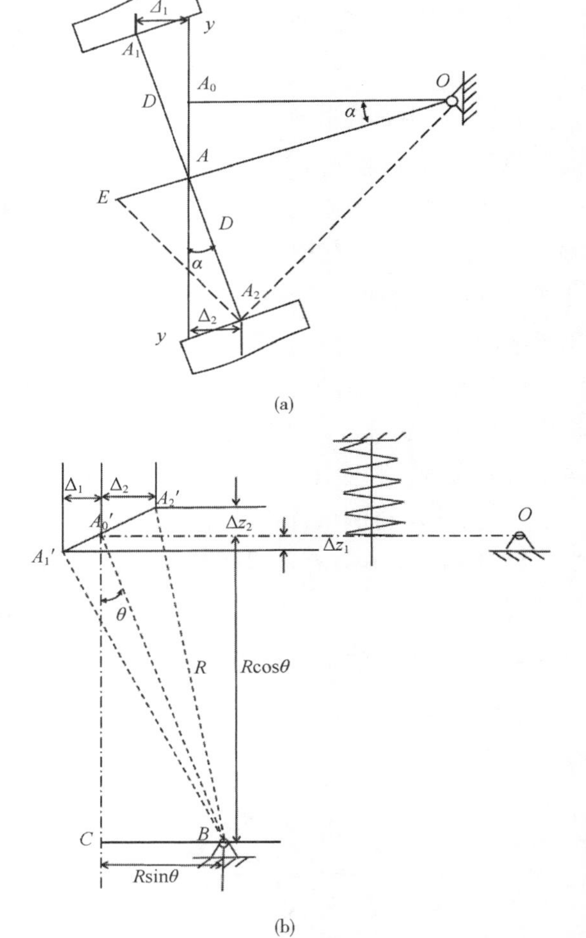

图4－23 夹角（90°－θ）对皮辊自调平行的影响

根据图4－23中几何条件进行计算结果如下：

$$\Delta z_1 = R\cos\theta - \sqrt{R^2 - (R\sin\theta + \Delta_1)^2} \approx R\cos\theta - R\cos\theta\left(1 - \frac{2R\Delta_1\sin\theta + \Delta_1^2}{2R^2\cos^2\theta}\right) = \frac{2R\Delta_1\sin\theta + \Delta_1^2}{2R\cos\theta}$$

$$\Delta z_2 = \sqrt{R^2 - (R\sin\theta - \Delta_2)^2} - R\cos\theta \approx R\cos\theta\left(1 + \frac{2R\Delta_2 sin\theta - \Delta_2^2}{2R^2\cos^2\theta}\right) - R\cos\theta = \frac{2R\Delta_2\sin\theta - \Delta_2^2}{2R\cos\theta}$$

设 $\Delta z_2 \leqslant (\geqslant) \Delta z_1$，则 $2R\Delta_2\sin\theta - \Delta_2^2 \leqslant (\geqslant) 2R\Delta_1\sin\theta + \Delta_1^2$

以式（4－15）、式（4－16）带入后即得：

$$\begin{aligned} R\sin\theta \leqslant (\geqslant) \frac{\Delta_2^2 + \Delta_1^2}{2(\Delta_2 - \Delta_1)} &= \frac{(D\sin\alpha + \delta)^2 + (D\sin\alpha - \delta)^2}{2(D\sin\alpha + \delta) - 2(D\sin\alpha - \delta)} \\ &= \frac{D^2\sin^2\alpha + \delta^2}{2\delta} = \frac{D^2(1 - \cos^2\alpha)}{2L(1 - \cos\alpha)} + \frac{\delta}{2} \\ &= \frac{D^2}{L}\cdot\frac{1 + \cos\alpha}{2} + \frac{L}{2}(1 - \cos\alpha) \end{aligned} \tag{4-17}$$

由式（4－17）可知，当 α 角很小时 $\cos\alpha \approx 1$，则近似可得：

$$BC = R\sin\theta \leqslant (\geqslant) D^2/L \tag{4-18}$$

在 OA 的延长线上取一点 E，并使 $A_2E \perp OA_2$，则：

$$AE/D = D/L\text{，故 } AE = D^2/L$$

代入式（4－18）得：

$$BC \leqslant (\geqslant) AE$$

当 $BC < AE$ 时，在皮辊复位过程中 A 点有所抬高，使弹簧压缩量增加，成为皮辊复位的阻力；相反，如果使 $BC > AE$，则弹簧压缩量减少有助于皮辊的复位。

（四）提高皮辊的自调平行性能

可从两个方面提高皮辊的自调平行性能：增加复位力矩 M_f 和减少复位阻力。

1. 增大复位力矩　根据式（4－14），$M_f = 2P_y f_{rg} L\cos\varepsilon = 2P_y f_{rg} L\sqrt{1-(f_0 r_0)^2/(f_{rg} R_g)^2}$，欲增加复位力矩，则要求 $P_y \uparrow$，$f_{rg} \uparrow$，$L \uparrow$，$\cos\varepsilon \uparrow$（即 $\varepsilon \downarrow$，$f_0 \downarrow$，$r_0 \downarrow$，$R_g \uparrow$）。故应加长加压杆长度 L，皮辊芯轴与皮辊壳间采用滚针轴承，使 f_0 减小；选用摩擦系数较大的皮辊包覆层，增加 f_{rg}；减小皮辊芯轴直径（在保证芯轴强度条件下）；希望加大皮辊直径（但受到罗拉隔距的限制）等。

2. 减小复位阻力

（1）要减小弹簧横向力对自调平行的阻力，应提高弹簧定位柱台的对中精度。

（2）要减小加压杆与皮辊轴线的不垂直度，应加强制造精度要求，使不垂直误差尽量小。

（3）选择合理的 θ 角，参见式（4－18）。

（4）减小加压杆尾部凸筋与支销轴间的摩擦阻力。在正常情况下，该阻力一般很小，但若加工不良也会有较大的阻滞影响，所以必须提高该部分的制造精度。必要时可用滚珠，使转动灵活，防止卡死。

四、操作力计算

移动手柄进行加压或释压操作的力称为操作力。操作力的大小影响操作工人的劳动强度，故应加以控制。以TF18系列摇架为例，不考虑各销轴摩擦阻力，操作力计算如下：

（一）力矩平衡法

（1）取滚子 C 和滚子 D 形成的杆件 CD 为脱离体，如图4－24（b）所示。因 CD 杆为二力杆件，所以 $F_C = -F_D$，两力大小相等，方向相反，作用在 CD 线上。

（2）取摇架体为脱离体，如图4－24（c）所示。在 B 点有销轴反力 $F_{B1} \perp AB$ 及 $F_{B2} \parallel AB$，对 A 点取矩，可得：

$$F_{B1} \cdot \overline{AB} = M_y \tag{4-19}$$

（3）取手柄为脱离体，如图4－24（d）所示。对瞬心 O 取矩，则得：

$$F_S h_{O\to F} = F_{B1} \cdot \overline{OB} = (M_y/\overline{AB})\,\overline{OB} \tag{4-20}$$

式中：$h_{O\to F}$ 为手柄 BC 杆的速度瞬心 O 到操作力 F_S 作用线的垂距。

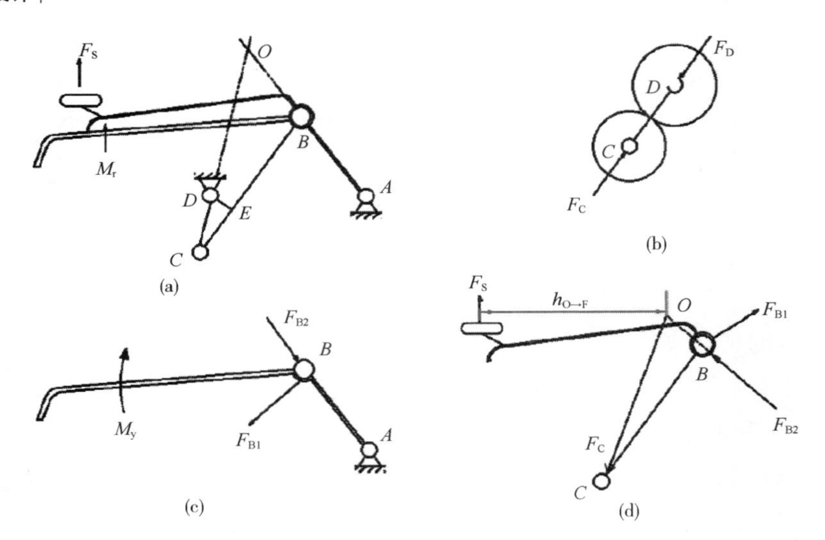

图 4－24　用力矩平衡法计算操作力

（二）功率平衡法

释压时，作用于手柄上的操作力矩为 $M_S(M_S = F_S \cdot h_{O\to F})$，它对摇架所做的功应等于加压弹簧反力所做的功。

根据功率平衡原理可得：

$$M_y \cdot \omega_a = M_S \cdot \omega_b$$

所以：

$$M_S = M_y \omega_a / \omega_b$$

由图 4－24（a）可知：$\overline{OB} \cdot \omega_b = V_B = \overline{AB} \cdot \omega_a$，代入上式后即可得：

$$M_S = M_y \cdot \overline{OB} / \overline{AB}$$

带入式（4－20）得：

故

$$F_S = \frac{M_y \cdot \overline{OB}}{AB \cdot h_{O\to F}} \tag{4-21}$$

但瞬心 O 为瞬时虚点，在机构中 OB 值不能直接给出，需通过结构尺寸来计算。

在图 4－24（a）中自瞬心 O 点作 $\overline{BC}$ 延长线的垂线 $\overline{OQ}$，再作 $\overline{DE} \perp \overline{BC}$，则可得 $\overline{OQ} / \overline{DE} = \overline{CO} / \overline{CD}$

故

$$\overline{OQ} = \overline{DE} \cdot \overline{CO} / \overline{CD} \approx \overline{DE} \cdot \overline{CB} / \overline{CD}$$

令 $\angle OBQ = \beta$，则可得 $\overline{OB} = \overline{OQ} / \sin\beta$，代入式（4－21）得：

$$F_S = \frac{M_y}{h_{O\to F}\overline{AB}} \cdot \frac{\overline{OQ}}{\sin\beta} = \frac{M_y}{h_{O\to F}\overline{AB}} \cdot \frac{\overline{DE} \cdot \overline{CB}}{\overline{CD}\sin\beta} \tag{4-22}$$

式中：$\overline{DE}$ 为 D 点至 BC 杆的垂距，称为偏距。

（三）影响操作力的因素

要使操作力小，由式（4－22）可知，应使 $\overline{DE}$、$\overline{BC}$ 小，而 $h_{O\to F}$、$\overline{AB}$、$\overline{CD}$、β 角则要大

些。但 $\overline{BC}$ 长度受到滚子 C、D 直径及结构安排的限制，不能太小。而 $\overline{AB}$ 长度不能太大，否则将销轴 A、B 过分后移就会影响清洁工作和换粗纱的操作。因此，减小操作力的措施主要有：

（1）加长手柄（即 $h_{O\to F}$ 加大）可减小操作力，但不能伸出车面太多。

（2）减小偏距 $\overline{DE}$ 可减小操作力，但偏距太小会影响自锁机构工作的稳定性。在死心位置，即 C、D、B 呈一直线时，D、E 两点重合，$\overline{DE}=0$。此点为自锁和解锁的分界线。如 DE 过小，由于制造误差或振动等原因就易越过死心，破坏自锁条件，会在加压状态下自动释压而影响正常纺纱。故要求偏距 DE 必须在保证自锁牢靠的条件下，尽量小些。

（3）加大 $\overline{CD}$ 长度可减小操作力，但加大 $\overline{CD}$ 和减小 $\overline{CB}$ 是相矛盾的（因要保证 $\overline{BC}>\overline{CD}$ 才能进行加压、释压操作）。为了能增大 $\overline{CD}$ 而又不影响 $\overline{BC}$，可将滚子 D 改成大直径的固定圆弧面与滚子 C 相接触。这样，既增大了 $\overline{CD}$，又不影响 $\overline{BC}$ 的尺寸。

五、摇架的气压加压

气压摇架加压的优点是压力调节方便，压力稳定性好，各锭之间压力差异较小，结构轻巧，基本上无易损件，能够半释压。但无皮辊自调平行机构，其平行度需依靠制造精度来保证，且在调整罗拉隔距时，前、中、后罗拉的压力分配会随之改变。另外，还需增加气压源及气压元件等设备。

气压摇架加压机构的结构和工作原理图如图 4－25 和图 4－26 所示。气囊 2 装在正六角管形支架 1 内（另一形式为圆管形支架，由定位销定位），通入净化稳压气源后，作用于压力板 3 的气体压力 F 通过传递杠杆 4 放大，传递到手柄转子 7，手柄 6 则以销轴 B 联结摇架体 5。摇架体和固装于支架上的摇架座以销轴 A 联结。手柄转子受到的作用力，使摇架体对三挡皮辊产生 P_Z 的压力，通过前、后分配杆二级杠杆作用，对三对牵伸罗拉进行加压。传递杠杆 4 兼有锁紧作用，是由销轴 O_1 联结在摇架座上，它与手柄转子的接触部位为一圆弧，圆心在 O_2 点，从 O_2 到连心线 BC 的垂距 e 就是锁紧机构的偏距。锁紧工作原理与弹簧摇架基本相似，这里的 $O_1C\ O_2B$ 就构成一个四连杆机构（C 为转子 7 的中心）。

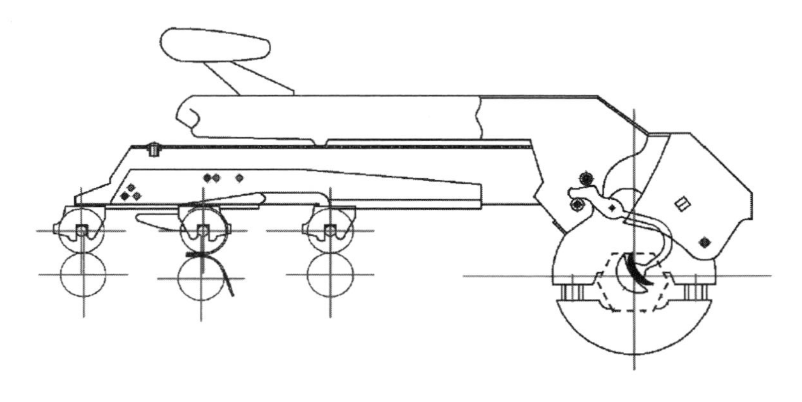

图 4－25　气压摇架加压机构的结构图

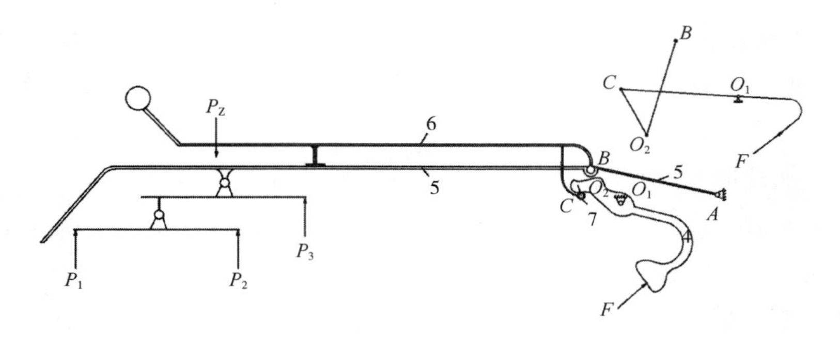

图 4-26　气压摇架加压机构的工作原理图

思考题

某粗纱机的牵伸倍数为 5~10。已知：牵伸倍数的变化通过一对相互啮合的齿轮 A 和 B 的变换来实现，牵伸传动系统的牵伸传动常数 C 为 7，且纱支重量偏差不大于 2%。试以牵伸倍数为等比数列进行牵伸变换齿轮 A 和 B 的设计，使其满足上述要求。

第五章　卷绕机构设计

本章知识点

1. 粗纱机和细纱机的卷绕规律，相同点和不同点。
2. 圈条机构传动比的分析计算。
3. 圈条机构卷装容量的计算和参数优化。

第一节　卷绕机构作用与要求

一、卷绕机构的作用

为便于制品（包括半制品）的存储和运输，便于喂给下道工序加工处理，须把这些制品按一定规律绕成具有一定紧密度的卷装形式，即卷绕。如果卷装本身要进行后处理，如水洗、染色、烘干等，须保证卷绕结构均匀，无重叠或凸边等现象。卷装最好是均匀小网眼结构，使后处理时的工作介质能够顺利且均匀地渗透到卷装整体，使后处理迅速和高效，处理质量均匀无疵点。

随着纺织机械不断朝高速化、自动化方向发展，对卷绕机构提出了高速化和大卷装的要求。增大卷装容量，一方面可以减少纱线的接头，提高纱线质量；另一方面可减少停车时间和辅助操作时间，降低工人劳动强度，提高机器的劳动生产率。但是加大卷装和高速化往往是矛盾的，例如在环锭细纱机上，只有小卷装更有利于提高锭子和钢丝圈等的运转速度，使机器高速高产；反之加大卷装就不得不降低机器的运转速度，尤其是加大卷装后会加重锭子负载，增加机器的电力消耗，影响产品成本。因此需根据实际工程要求来确定合理的卷装容量和机械速度。

为了解决传统环锭纺纱卷装容量低的问题，涌现出各种新型纺纱机械，如静电纺纱机、转杯纺纱机、摩擦纺纱机以及喷气纺纱机等，它们的共同特点是把加捻部件和卷绕部件完全分开，这样既能大幅增加卷装容量而又不影响加捻部件的高速化，使机械产量大幅增加。

二、卷绕机构的要求

卷绕张力是一个重要的工艺参数，过小的卷绕张力会降低卷绕密度，产生松软的卷装，且成形不良；在运输和存储中卷装易松散变形，断头时纱头易嵌进卷装，接头时不易找头，影响生产效率；退绕时会因外层纱陷入内层而产生断头或无法退绕，或在轴向退绕时会牵动松弛的纱层，引起塌边、脱圈、纠缠等现象，造成回丝增加，降低劳动生产率。因此，一定的卷绕张力是必须的，以便卷装紧密坚固。另外，在环锭纺时，太低的纱线张力会使气圈膨大，形态不正常，造成崩溃断头，因此为了控制气圈形态正常，也必须有一定的纱线张力。但张力太大，会使成纱产生永久性伸长变形，降低成纱的弹性伸长率，影响其机械物理性能，不利于以后的织造过程。此外，张力过大还容易造成断头，严重影响劳动生产率和产品质量，因此必须根据实际情况合理调节张力大小，同时注意减小张力的波动幅度。

在卷绕过程中，有时会持续产生内外层纱圈相互重叠的现象，使卷装局部表面凸出起箍，形成明显的条带状结构，造成退绕困难；加剧退绕时的摩擦阻力，增加退绕张力，增加乱纱和断头率，断头后不易找头。对于需要后处理的卷装，避免有不均匀的条带结构，故必须考虑防叠措施。

根据以上分析，对卷绕工序有以下要求：

（1）卷装应足够坚固，便于存储和运输；相邻纱圈排列要整齐，并能稳定地平衡于纱层中，不会松脱，无重叠、凸边、松垮、塌边等纱疵。

（2）要便于喂给下道工序，能在高速下顺利退绕，在轴向退绕或受击时（例如织布机梭子中的纬纱卷装要承受投梭冲击）不脱圈，不纠缠断头。

（3）卷绕张力要恰当，张力波动要小。

（4）要增加卷装容量，提高卷绕密度。

（5）对于要进行后处理的卷装必须保证结构均匀，使工作介质能够顺利而均匀地渗透卷装整体，以便能获得均匀的处理效果。

第二节　粗、细纱机卷绕规律

一般纱线卷绕，为了使层次分清，都是按一定的螺旋线形式绕成管纱卷装，这就要求卷绕运动必须是由回转和往复运动两者复合而成。由于这一复合运动，纱线按螺旋线分布在纱层面上，层层相叠，逐层增大以至绕满，形成一个整齐而有规律的卷装。

往复运动也称导纱运动，一般由导纱器完成。例如环锭细纱机是通过钢领板带着钢领、钢丝圈做往复升降运动来实现导纱运动。粗纱机上的导纱器是锭翼鸭掌，但不做升降运动，而是通过卷装本身的升降运动来实现导纱作用。槽筒卷绕是由槽筒上的曲线沟槽迫使纱线做往复运动，此时除了纱线本身外，槽筒和卷装都不做往复运动，这就消除了笨重的往复惯性质量的影响，有利于机械的高速化。

卷绕回转运动有两种类型，在传统的纺纱和捻线机上卷装的回转运动除了完成所要求的卷绕作用外，还要对纱线进行加捻，故可称为加捻卷绕运动；在络筒和卷纬机上有卷装的回转运动，不起加捻作用，只起卷绕作用。在自由端纺纱的新型纺纱机上，虽需同时完成加捻和卷绕两个运动，但两者是完全独立和分开进行的，即由加捻器单独完成加捻运动，再由槽筒单独完成卷绕运动。

一、卷绕形式的分类

根据卷绕面的几何形状，卷绕一般分为圆柱形卷绕和圆锥形卷绕两类，翼锭粗纱卷绕形式为前者，环锭细纱卷绕形式为后者。粗纱通常采用螺距较密的平行卷绕，而细纱则常用螺距较稀的交叉卷绕。下面研究在往复导纱运动方面粗、细纱机的共同规律和各自特点。

粗纱卷装常采用圆柱形平行卷绕，纱与纱之间相互紧挨，故纱圈螺距就等于或略大于（因粗纱受压而被压扁）纱的直径，这样可以获得高密度的卷装以提高卷装容量。但其缺点是退绕时只能沿径向退绕，退绕速度慢，所以这种形式不适于细纱卷绕。细纱要求高速退绕，若采用这种形式的卷装，各层纱容易嵌乱，不能分清层次，将造成退绕困难，故一般细纱都采用圆锥形交叉卷绕，相邻两层纱圈螺旋线的交叉角虽不大，但纱圈螺距比细纱直径大得多。

不论圆锥形交叉卷绕或圆柱形平行卷绕，为始终保证纱层厚度均匀，维持应有的纱层曲面形状，需把纱线绕成法向等螺距的螺旋线，即维持法向螺距 h 为常值不变，以使纱在卷绕面上分布均匀。

二、粗纱卷绕运动规律

（一）粗纱卷绕运动

为了实现正常卷绕，必须保证任一时间内前罗拉输出的纱线实际长度等于卷绕长度。

设 d_x为卷绕直径，v 为粗纱卷绕线速度（$v=\xi v_f$，即张力牵伸比×前罗拉速度），因粗纱卷绕角很小，近似有：

$$v = n_w \pi d_x, n_w = v/\pi d_x$$

即：

$$|n_b - n_s| \pi d_x = v$$

或

$$n_b = n_s \pm v/(\pi d_x) \text{（筒管卷绕规律）}$$

式中：管导取“+”，翼导取“-”；n_w为卷绕转速；n_b为筒管转速；n_s为加捻锭翼转速。

因 n_s、v_f不变，故筒管转速 n_b随 d_x变化。在一落纱中 n_b随纱层增加而变化；同一纱层中 d_x不变，则 n_b不变。

（二）粗纱导纱运动

在粗纱圆柱形卷绕时，若把纱线轴心线所在圆柱面展开为一平面（图 5-1），则纱的轴心线在此展开面上将成为一倾斜直线 AC，与周向展开线 AB 之间夹角为 α，则得：

$$\sin\alpha = h_n/(\pi d_x) \tag{5-1}$$

式中：d_x为卷绕直径；α 为螺旋线导角；h_n为法向螺距。

另一方面，按几何关系应得：

$$\sin\alpha = BC/AC = v_h/V$$

式中：v_h为导纱速度，即龙筋升降速度；V 为单位时间内的绕纱长度，即卷绕线速度或单锭生产率。

当龙筋从 B 点升到 C 点时，纱同时从 A 点绕到 C 点，上式表示在相同时间内两者的位移值应与各自的速度成正比，即 $BC/AC = v_h/V$，代入式（5－1）后即得：

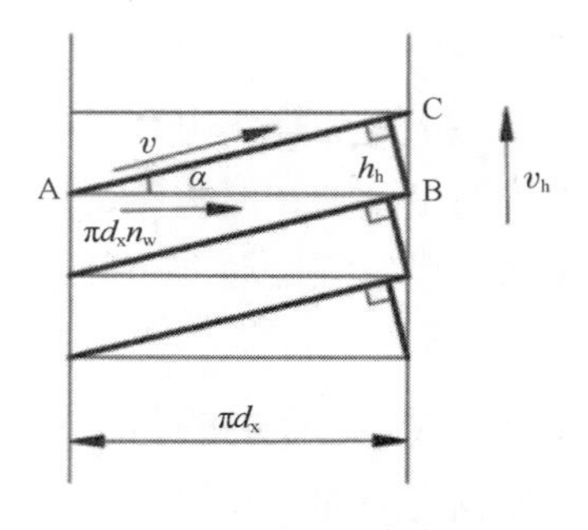

图 5－1　圆柱面螺旋线展开图

$$\frac{v_h}{V} = \frac{h_n}{\pi d_k} \text{或} \quad \frac{v_h}{V} \cdot \frac{d_k}{h_n} = \frac{1}{\pi} \tag{5-2}$$

按式（5－2）可知：如要保持 h_n 为常值，则 v_h 与 V 之间的比值必须与卷绕直径 d_x 成反比。V 取决于前罗拉转速，v_h 由变速机构（常用铁炮变速）控制。但因粗纱采用圆柱形卷绕，在同一层中 d_x 需是不变的，故 v_h 在同一层中也应不变，即导纱运动应做等速升降。但整个卷绕过程中，因 d_x 逐层递增，故 v_h 与d_k 应按式（5－2）反比关系而逐层递减，即 $v_h \times d_k$ = 常数（等轴双曲线），如图 5－2 所示。故应按这一规律进行变速机构的设计。

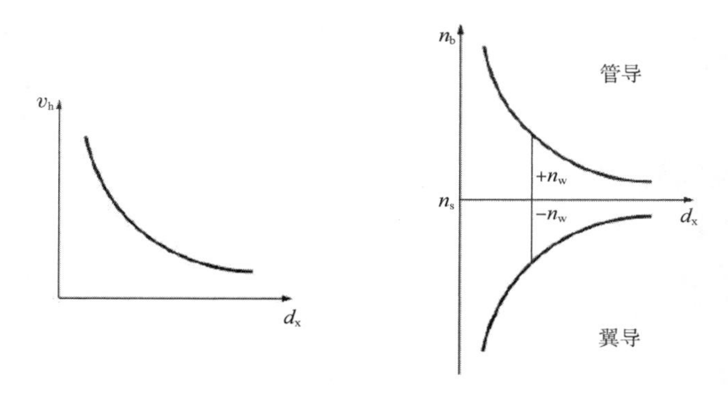

图 5－2　导纱运动规律曲线

三、细纱卷绕运动规律

以细纱机管导（纱管转速 > 钢丝圈转速）为例，纺纱速度为定值，卷绕速度 n_w与卷绕直径 d_x成反比，即 $n_w d_x$ = 常数，故细纱机和粗纱机的卷绕运动规律一样，都随着卷绕直径的增大，卷绕速度降低。下面重点推导细纱机的导纱运动规律。

细纱卷绕面为圆锥面，密度均匀，要求纱线在圆锥面上按等距螺旋线卷绕，如图 5－3 所示为螺旋线展开图。下面计算圆锥面上均匀分布的螺旋线长度。

设纱的线密度为 Tt，微元长度为 ds，则微元质量为 Tt/ds。与该微元段相对应，设沿锥面素线方向的微元长度为 dρ，又设纱层平均厚度为 b，则所占圆锥的微元容积为 $2\pi r_k b \cdot \mathrm{d}\rho$，于是可得卷装容积平均密度 ρ_m为：

$$\rho_m = \frac{\mathrm{Tt}}{\mathrm{d}s/2\pi r_k \mathrm{d}\rho}(r_k = \rho\sin\gamma)$$

ρ 为自锥顶 O 至卷绕半径 r_k 处的锥面素线长度。要求 ρ_m、Tt、b、γ 全为常数，则有：

$$\frac{d\rho}{ds}=\frac{Tt}{\rho_m\cdot 2\pi\rho\sin\gamma\cdot b}=\frac{C}{\rho},\ C=\frac{Tt}{2\pi\rho_m b\sin\gamma}=\text{常数}$$

对上式积分：

$$C_S=\int\rho d\rho=(\rho^2-\rho_0^2)/2=(r_k^2-r_0^2)/(2\sin^2\gamma)$$

则可得：

$$\sin\alpha=\frac{v_h}{v}=\frac{d\rho}{ds}=\frac{C}{\rho}$$

可以证明圆锥面上均匀分布的纱圈螺旋线展开在扇形平面上是渐开线，C 即是渐开线的基圆半径。设扇形中心角为 θ_0，则对应于中心角的基圆弧长等于法向螺距 h_n：

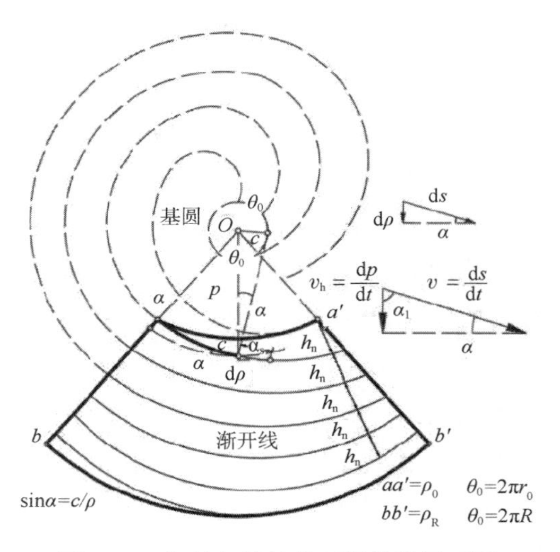

图 5－3　细纱机管纱锥面螺旋线展开图

$$\frac{h_n}{C}=\theta_0=2\pi r_k/\rho(=2\pi\sin\lambda)$$

$$\frac{C}{\rho}=\frac{h_n}{2\pi r_k}$$

上式给出了从卷绕半径 r_0 开始到 r_k 之间的纱圈螺旋线长度 s 值。设螺旋角为 α_1，导角为 α，即设∠（ds，dρ）＝∠（v,v_h）＝α_1 ＝90°－α，则：

$$\frac{v_h}{v}=\frac{h_n}{\pi d_k}\tag{5-3}$$

四、粗、细纱卷绕规律对比

由式（5－3）可见，粗纱圆柱形和细纱圆锥形导纱运动规律是相同的，都是双曲线规律。至此，得到粗纱与细纱的卷绕规律如下。

1. 共同点　粗纱机和细纱机的卷绕运动均随着卷绕直径的增大，卷绕速度降低，两者成反比例关系；导纱运动均随着卷绕直径增大，导纱速度降低，两者成反比例关系。

2. 差异点

（1）粗纱卷绕的法向螺距 h_n 约等于或略大于粗纱直径，而细纱卷绕的法向螺距 h_n 大于细纱直径的几倍。

（2）粗纱圆柱形卷绕时，导纱运动速度 v_h 随卷绕直径 d_x 的递增而逐层递减，但在同一层导纱速度不变。而细纱圆锥形卷绕时，每一层的卷绕直径 d_x 都在变化，v_h 在每一层都随 d_x 的变化而变化。

得到粗纱卷绕和细纱卷绕的运动规律，则可按照该卷绕运动规律进行变速机构的结构设计。早期粗纱机采用铁炮变速机构，根据粗纱卷绕运动规律可以得到上下铁炮的轮廓线，进而设计得到铁炮变速机构。随着科技的发展，逐渐改用电子式变速机构，即直接由伺服电动机或交流电动机根据卷绕运动规律实现变速输出，取代了传统的机械式变速机构，且响应速度、精度和灵敏度均大幅提高。

第三节　圈条机构

在棉或毛条生产过程中，一般采用圈条器将条子有条不紊地圈放在条筒内。条子在筒内须作有规律的圈放，一是为了增加条筒容量（或充分利用条筒容积），延长换筒间隔时间；二是有利于后道工序加工，使筒内条子能被顺利引出而无意外牵伸或紊乱断裂。

如图 5－4 所示，条子经一对小压辊 2 紧压后输入圈条盘 5 的斜管，再向下输出铺放在条筒 4 内。在圈条盘中心 O_Q 与条筒中心 O 之间有一偏距 $e=\overline{OO_Q}$，设圈条盘和条筒各以转速 n_Q 和 n_T 按同向（或异向）转动，条子在筒内呈近似摆线轨迹铺放。这一圈条轨迹的成形与偏距 e 以及上、下盘（即圈条盘 5 和条筒盘 17）的转速比 n_Q/n_T 有关。

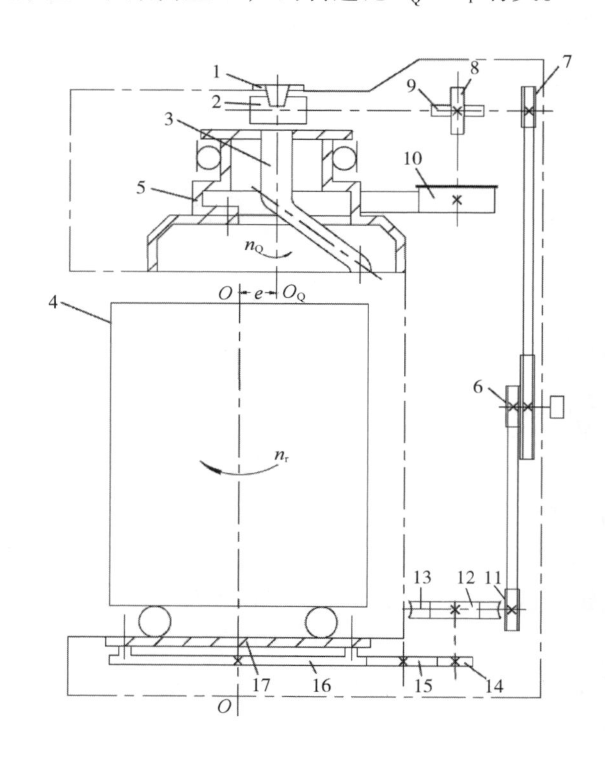

图 5－4　圈条机构简图

1—喇叭口　2—小压辊　3—斜管　4—条筒　5—圈条盘　6，7，11—带轮　8，9—螺旋齿轮
10—同步齿形带轮　12—蜗杆　13—蜗轮　14，15，16—齿轮　17—条筒盘

一、圈条平面轨迹和圈条传动比计算

（一）圈条平面轨迹

圈条机构的传动比设计，首先必须使圈条盘一转所完成的圈条轨迹长度等于小压辊在同一

时间内的输出长度，即两者的转速比应正确配合。否则，圈条盘转速过慢时将会造成条子在斜管内拥挤堵塞；反之，圈条盘转速过快时，将造成条子意外牵伸而影响圈条成形和成纱质量。

（二）圈条传动比的计算

设小压辊的角速度为 ω_R（转速为 n_R），半径为 r_R，则其出条速度为 $r_R\omega_R$（$=2r_R\pi n_R$），这一速度应等于圈条器的圈条速度 v。下面根据圈条轨迹求圈条速度 v。

如图 5－5（a）所示，以条筒中心为坐标原点建立固定于条筒上的坐标系 XOY，设点 P 为圈条盘上出条点，r 为圈条半径（$=\overline{O_QP}$）。圈条盘的角速度 ω_Q 和条筒的角速度 ω_T 都是逆时针方向。按照反转法，当圈条盘完成转角 φ_Q（$=\omega_Q t$）的同时，圈条盘中心（O_Q）的转角为 $-\varphi_T$，故得点 P 的坐标位置如下：

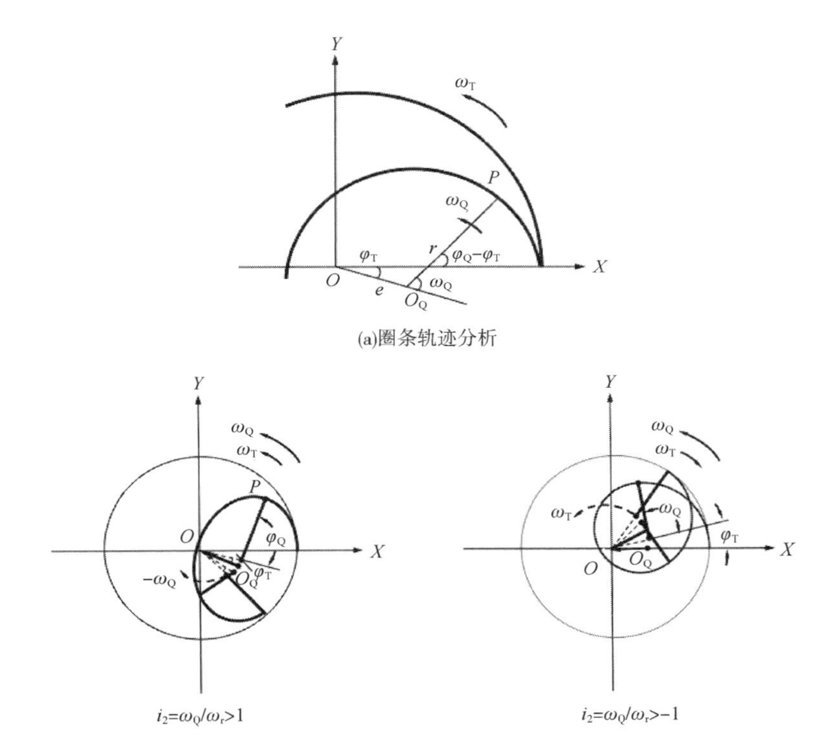

图 5－5　圈条轨迹

$$\begin{cases} x = r\cos(\varphi_Q - \varphi_T) + e\cos\varphi_T \\ y = r\sin(\varphi_Q - \varphi_T) - e\sin\varphi_T \end{cases} \qquad (5-4)$$

式（5－4）也是条筒内圈条轨迹的参数方程式。该式对时间求导数则得：

$$\begin{cases} \dot{x} = -r(\dot{\varphi}_Q - \dot{\varphi}_T)\sin(\varphi_Q - \varphi_T) - e\dot{\varphi}_T\sin\varphi_T \\ \dot{y} = r(\dot{\varphi}_Q - \dot{\varphi}_T)\cos(\varphi_Q - \varphi_T) - e\dot{\varphi}_T\cos\varphi_T \end{cases}$$

圈条速度 v 如下：

$$v^2 = \dot{x}^2 + \dot{y}^2 = r^2(\dot{\varphi}_Q - \dot{\varphi}_T)^2 + e^2\dot{\varphi}_T^2 - 2er(\dot{\varphi}_Q - \dot{\varphi}_T)\dot{\varphi}_T\cos\varphi_Q$$

$$= (\dot{\varphi}_Q - \dot{\varphi}_T)^2\left[r^2 + \frac{e^2}{(\dot{\varphi}_Q/\dot{\varphi}_T - 1)^2} - \frac{2er}{\dot{\varphi}_Q/\dot{\varphi}_T - 1}\cos\varphi_Q\right]$$

$$= (\dot{\varphi}_Q - \dot{\varphi}_T)^2(r^2 + \Delta^2 - 2r\Delta \cdot \cos\varphi_Q)$$

$$\Delta = e/(i_2 - 1), i_2 = \varphi_Q/\varphi_T = \omega_Q/\omega_T$$

式中：i_2 为圈条盘与条筒盘的速比，又称圈条比。两者同向时取正值，异向时取负值，如图5－5（b）所示。

于是可得：

$$v = (\omega_Q - \omega_T) \cdot \sqrt{r^2 + \Delta^2 - 2r\Delta\cos\varphi_Q} \tag{5-5}$$

按式（5－5）算得的圈条速度 v 不是定值，随圈条盘转角 φ_Q 作周期性变化，其变化范围如下：

$$\begin{cases} 当\varphi_Q = 0 时, v_0 = (\omega_Q - \omega_T)(r - \Delta) \\ 当\varphi_Q = \pi 时, v_\pi = (\omega_Q - \omega_T)(r + \Delta) \end{cases} \tag{5-6}$$

然而，小压辊的出条速度是不变的，故在 $\varphi_Q = 0$ 的位置上，由于 v_0 偏小，将造成条子张力松弛，条子将向斜管外侧偏离，使圈条半径 r 增加（增加到 r_0）；在 $\varphi_Q = \pi$ 的位置上，由于 v_π 偏大，将造成条子被拉紧而导致张力增加，条子被拉向斜管内侧，使圈条半径 r 减小（减小到 r_π），这样，通过 r 的大小变化就能适应小压辊出条速度不变。理论上当 r 不变化时，在条筒内的圈条呈摆线状分布，但实际上若 r 变化，则呈近似的摆线状态。

进行圈条机构设计时可取圈条速度平均值 $V[V = (v_0 + v_\pi)/2]$ 等于小压辊出条速度 $r_g\omega_g$，从式（5－6）可得出下列结果：

$$\omega_g r_g = (v_0 + v_\pi)/2 = (\omega_Q - \omega_T)r = (1 - 1/i_2)\omega_Q r \tag{5-7}$$

故得传动比 i_1 为：

$$i_1 = \frac{\omega_Q}{\omega_g} = \frac{r_g}{r(1 - 1/i_2)} = \frac{r_g}{r} \cdot \frac{\omega_Q}{\omega_Q - \omega_T} \tag{5-8}$$

下面继续分析传动比 $i_2(i_2 = \omega_Q/\omega_T = n_Q/n_T)$ 的确定。如图5－6所示，根据相对运动，圈条盘中心相对于条筒中心 O 的相对轨迹 O_1O_2 是在一个半径为 e 的圆上。设条子宽度为 $2r_0$，若要求相邻两圈条子紧密排列，既无太大间隙又无太多重叠，则任一圈条外弧曲线（半径 $= r + r_0$）应该与相邻圈条内弧曲线（半径 $= r - r_0$）在 P 点处相互内切。且 $\overline{O_1O_2} = C = 2r_0$，其所对应的圆心角 θ 应等于每放进一圈条子（即圈条盘每转一周）时条筒所转过的角度，即：

$$\theta \approx C/e = 2r_0/e$$

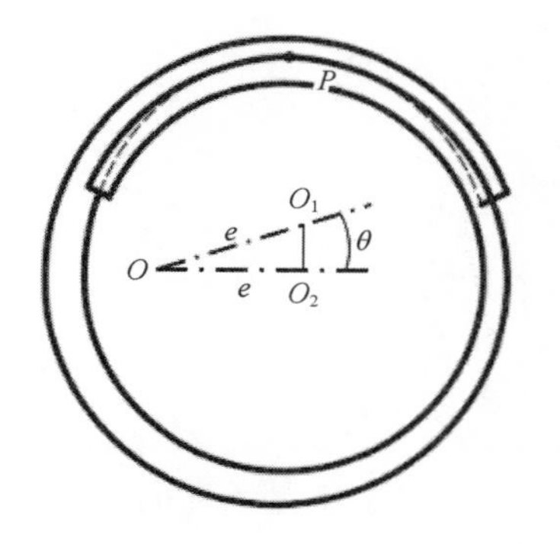

图5－6　圈条排列分析

那么条筒每转过一周（2π 角度）所能容纳的 θ 数，即应等于圈条盘与条筒之间的传动比 i_2，故得：

$$i_2 = \omega_Q/\omega_T = \pm 2\pi/\theta = \pm \pi e/r_0 \tag{5-9}$$

由式（5－9）所确定的 i_2 值是当两圈棉条紧密排列时的极限值，实际上 i_2 值应略小于此极限值，使相邻两圈棉条之间出现一些空隙（$C > 2r_0$）。这样的卷装弹性较好，且可减少在棉条从筒内引出时因相互粘连而拉乱表面层纤维的现象。

将式（5－9）代入式（5－8）中，即可求得圈条盘与小压辊之间的传动比 i_1：

$$i_1 = \frac{r_g}{r} \frac{\pi e}{\pi e \mp r_0} \tag{5-10}$$

式中分母在圈条盘与条筒转向相同时取负号，相反时取正号。实际生产中只是在圈条层相当接近圈条盘底面时才能使圈条成形较好，故一般在条筒内都装有弹簧托盘，使空筒开始工作时就能贴近圈条盘，保持成形良好，还能减小条子从筒内引出时的张力变化。

设圈条盘每转一圈的时间为 $T(=2\pi/\omega_Q)$，则可根据式（5－7）求得该时间内的圈条长度为：

$$S_0 = r_g \omega_g T = (1 - 1/i_2) r \omega_Q T = 2\pi r (1 - 1/i_2) \tag{5-11}$$

二、卷装容量分析计算

条子被圈条器有条不紊地圈放于条筒内，形成一个中央有气孔的圆柱形圈条卷装。设圆柱高为 H，外径为 $D(D=2R)$，对于一个已给定 H 和 D 的圆柱应如何选择气孔直径 D_0，才能使获得的圈条卷装容量或重量为最大？气孔直径的大小取决于上、下盘的中心偏距 e。例如，对于大圈条卷装 $D_0 = 2(R - 2e - 2r_0)$，对于小圈条卷装 $D_0 = 2(2e - R)$，$2r_0$ 为条宽，如图 5－7 所示，这就引出圈条器设计参数 e 的寻优问题。

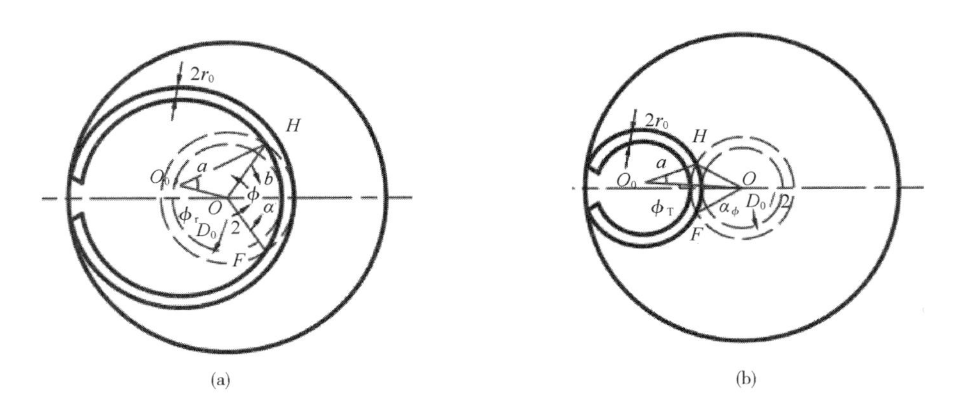

图 5－7　在最密圈上的圈条部分 HF

（一）卷装容量（条子总长度 L）计算

筒内的每一圈条子呈近似摆线形状，相邻的两圈条子中心都排列在半径为 e 的圆周上（圆周中心即为条筒中心 O），设相邻两圈条子相隔距离为 $C(\geq 2r_0)$，则在该圆周上排列圈条总数是 $|i_2| = 2\pi e/C$ 圈，组成一个卷绕层。在沿气孔周围和沿圆柱外周缘宽度为 $2r_0$ 的两圆环上，条子相互重叠最多，密度大，而中间密度较小。故卷装内卷绕密度沿圆柱径向分布不均匀，其中沿气孔周围圆环内卷绕密度最大，称为最密环。令每一个卷绕层在最密环上的高度

为 h，那么圆柱高度 H 的利用取决于 h 的大小。如图5－7所示，每一圈条子在最密环（图中虚线所示）内重合部分呈月牙形（或梭形）HF，它所对的中心角为 α；下一圈条子的月牙形必定部分叠放在前一圈条子月牙形上，但两者的起点 H_1 和 H_2 不重合，而是顺着圈条的运动方向错开一个中心角 θ，如图5－8所示。

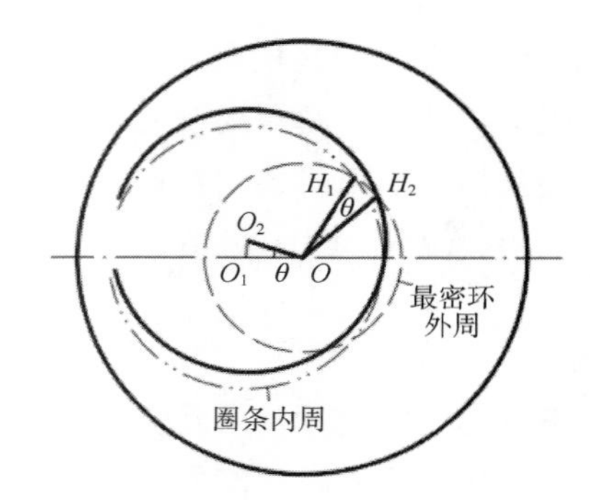

图5－8　相邻的两个月牙形的起点 H 错开

一个卷绕层在最密环内有 α/θ 圈条子重叠，则得每一卷绕层的高度 $h = t\alpha/\theta$，t 为条子厚度。又因一个卷绕层所容纳的条子共计 $2\alpha/\theta$ 圈，则相应的条子长度为 $2\pi S_0/\theta$，S_0 为每圈条子长度，按式（5－11）：

$$S_0 \approx 2\pi r \times (1 - 1/i_2)$$

式中：$r = R - e - r_0$，为圈条半径；i_2 为圈条比，$i_2 = \pm 2\pi e/C$（$\leqslant \pm \pi e/r_0$），上下盘做同向转动时取上面“＋”，做异向转动时取下面“－”（以下相同）。所以，高为 H 的圆柱共容纳条子的总长度 L 为：

$$L = \frac{H}{h}\frac{2\pi}{\theta}S_0 = \frac{2\pi H}{\alpha t}S_0 = \frac{4\pi^2 H(R - e - r_0)}{\alpha t}\left(1 \pm \frac{C}{2\pi e}\right) \tag{5-12}$$

或采用量纲为一的数表示，令 $\varepsilon = e/R$，$\gamma = r_0/R$，$\zeta = C/R$（$C \geqslant 2r_0$），则得：

$$\iota = \frac{L}{R}\frac{t}{4\pi^2 H} = \frac{1 - \varepsilon - \gamma}{\alpha}\left(1 \pm \frac{\zeta}{2\pi\varepsilon}\right) \tag{5-13}$$

中心角 α 的大小，从图5－7中可用余弦定理解出。对于大圈条如图5－7（a）所示，条子上点 H 是在假定条筒不转的情况下，根据圈条盘自转角 φ_Q（$= \angle OO_QH$）和同时又做相对运动的公转角 φ_T（$= \varphi_Q / i_2$）而求得，由该图可得：

$$\cos\varphi = \frac{a^2 - b^2 - e^2}{2be} = \frac{(r - r_0)^2 - (r + r_0 - e)^2 - e^2}{2be} = 1 - \frac{1 - \varepsilon - \gamma}{1 - 2\varepsilon} \cdot \frac{2\gamma}{\varepsilon} \tag{5-14}$$

$$\begin{aligned}\cos\varphi_Q &= \frac{a^2 - b^2 - e^2}{2ae} = \frac{(r - r_0)^2 - (r + r_0 - e)^2 - e^2}{2ae} \\ &= \frac{2(r - r_0)e - 4(r - e)r_0}{2ae} = 1 - \frac{r - e}{a} \cdot \frac{2r_0}{e} = 1 - \frac{1 - 2\varepsilon - \gamma}{1 - \varepsilon - 2\gamma} \cdot \frac{2\gamma}{\varepsilon}\end{aligned} \tag{5-15}$$

$$\frac{\alpha}{2} = \varphi - \frac{\varphi_Q}{i_2} = \cos^{-1}\left(1 - \frac{1 - \varepsilon - \gamma}{1 - 2\varepsilon} \cdot \frac{2\gamma}{\varepsilon}\right) \pm \frac{\zeta}{2\pi\varepsilon}\cos^{-1}\left(1 - \frac{1 - 2\varepsilon - \gamma}{1 - \varepsilon - 2\gamma} \cdot \frac{2\gamma}{\varepsilon}\right) \tag{5-16}$$

对于小圈条，由图5－7（b）可得：

$$\cos\varphi = \frac{b^2 + e^2 - a^2}{2be} = \frac{(e - r + r_0)^2 + e^2 - (r + r_0)^2}{2be} = 1 - \frac{1 - \varepsilon - \gamma}{2\varepsilon - 1 + 2\gamma} \cdot \frac{2\gamma}{\varepsilon} \tag{5-17}$$

$$\begin{aligned}\cos\varphi_Q &= \frac{a^2 + e^2 - b^2}{2ae} = \frac{(r + r_0)^2 + e^2 - (e - r + r_0)^2}{2ae} = \frac{2(r + r_0)e - 4(e - r)r_0}{2ae} \\ &= 1 - \frac{e - r}{a} \cdot \frac{2r_0}{e} = 1 - \frac{2\varepsilon - 1 + \gamma}{1 - \varepsilon} \cdot \frac{2\gamma}{\varepsilon}\end{aligned} \tag{5-18}$$

$$\frac{\alpha}{2} = \varphi + \frac{\varphi_Q}{i_2} = \cos^{-1}\left(1 - \frac{1 - \varepsilon - \gamma}{2\varepsilon - 1 + 2\gamma} \cdot \frac{2\gamma}{\varepsilon}\right) \pm \frac{\zeta}{2\pi\varepsilon}\cos^{-1}\left(1 - \frac{2\varepsilon - 1 + \gamma}{1 - \varepsilon} \cdot \frac{2\gamma}{\varepsilon}\right) \tag{5-19}$$

将式（5－16）或式（5－19）代入式（5－13）即得圈条容量系数 ι 与偏距比 ε 的关系式，在确定了条宽比 γ 和圈距系数 ζ 后，即可计算得到不同偏距比 ε 对应的圈条容量系数 ι，进而得到容量最大值及对应的偏距比 ε。

（二）最优值 ε^*

欲使式（5－13）中的 ι 获得极大值，则应令 $d\iota/d\varepsilon=0$，即得：

$$\alpha\left[\pm\frac{\zeta}{2\pi\varepsilon}(1-\gamma)-1\right]-(1-\varepsilon-\gamma)\left(1\mp\frac{\zeta}{2\pi\varepsilon}\right)\frac{d\alpha}{d\varepsilon}=0 \tag{5-20}$$

对于大圈条，由式（5－16）求得：

$$\frac{1}{2}\frac{d\alpha}{d\varepsilon}=\frac{-2\gamma}{\sin\varphi}\frac{2\varepsilon^2+(1-\gamma)(1-4\varepsilon)}{\varepsilon^2(1-2\varepsilon^2)^2}\pm\frac{\zeta\gamma}{\pi\sin\varphi_Q}\cdot\frac{2\varepsilon^2+(1-\gamma)(1-2\varepsilon-2\gamma)}{\varepsilon^3(1-\varepsilon-2\gamma)^2}\pm\frac{\zeta\varphi_Q}{2\pi\varepsilon^2} \tag{5-21}$$

$\sin\varphi$、$\sin\varphi_Q$ 和角 φ_Q 由式（5－14）、式（5－15）求得。

对于小圈条，由式（5－19）求得：

$$\frac{1}{2}\frac{d\alpha}{d\varepsilon}=\frac{2\gamma}{\sin\varphi}\frac{2\varepsilon^2+(1-\gamma)(1-4\varepsilon-2\gamma)}{\varepsilon^2(2\varepsilon^2-1+2\gamma)^2}\pm\frac{\zeta\gamma}{\pi\sin\varphi_Q}\cdot\frac{2\varepsilon^2+(1-\gamma)(1-2\varepsilon)}{\varepsilon^3(1-\varepsilon)^2}\mp\frac{\zeta\varphi_Q}{2\pi\varepsilon^2} \tag{5-22}$$

$\sin\varphi$、$\sin\varphi_Q$ 和 φ_Q 由式（5－17）、式（5－18）求得。

分别将式（5－16）、式（5－21）、式（5－19）、式（5－22）代入式（5－20）即得大、小圈条容量极值条件式，其根即是偏距比的最优值 ε^*，制成表5－1，供选用时参考。

再变化 $C/2r_0$ 值可解得偏距比 $\varepsilon^*(=e^*/R)$ 如表5－2所示。由该表看出，最优偏距比 ε^* 几乎不随圈距系数 $C/2r_0$ 变化，仅随条宽比 $\gamma(r_0/R)$ 的变化而略有增减，这样表5－1的数据可以应用到 $C/2r_0=1\sim1.6$ 时的各种相应情况。

表5－1 圈条器上下盘（做异向转动时）中心偏距的最优值 e^*（取 $C/2r_0=1.2$）

圈装类型		大圈条						小圈条					
条宽 $2r_0$		10	15	20	25	30	35	10	15	20	25	30	35
卷装直径 $2R$	250	27.3	27.8	28.4	29.1	29.9	30.7	91	89.7	88.4	87.2	86.0	84.7
	300	32.5	33.0	33.6	34.3	35.0	35.7	109.6	108.3	107.1	105.9	104.6	103.4
	350	37.8	38.3	38.8	39.4	40.0	40.8	128.3	127.0	125.8	124.6	123.3	122.0
	400	43.0	43.6	44.0	44.6	45.3	45.9	147.0	145.8	144.5	142.3	142.0	140.8
	450	48.4	48.8	49.0	49.9	50.4	51.0	165.7	164.4	163.2	162.0	160.7	159.4
	500	53.6	54.0	54.6	55.0	55.7	56.3	184.4	183.1	181.9	180.6	179.4	178.1
	600	64.2	64.6	65.0	65.6	66.1	66.7	221.8	220.5	219.3	218.0	216.8	215.5
	700	74.8	75.2	75.6	76.0	76.6	77.1	259.1	257.9	256.6	255.4	254.1	252.9
	800	85.3	85.7	86.2	86.6	87.1	87.6	296.5	295.3	294.0	292.8	291.5	290.3
	900	95.9	96.3	96.7	97.2	97.6	98.1	333.8	332.6	331.4	330.1	329.0	327.6
	1000	106.4	106.8	107.2	107.7	108.1	108.6	371.3	370.0	368.8	367.5	366.3	365.0
$\varepsilon^*=e^*/R$		0.212～0.24						0.68～0.74					

表 5－2 最优偏距比 $e*/R$（取 $C/2r_0$ =1～1.6）

圈装类型		大圈条				小圈条
圈距系数 $C/2r_0$		1	1.2	1.4	1.6	1～1.6
条宽比 $\frac{r_0}{R}$	0.01	0.213		0.213		0.743
	0.02	0.214		0.215		0.738
	0.03	0.216		0.217		0.733
	0.04	0.218		0.219		0.728
	0.05	0.220		0.221		0.723
	0.06	0.222		0.223	0.224	0.718
	0.07	0.224	0.225	0.226	0.227	0.713
	0.08	0.227	0.228	0.228	0.229	0.708
	0.09	0.229	0.230	0.231	0.232	0.703
	0.10	0.232	0.233	0.234	0.235	0.698
	0.11	0.235	0.236	0.237	0.239	0.693
	0.12	0.238	0.239	0.240	0.242	0.688
	0.13	0.241	0.242	0.244	0.245	0.683
	0.14	0.244	0.246	0.247	0.249	0.678
	0.15	0.247	0.249	0.251	0.253	0.673

此外，对于式（5－13），还可以通过优化设计方法得到其最优值。令：

$$F = L \cdot \frac{t}{4\pi^2 H} = \frac{R - e - r_0}{\alpha}\left(1 \mp \frac{C}{2\pi e}\right)$$

则优化目标函数为：

$$\min f(x) = -F = \frac{R - e - r_0}{\alpha}\left(\frac{2r_0 + \Delta}{2\pi e} - 1\right)$$

式中：e 为设计变量，其他参数均为常量，采用任一种无约束优化方法，均可以求得最优值和对应的纱条长度。

思考题

1. 试推导粗纱机加捻卷绕过程中的卷绕运动规律。
2. 试推导圈条机构传动比 i_1 和 i_2。

第六章　气力输送系统设计

本章知识点

1. 竖直管道和水平管道中气力输送原理。
2. 气流速度的选取和流量的选用原则。
3. 物料在管道输送过程中的能量损失的计算，以及空气流量和能量损失的关系特性曲线。

气力输送是由封闭管道内的气流承载和输送物料的一种技术。在纺纱工程中用它来输送棉丛、纤维、落棉和尘杂，使它们从机器的某部位转移到另一部位，或从一台机器转送到另一台机器，实现生产过程的连续化和自动化，同时可改善劳动环境，减轻劳动强度，提高生产效率。气力输送设备由离心风机、封闭管道、聚料器和空气滤尘器等组成。

如图6－1所示为开清棉联合机上的气力输棉设备，离心风机是产生管道内空气流动的动力源。对于吸送式气力输送系统，风机的进风口与凝棉器相衔接，其外壳与输棉管道连接。当风机高速回转时，输棉管道另一端从后方机台一定部位吸进空气和棉丛，形成管道内棉丛

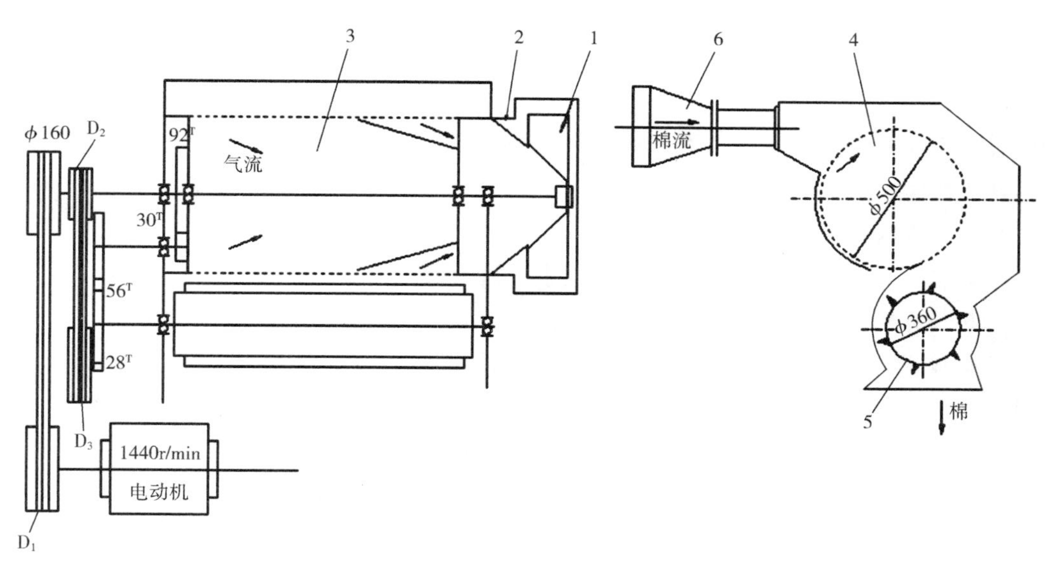

图6－1　开清棉联合机上的凝棉器（吸送式气力输送系统）

1—离心风机　2—进风口　3—喇叭口　4—尘笼　5—皮翼打手　6—进料口

流，输送到前方机台上方凝棉器的尘笼表面上。尘笼是用来分离空气和棉丛的，由于尘笼和下方皮翼打手作异向接触回转，附着在尘笼表面的棉丛不断地被打手刮落下来，落入下方的棉箱内待加工。空气从尘笼的网孔进入笼内流向风机，穿过风机后再由风机出口被送到滤尘器，经净化后回归大气。滤尘器上附着的短绒尘杂也需连续除去。气力输棉设备便将棉丛从后方机器输送到前方机器。此外，细纱机上断头吸棉装置、精梳机上落棉排除装置、梳棉机和并条机上吸尘装置以及转杯纺纱机上气流输棉喂给装置都属于吸送式气力输送设备，其设备组成和物料输送原理基本相同。

以清梳联合机上气力输棉设备为例说明吸吹式气力输送系统的组成。如图 6 – 2 所示，离心风机的进风和出风口都与管道衔接，当风机高速回转时，左方的吸棉管道从后方机台出棉部位吸进空气和棉丛，使它们穿过风机，从风机出口被吹送到各台喂棉箱的上箱内。上箱的壁上开有一孔，常以滤网遮蔽，其作用是将空气和棉丛分离，棉丛掉落箱内而空气从网孔逸出，进入另一回风管经净化后排入大气。这里，为便于棉丛和空气穿越风机叶轮，叶轮需采用径向式（或称直叶式）。

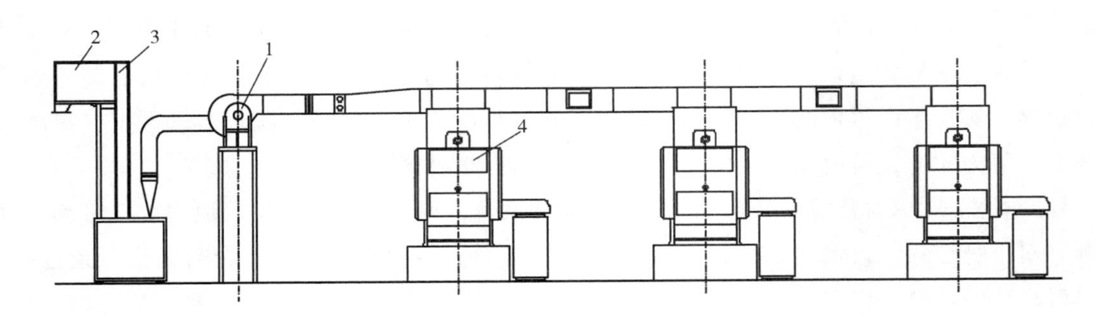

图 6 – 2　清梳联合机上的气力输送设备（吸吹式气力输送系统）

1—风机　2—凝棉器　3—开棉机　4—喂棉箱

纯吹送式气力输送系统，为使棉丛进入输送管道，该管道不能直接与风机出口衔接，导致结构复杂，输送距离短，故很少采用。

气力输送技术具有下列特点：

（1）设备简单，安装和看管方便，占地小，适合长距离输送。

（2）物料在封闭管道内输送无损耗，不污染环境。

（3）在输送棉丛的同时可吸除短绒尘杂，有利于清棉。

（4）因为物料的运行速度不均一，凝聚后的物料将失去原有的均匀连续分布状态。

第一节　气力输送基本原理

在输送管道内物料和空气混合在一起流动，它们的混合状态可以分为两大类。一类是均匀的悬浮状态，即物料与空气均匀地混合在一起，一般为轻、微粉末状的物料；另一类是非均匀的悬浮状态，即物料与空气混合是不均匀的，而且在输送过程中会发生沉降现象。棉丛、纤维束的气力输送基本上属于第二类。

在输送管道内物料的悬浮情况决定于管道内空气流速的大小。空气流速大有利于物料悬浮，但需用较大容量的风机，能量消耗也大。因此，设计时需了解各有关物料被顺利输送的最低空气速度。

气力输送管道系统一般由垂直管道部分和水平管道部分组成，要使物料悬浮，两者所需的最低气流速度不相同，下面分别进行分析。

一、竖直管道中气力输送原理

物料密度 ρ_m 大于空气密度 ρ，故物料相对于空气向下运动（图 6－3），作用在物料上的下沉力为：

$$F_1 = W - V\rho g = W(1 - \rho/\rho_m)$$

式中：W 为物料质量；V 为物料体积。如果空气以速度 v 在管道内自下而上流动，而物料以速度 v_m 下沉（$v_m < 0$）或上升（但 $0 < v_m < v$），那么物料受到空气阻力（或推力）为：

$$F_2 = \frac{CA\rho}{2}(v - v_m)^2$$

式中：C 为空气阻力系数；A 为物料在垂直于气流运动方向上的投影面积；v_m 为物料运动速度。

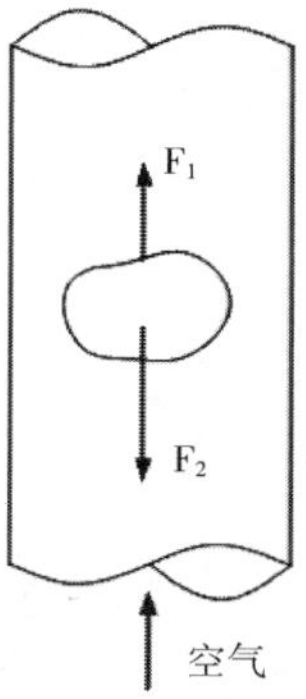

F₁

F₂

空气

图 6－3　垂直管道气力输送

当 $F_1 = F_2$ 时物料作等速运动，则有：

$$v - v_m = \sqrt{\frac{2W}{CA\rho}\left(1 - \frac{\rho}{\rho_m}\right)} = \sqrt{\frac{2W}{CA}\left(\frac{1}{\rho} - \frac{1}{\rho_m}\right)}$$

令：

$$v_s = \sqrt{\frac{2W}{CA}\left(\frac{1}{\rho} - \frac{1}{\rho_m}\right)} \tag{6-1}$$

则得：$v_m = v - v_s$

由此可见，当 $v = v_s$ 时，$v_m = 0$，即此时物料在管道内静止不动，处于悬浮静止状态，故称 v_s 为物料的悬浮速度，它取决于物料的性状，如式（6－1）所示。当 $v > v_s$ 时，$v_m > 0$，即物料在管道内上升；当 $v < v_s$，时，$v_m < 0$，即物料在管道内下沉。所以，气流速度必须大于物料的悬浮速度，才能使物料在管道内上升。

物料在静止空气中自由沉降的沉降力为重力与浮力之差，它使物料以加速度下沉；虽该力保持不变，但物料所受到的空气阻力随速度增大而增加。当该阻力增加到与物料所受的沉降力（即重力与浮力之差）相等时，则物料的沉降速度不再增加，而以等速运动下降，这时的物料沉降速度称为沉降终末速度，简称终末速度 v_r。终末速度与悬浮速度在理论计算式上相同，前者易借助实验测得。

从上述关系式可看出，ρ_m 较小且较蓬松（W/A 较小）物料的悬浮速度或终末速度较小。例如，清棉机棉丛的平均终末速度为 800～1100mm/s，纤维的平均终末速度为 30～60mm/s。

二、水平管道中气力输送原理

在水平管道中气流流动方向与物料重力方向垂直，物料因重力作用有下沉趋势。因此气流速度必须增加到一定数值，物料才能脱离管壁腾空飞行，这时气流的速度称为腾空速度 v_D 。

当气流吹向沉于管底的物料时，产生水平推力 P，如图 6－4 所示，物料上面的气流速度比下面大，驱使物料向前翻转，且使物料下面的静压也大于上面静压，所以上下压力差使得气流对物料产生一个升力 L，物料即发生翻腾浮起现象，并随气流向前输送。一般物料的腾空速度大于自由沉降的终末速度，据测定，前者大约是后者的三倍。

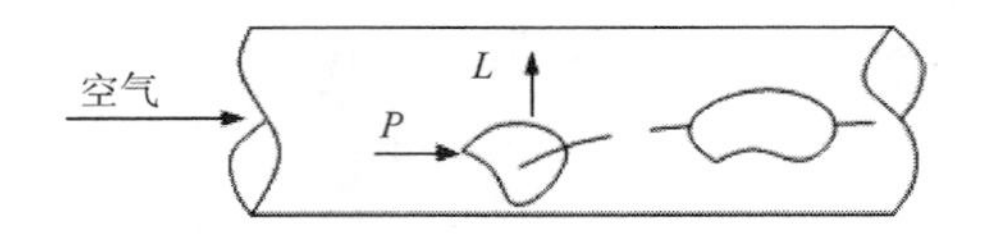

图 6－4　水平管道气力输送

第二节　气流速度和流量的选用

一、气流速度的选用

管道内的气流必须具有一定速度，才能输送给定的物料。因整个管道系统由垂直管道和水平管道组成，而后者要求物料的腾空速度大于前者所要求的悬浮速度，所以气流速度的选用以腾空速度为依据，该速度大小同样与物料的性状密切相关。例如，开清棉机送出的棉丛在大小、形状和开松程度上不均一，则每一棉丛的悬浮速度和要求的腾空速度也不相同，所以选用的气流速度要比棉丛的平均终末速度大得多。气流速度高，物料可完全悬浮于空气中，以接近于气流速度输送，管道流通顺畅。但当气流速度过高时，气流在管道内能量损失也较大，即功率消耗增加，造成浪费，所以气流速度不是越大越好，比较经济合理的气流速度见表 6－1。

表 6－1　不同物料配备的气流速度

输送物料类型	气流速度/（$m \cdot s^{-1}$）	输送物料类型	气流速度/（$m \cdot s^{-1}$）
棉丛	8～14	尘杂	8～16
籽棉	20～26	棉籽	30～35
落棉	13～15	羊毛	14～20

二、物气比的选用

管道内的气流速度至少要满足物料能悬浮于空气的条件，此外，输送一定量的物料还必须配备一定量的空气。被输送的物料的质量与输送空气的质量流量之间应有一个适当的比例，该比例称为物气比，以μ表示。

$$\mu = q_m/(\rho q_v) \tag{6-2}$$

式中：q_m为被输送物料的质量流量；q_v为输送气流的体积流量；ρ为空气密度。

物气比的物理意义，是指单位质量的流动空气所承运物料的质量。若该比值过大，意味着物料相对于空气量太多，物料间相互碰撞以及与管壁碰撞的机会增加，并且在管道内阻塞的可能性也大；该比值过小，意味着风机的风量过大，也就是风机的功率太大，造成浪费。根据实际经验，原棉$\mu = 0.1 \sim 0.3$，羊毛$\mu = 0.2 \sim 0.5$。

根据机器的生产量q_m和选用的物气比μ值，即可计算出所需要的空气体积流量或称风量q_v。

$$q_v = q_m/(\mu\rho) \tag{6-3}$$

三、管道尺寸的计算

在确定管道中气流的流速和流量之后，即可计算管道的截面尺寸A：

$$A = q_v/(3600v) \tag{6-4}$$

式中：q_v为空气的体积流量（m^3/h）；v为空气的平均流速（m/s）；A为管道截面积（m^2）。

在一般情况下应尽可能采用圆形管道，因为对于同样大小的截面，圆形截面的周长最短，所耗用的材料最少，阻力损失也较小。圆管截面积为$A = \pi d^2/4$，则其直径为：

$$d = \sqrt{\frac{4A}{\pi}} = \sqrt{\frac{q_v}{900\pi v}} = 18.8\sqrt{\frac{q_v}{v}}\ (\mathrm{mm}) \tag{6-5}$$

在采用气流配棉时，为了与喂棉箱进口衔接，输棉管通常采用矩形，应根据式（6-4）中同一截面积A来确定其宽度b和厚度h（即$A = bh$）。

第三节　管道输送时的能量损失

空气在管道内流动时会遇到阻力，每输送单位体积气体的能量损失称管道阻力损失，用ΔP_a表示，单位为Pa。可以分为沿程阻力损失ΔP_y和局部阻力损失ΔP_j。

一、沿程阻力损失

空气在管道内流动时，由于黏性等原因而产生的摩擦阻力将阻碍其运动，因这种阻力存在于全流程，故将克服这种阻力造成的损失称为沿程阻力损失。

$$\Delta P_y = \lambda \cdot \frac{l}{d_s} \cdot \rho \frac{v^2}{g} \tag{6-6}$$

式中：λ为沿程阻力系数；l为管长；v为空气流速；g为重力加速度（$9.81 m/s^2$）；ρ为空气密度；d_s为水力直径，即过流截面积（A）的4倍与湿周长χ之比，又称当量直径。对于圆形截面管道，$d_s = d$（过流圆截面直径）；对于矩形截面管道，$d_s = 2bh/(b+h)$，b和h分别是矩形的宽和高。对于正方形截面管道 $d_s = h = b$。

沿程阻力系数 λ 并不是常数，它与雷诺数 Re、管壁相对粗糙度 Δ/d_s 及过流断面形状有关；雷诺数为 $Re = d_s v/\nu$，ν 为空气运动黏度，它与温度、压力有关。表 6－2 为空气在 98.1kPa（1 工程大气压）下的运动黏度 ν。

表 6－2　空气运动黏度 ν

温度/℃	0	10	20	30	40	60
ν/（$10^{-6}m^2 \cdot s^{-1}$）	13.7	14.7	15.7	16.6	17.6	19.6

图 6－5 表示 λ—Re 关系曲线，由实验测得。当空气作层流流动时（$Re < 2300$），在对数坐标上，λ 与 Re 成直线关系，且与管壁的粗糙状态无关。当空气作紊流流动时（$Re > 2300$），则 λ 与管壁状态有关。曲线 A 表示光滑管（包括铜管、铝管、玻璃管等）的 λ—Re 曲线；曲线 B 表示粗糙管（包括铸铁管、钢管等）的 λ—Re 曲线。

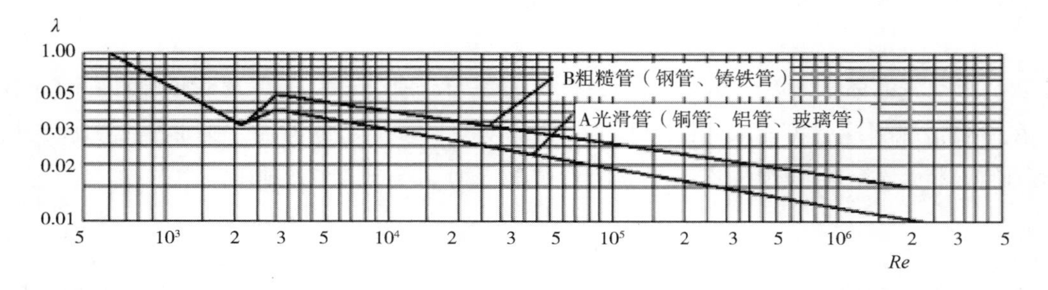

图 6－5　λ—Re 曲线

例 1：在一条长 80m，直径为 200mm 的薄钢板制成的圆形输棉管道中，空气平均速度为 10m/s，空气在 20℃时运动黏度 $\nu = 15.7 \times 10^{-6} m^2/s$，求该管的摩擦阻力损失。

$$Re = \frac{vd}{\nu} = \frac{0.2 \times 10}{15.7 \times 10^{-6}} = 127400$$

从图 6－5 曲线 B 查得 $\lambda = 0.02$，代入式（6－6）得：

$$\Delta P_y = 0.02 \times \frac{80}{0.2} \times 1.2 \times \frac{10^2}{2} = 479.9(\text{Pa})$$

二、局部阻力损失

管道内气流急剧地改变流动状态，例如流经弯头，收缩或扩张管、三通管、阀门等处，因发生涡流和脱流等现象而损失流动能量，称为局部阻力损失，在数值上比沿程阻力损失大得多。局部阻力损失为：

$$\Delta P_j = \xi \cdot \rho \cdot v^2/2 \tag{6-7}$$

式中：ξ 为局部阻力系数，其余符号同式（6－6），表 6－3 为几种常见管件的局部阻力系数值。

表 6-3　局部阻力系数表

（1）四节组成的90°弯管

h/b	1.0	2.0	3.0	4.0	5.0	6.0
矩形	0.39	0.32	0.25	0.24	0.24	0.24
圆管	0.39					

（2）矩形90°弯头（不等截面）$R/b=1, h/b=2.4$

R_1/b	b_1/b						
	0.1	0.6	0.8	1.0	1.2	1.4	1.6
0.5	0.38	0.29	0.22	0.18	0.20	0.30	0.50
1.0	0.38	0.29	0.26	0.25	0.28	0.35	0.44
2.0	0.19	0.33	0.20	0.13	0.11	0.22	0.34

（3）矩形90°弯头（等截面）

b/h	R/v			
	0.75	1.0	1.25	1.50
0.5	0.40	0.26	0.19	0.13
1.0	0.47	0.29	0.21	0.14
1.5	0.52	0.31	0.22	0.15
2.0	0.55	0.34	0.24	0.16

（4）骤缩管与骤扩管（任意截面）

f/F	0.1	0.2	0.3	0.4	0.5	0.6	0.7	0.8	0.9	1.0
骤缩管	0.47	0.42	0.38	0.34	0.30	0.20	0.15	0.15	0.09	0
骤扩管	0.81	0.64	0.49	0.36	0.25	0.09	0.04	0.04	0.01	0

（5）锥形扩散管

F_1/F	α					
	10°	15°	20°	25°	30°	35°
1.25	0.01	0.02	0.03	0.04	0.05	0.06
1.5	0.02	0.03	0.05	0.08	0.11	0.13
2.0	0.01	0.06	0.10	0.15	0.21	0.27
2.5	0.06	0.10	0.15	0.23	0.32	0.40

续表

(7) 锥形渐缩管

F_1/F	α					
	10°	15°	20°	25°	30°	45°
1.25	0.18	0.20	0.25	0.29	0.33	0.35
1.5	0.31	0.39	0.45	0.51	0.59	0.62
2.0	0.56	0.59	0.80	0.91	1.01	1.11
2.5	0.87	1.07	1.25	1.41	1.63	1.73

(7) 调节闸门

h/D	0.1	0.2	0.3	0.4	0.5	0.6	0.7	0.8	0.9	1.0
圆管	98	35	10	4.6	2.1	1.0	0.44	0.17	0.06	0
矩形管	193	45	18	8.1	4.0	2.1	0.95	0.39	0.09	0

(8) 调节阀门

α								
10°	20°	30°	40°	50°	60°	70°	80°	90°
0.3	1.0	2.5	7.0	20	60	100	1500	8000

(9) 正方形截面90°弯管（有导风板）

α								
35°	37°	39°	41°	43°	45°	47°	51°	55°
0.45	0.36	0.29	0.22	0.17	0.13	0.11	0.12	0.14

(10) 金属网过滤板

F_0—网净面积

F_0/F	0.1	0.2	0.3	0.4	0.5	0.6	0.7	0.8	0.9
进气时	80	16	6.6	3.4	2.0	1.3	1.0	0.93	0.91
排气时	100	25	12.5	7.6	5.2	3.9	3.1	2.5	1.9

上述沿程阻力损失和局部阻力损失都属于纯空气流动时的能量损失。事实上在气力输送中，空气内混合着物料，应视为气物混合流，其密度并不等于纯空气的密度，在计算 ΔP 时结果也不相同，应乘以修正系数 ϕ。从实验可知，此种混合流在流动中的能量损失比纯空气时

大，而且与物气比 μ 值的大小有关。

$$\phi = 1 + a\mu \tag{6-8}$$

式中：a 为实验系数，与物料性状有关，对于原棉 a 可取为 1.5 左右。例如，对于物气比 $\mu = 0.25$ 的气棉混合流，$\phi = 1 + 1.5 \times 0.25 = 1.375$，即混合流在流动时沿程和局部阻力损失均较纯空气流增大 37.5%。

三、管道系统的特性曲线

在一个气力输送系统中，各段管道尺寸可能不同，应分段计算。总的沿程阻力损失应是各段沿程阻力损失之和，以 $\sum \Delta P_y$ 表示。由于各段流速不同，故应以 q_v/A 表示 v。则得：

$$\sum \Delta P_y = \sum \lambda \frac{l}{d_s} \rho \frac{v^2}{2} = \sum \lambda \frac{l}{d_s} \frac{\rho q_V^2}{2A^2}$$

同样，总的局部阻力损失也是各个局部阻力损失之和，以 $\sum \Delta P_j$ 表示。

$$\sum \Delta P_j = \sum \xi \frac{\rho v^2}{2} = \sum \xi \frac{\rho q_V^2}{2A^2}$$

该管道总的阻力损失 ΔP_a 为：

$$\Delta P_a = \sum \Delta P_y + \sum \Delta P_j = \sum \lambda \frac{l}{d_s} \frac{\rho q_V^2}{2A^2} + \sum \xi \frac{\rho q_V^2}{2A^2}$$

$$= \left(\sum \lambda \frac{l}{d_s A^2} + \sum \frac{\xi}{A^2} \right) \frac{\rho q_V^2}{2} = B q_V^2 \tag{6-9}$$

式中：

$$B = \frac{\rho}{2} \left(\sum \lambda \frac{l}{d_s A^2} + \sum \frac{\xi}{A^2} \right) \tag{6-10}$$

如果不考虑风量或风速对 λ 和 ξ 的影响，则对给定管道系统来说 B 为常数，称为管道系统的阻力系数。式（6-9）表明，在确定的管道系统中，流动空气的阻力与其流量的平方成正比。根据这一关系绘出的曲线称为管道特性曲线，如图 6-6 所示，图中两条曲线代表两种阻力特性不同的管道系统：曲线 1 代表的系统 B 值小于曲线 2 代表的系统 B 值。

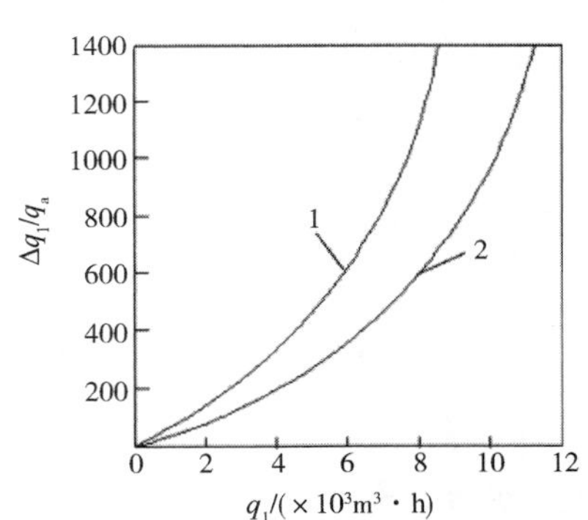

图 6-6　管道系统的特性曲线

第四节　离心式风机

一、风机作用及分类

风机是一种输送空气的机器设备。根据空气在风机叶轮中流动的方向，可以分为轴流式风机和离心式风机两大类。

（1）轴流式风机叶轮的叶片形状类似于螺旋桨，叶片高速转动时对空气作用的升力形成风压，完成空气沿叶轮轴向的流动。这种风机多用于需要风量大而风压低的场合，如车间通风用的排风扇。

（2）离心式风机如图 6－7 所示，它由叶轮、蜗壳以及进风口（集流器）等组成。当叶轮高速回转时叶道内的空气因离心力作用被甩入蜗壳中而形成风压，使得空气从叶轮的进风口吸进并顺着蜗壳流动从出风口排出。空气通过回转叶轮后能量增加（静压和动压提高），当空气离开叶轮以高速状态进入蜗壳后，一部分动压在蜗壳内转化为静压，因此离心式风机的风压一般比轴流式的风压高。

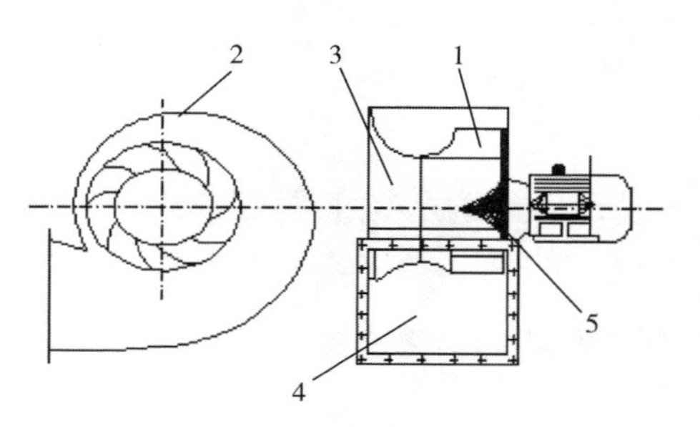

图 6－7　离心式风机

1—叶轮　2—蜗壳　3—集流器

4—出风口　5—导流盘

在纺织机械中气力输送物料或排除尘杂所采用的风机多为离心式风机。

二、风机基本性能参数

（一）总压 *p*

单位体积的空气流经离心式风机叶轮后获得的能量增加值称为该风机的总压，单位为 Pa。设风机进口截面 1—1 和出口截面 2—2 上空气的压强和速度分别是 p_1、v_1 和 p_2、v_2，如略去不计空气压缩性和位能变化，则风机的总压：

$$p = p_2 + \frac{\rho v_2^2}{2} - \left(p_1 + \frac{\rho v_1^2}{2}\right) = (p_2 - p_1) + \frac{\rho}{2}(v_2^2 - v_1^2) = p_s + p_d \tag{6-11}$$

式中：ρ 为空气密度；p_s 为静压；p_d 为动压；故 p 为总压。风机的静压 $p_s = p_2 - p_1$，管道内气流依靠静压克服流动阻力。

（二）体积流量 q_V

风机在单位时间内输送的空气体积称为风机的流量（简称风量）。在技术说明书上所列的值一般是指标准技术状况下（101.3kPa，20℃，相对湿度 50%，此时空气密度 ρ_s = 1.20kg/m^3）的空气体积。

（三）功率和效率

空气流进风机后获得的输出功率称为有效功率 P_e：

$$P_e = pq_V$$

风机必须有输入功率（又称轴功率）P：

$$P = P_e/\eta$$

式中：η 是风机的效率，或称风机的总压效率。

$$\eta = \eta_b \eta_V \eta_m$$

式中：η_b 为流动效率（考虑空气流经风机叶轮等产生的功率损失）；η_V 为容积效率（考虑风

机各机件间必须存在的间隙产生的功率损失）；η_m 为机械效率（考虑轴承、传动件引起的功率损失）。

$$\eta = pq_V/P$$

如只考虑静压，则静压效率：

$$\eta_s = p_s q_V/P$$

（四）转速

风机的总压、流量和轴功率均与风机叶轮的转速 n 密切相关，使用风机时需按规定的转速运转。

离心式风机的总压一般在 0.98～14.71Pa 范围内。其中低压风机的总压小于 0.98Pa，中压风机的总压为 0.98～2.94Pa，高压风机的总压为 2.94～14.71Pa。鼓风机的总压为 14.71～196.13Pa。压气机总压在 196Pa 以上。

思考题

1. 试推导竖直管道内物料的悬浮速度。

2. 水平管道中物料输送有什么特点？其物料腾空速度和竖直管道中物料悬浮速度有什么关系？在物料输送管道设计中，以哪个速度为选取标准？

第七章 织机开口机构设计

本章知识点

1. 凸轮开口机构的作用、类型及设计要点。
2. 综框各种运动规律及其优缺点等。
3. 凸轮开口机构的受力分析计算。
4. 电子式开口机构类型和特点。

开口机构根据织物组织图经纬交织的变化规律，按序及时带动经纱，将经纱分成上下两层，形成供梭子飞行的梭口通道。

开口机构可分为凸轮开口机构、连杆开口机构、多臂开口机构和提花开口机构，以及近些年发展起来的电子开口机构。不同开口机构适于织造不同组织形式的织物。本章将以凸轮开口机构为例介绍其设计方法，同时介绍部分电子开口机构的工作原理和特点。

第一节 凸轮开口机构

一、主要作用和类型

开口机构分为内侧式和外侧式两类，常用的是内侧式。

图 7－1 是用于织斜纹底灯芯绒用的内侧式共轭凸轮开口机构。在车肚内装着凸轮轴 9，轴上有几对凸轮（具体数目根据织物组织形式而定）。每一对凸轮由主凸轮 6 和副凸轮 8 组成，控制一片综框。转子杆 11 上装着转子 7 和 10，转子 10 始终与主凸轮 6 相接触，转子 7 则始终与副凸轮 8 相接触。当主凸轮 6 与转子 10 的接触由小半径转向大半径时，将转子杆 11 向左推动，通过提综杆 1 和连杆 2 使综框 3 下降。这时副凸轮 8 与转子的接触半径是由大半径转向小半径，之后该接触半径再由小半径转向大半径时，就将转子杆 11 向右推动，于是综框上升。这种结构的凸轮，可以根据各种织物组织来设计，织物花色品种较等径凸轮多很多，且对凸轮制造精度要求较高。

图 7－2 是现代织机使用较多的外侧式共轭凸轮开口机构。共轭凸轮 7、8 通过两只转子使转子摆杆 6 摆动，再通过连杆 5、摆杆 9、推拉杆 11、角形杆 1 和 10、竖杆 2 和 4，使综框 3 在其垂直导轨内上下运动。改变连杆 5 右端在转子摆杆 6 上的高低位置，就可调节综框的

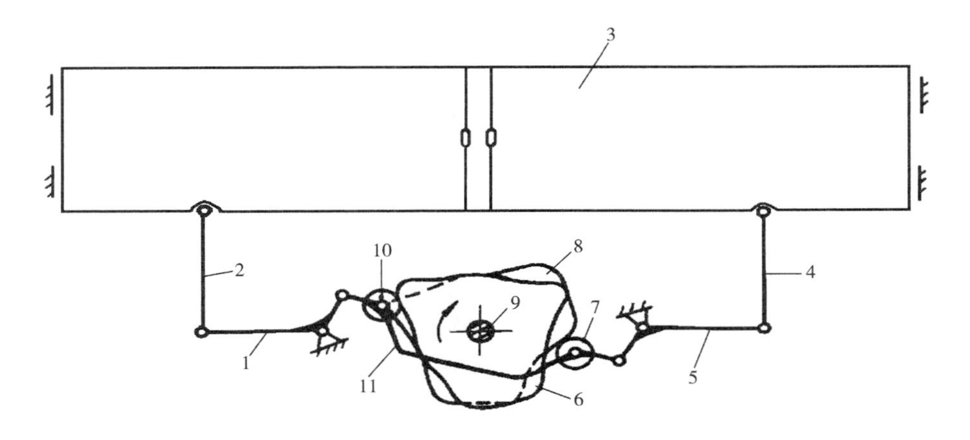

图 7－1　共轭凸轮开口机构

1，5—提综杆　2，4—连杆　3—综框　6—主凸轮　7—转子　8—副凸轮

9—凸轮轴　10—转子　11—转子杆

动程大小。竖杆 2 和 4 都是由左右两部分相互对接而构成，只要调节竖杆 2 和 4 的对接长度，就可调节综框的高低位置。这种结构不仅可根据不同的织物组织和所需要的综框运动规律来设计共轭凸轮曲线，积极传动综框做上下往复运动，适应高速，而且在翻改织物花色品种时，方便调换共轭凸轮。

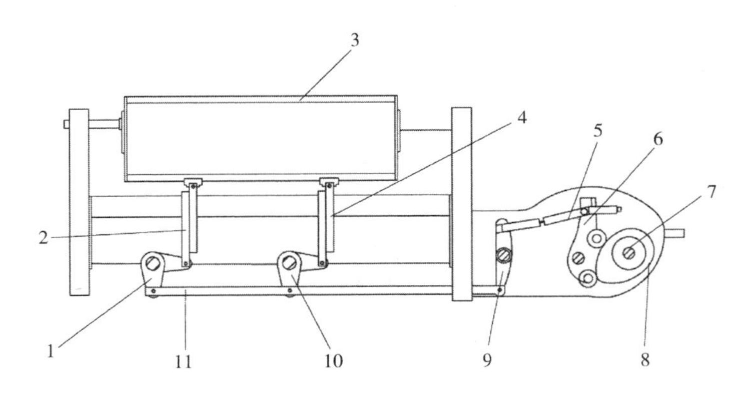

图 7－2　外侧式共轭凸轮传动的开口机构

1，10—角形杆　2，4—竖杆　3—综框　5—连杆　6—转子摆杆　7，8—共轭凸轮

9—摆杆　11—推拉杆

在现代织机上，另一种能适应高速的凸轮开口机构是消极式即弹簧回综式凸轮开口机构，其结构图如图 7－3 所示。开口凸轮 1 通过转子 2 推动提综杆 3 向右时，钢丝绳 5 使综框 6 在导轨内下降。当 3 向左时则由回综弹簧 9 使综框 6 在导轨内上升。综框 6 右端的钢丝绳 5 绕过中央滑轮，其作用是便于调节综框左右高度，使其保持一致。

该机构可按织物品种选择回综弹簧的根数，调节回综弹簧力，它的高速适应性好，可运转到 600r/min 左右。开口凸轮安装在墙板外侧下方的油箱内，翻改品种时调换凸轮较方便。

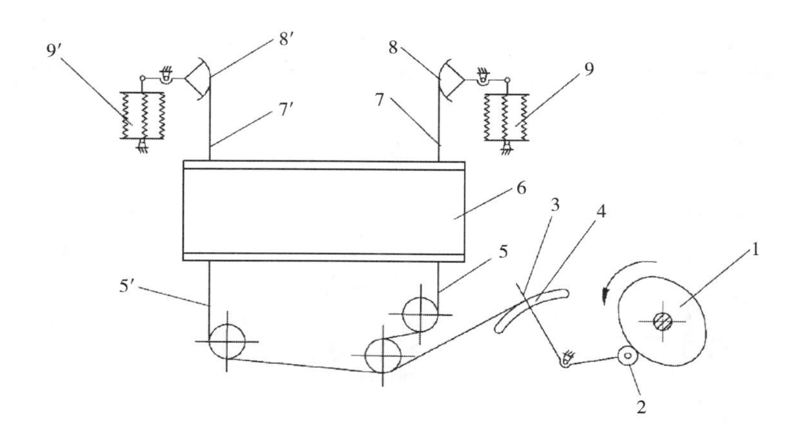

图 7-3　弹簧回综式凸轮开口机构

1—凸轮　2—转子　3—提综杆　4—提综杆铁鞋　5，5′，7，7′—钢丝绳　6—综框

8，8′—吊综杆　9，9′—回综弹簧

但是，当综框 6 处于上方位置时，回综弹簧 9 需有一定的伸长，而当开口凸轮 1 使综框 6 下降时，需要更大的力量，因此机构受力与功率消耗也稍有增加。

上述各种凸轮开口机构所织制织物的综框页数，最多只能达 6～8 页，再多就须采用多臂织机或提花织机。

二、设计要点

开口机构设计要重点考虑经纱断头率，尽可能设计合适的开口机构形式、综框位置和凸轮轮廓线等，使经纱断头率尽可能低。不考虑其他机构以及纱线质量的影响，单就开口机构而言，造成经纱断头的原因大致有：

（1）开口太大，经纱过分伸长，经纱张力超过断裂强度。

（2）开口太小，梭子或载纬器进出梭口时，经纱摩擦增加，导致经纱断头增多。

（3）综框前后晃动，造成综丝眼对经纱的摩擦加剧，使经纱断头。

（4）综框在转变运动状态的时候，如启动或停止运动的瞬时，由于加速度突变而产生振动。再如梭口满开时，纱线处于绷紧状态，综丝眼又是由很细的钢丝制成，综框振动使得综丝眼犹如一个锐利刀口在绷紧的纱线上冲割。车速越高，振动越剧烈，经纱断头也就越多。

为了降低经纱断头，在开口机构设计方面采取的措施有：

（1）改进综框传动方式，例如近年来，在入纬率为 1000r/ min 的无梭织机上采用液压传动机构控制综框开口运动，能减少机构间的冲击、振动和磨损。

（2）设计一个既能保证梭子顺利通过，又能使开口高度最小的梭口，以降低经纱张力。经纱张力变化是与经纱开口高度的平方成正比关系的。将开口高度为 100mm 的梭口与开口高度为 120mm 的梭口相比较，后者的张力变化将较前者增加 44%，可用下式得出：

$$\frac{(120)^2-(100)^2}{100^2}\times 100\% = 44\%$$

由此可见，经纱开口高度对经纱张力影响很大。

（3）合理分配综框的开口、闭口、静止时间。

（4）选择适当的综框运动规律。

三、梭口形状和综框动程

（一）梭口形状

从梭子或载纬器顺利飞行的角度来说，最好在整个飞行过程中梭口的上层经纱都不与梭子接触，即经纱不挤压梭子。在四连杆打纬的织机上，梭子尚未飞出梭口，经纱就已开始闭合，而且筘座向前摆动，使梭子飞行的梭道断面减小。要使梭子不受经纱挤压，势必将梭口开得很大，这对经纱张力不利。根据工程经验，梭子进梭口时最好不受挤压，否则梭子的飞行速度会下降。而在梭子将出梭口时允许梭子受一些挤压，这样梭口高度可适当减小，但梭口也不能过小，过小则挤压大，造成边纱断头增加。

通常用作图法来求梭口的形状，如图 7－4 所示。在图纸上绘出织口位置、综框位置、筘座摆到最后的位置以及梭子的横剖面。此时梭口应满开，画出下层经纱，与走梭板平行，并保留一间隙 a，a 约为 1mm，再画上层经纱，使它与梭子前壁间保留一间隙 b，b 值的大小随织物品种、机构特征等因素而改变。例如：一般的棉织物，b 取 6 ~ 10mm；有些丝织物，梭子出梭口时不允许受挤压，否则会擦毛经丝，造成染色不匀，因此 b 值应取得大些；在平绒织机上，绒经的经纱张力小，为防止经纱松弛下垂影响梭口清晰度，绒经的 b 值应取得大些。b 值还与开口机构类型、筘座有无停顿时间有关，没有停顿时间的 b 值须放大。在有些织机上，b 值还要考虑构件变形的影响，例如帆布织机的织物厚实，经纱张力大，构件受力大，产生的变形也大，使实际梭口较设计梭口减小达 10mm，因此有些帆布织机将 b 值放大到 20mm，轻型毛织机则放大到 15mm。

（二）综框动程

上下层经纱分别与综框中心线的两交点之间的距离就是经纱的开口高度 H_0。后综开口高度往往比前综大，但后综的开口角往往比前综小，H_0 不与综框到织口间距离成正比。即使织平纹织物，当后综在上，梭口满开时，H_0 值接近前综，梭口角相应较小，这叫作非清晰梭口，目的是使后综动程不致过大，减少断经，如图 7－5 所示。

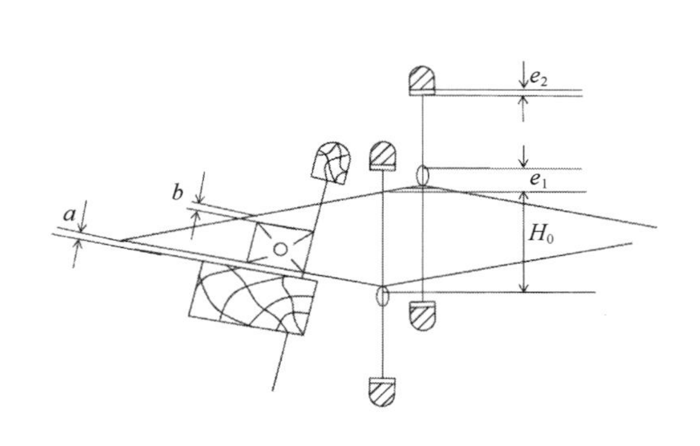

图 7－4　在后死心时梭口的形状

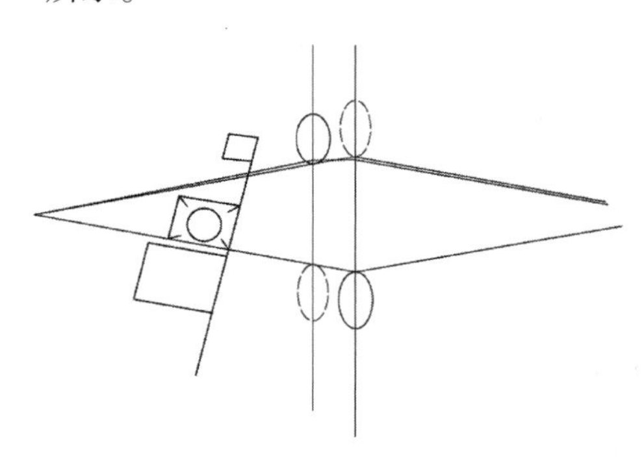

图 7－5　非清晰梭口

综框位置尽量向前，使经纱开口高度减小。但须注意，当筘座位于最后位置时，应使筘帽（无筘帽时则为钢筘）与第一片综框之间保留适当间隙，以免挡车工用手抓住筘帽开慢车时碰伤手指，一般取间隙为 20～30mm。同理，为了减小其后各片综框的经纱开口高度，各片综框之间的间距，在能容纳下有关传动件（如柔性连接开口机构中的吊综辘轳、刚性连接开口机构中的综框传动杆接头等）的前提下，越小越好。

根据上述方法所得经纱开口高度若过大，可将梭子前壁上方倒角，或适当放大筘座动程来减小梭口角度，使得经纱开口高度下降。

将经纱开口高度 H_0 加上构件的间隙就得到综框的动程 H（图 7－4），即：

$$H = H_0 + e_1 + e_2 + e_3$$

式中：e_1 为综丝眼孔长；e_2 为综丝杆与综丝耳环之间的间隙；e_3 为其他构件的间隙和变形所造成的综框动程减小值。

一般棉织机的 $e_1 + e_2 = 8 \sim 14$mm。1515 型自动棉织机织平纹织物时，前综动程 98mm，后综动程 110mm；H212 型毛织机有 20 页综框，最大综框动程约 200mm。

H_0 被综平线一分为二：$H_{0上}$ 及 $H_{0下}$。现代剑杆织机等载纬器贴着下层经纱飞行时，往往经位置线偏于下方。即：

$$H_0 = H_{0上} + H_{0下}, H_{0下} < H_{0上}$$

第二节　综框运动分析

一、综框运动时间的分配

织机主轴一转，上下两层经纱相互交替，完成一次开口运动。一次开口运动中按经纱的运动状态可分为三个阶段，如图 7－6 所示。

（一）开口阶段 α_1

即经纱由平综位置向上或向下移动到满开位置的运动阶段。平综位置为经纱位于经位置线的时刻。平综时间的迟与早影响织物外观及经纱断头率，一般平纹织物的平综时间在 270°～290°；斜纹、缎纹、提花织物以及金属丝窗纱等织物，平综时间在 290°～360°。

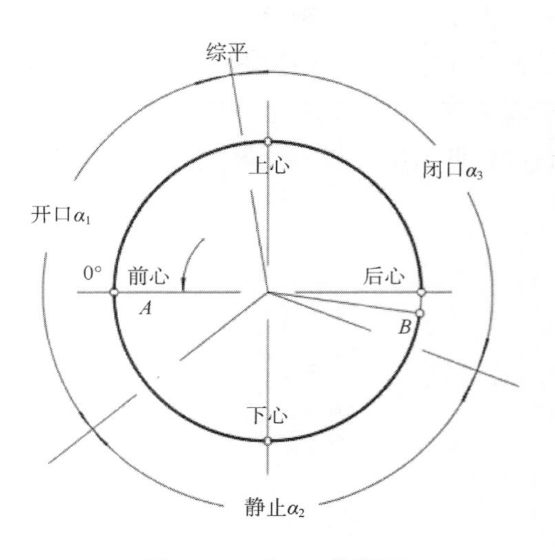

图 7－6　开口工作圆图

（二）静止阶段 α_2

综框停于最高或最低位置的时期。静止阶段的长短应根据织物的组织、纱线原料、经纱密度、经纱穿筘幅度、织机机速以及梭子速度等确定。织经纱密度大的织物，静止时间宜长些，使梭口清晰；织玻璃纤维或轻型丝绸织物，静止时间也要长些，以减少边经断头或被擦毛，金属丝网织机的静止时间也宜长，否则金属丝受挤压后会留下曲折痕迹，影响织物外观，同时梭子磨损也快，甚至因梭子起毛造成断经；织斜纹织物与缎纹织物的静止时间较平纹要小，是为了减小凸轮的压力角。在筘幅宽、机速高或梭速低时，静止时间都要放长，使梭子有充足的飞行时间。

（三）闭口阶段 α_3

在此阶段中，经纱由满开位置回到经位置线。

三个阶段的时间长短，均用织机主轴转角的度数来表示，并分别称为开口角、静止角、闭口角。

拟定开口角 α_1 和闭口角 α_3 时，要考虑下列原则：在经纱张力逐渐递增的时期，综框的运动速度应慢些；当经纱由张力状态转向松弛状态时，综框的运动速度允许快些，因此大多数织机的开口角 α_1 大于闭口角 α_3 。这样，开口时间较长，速度较慢，经纱张力增加的速度较为缓和；闭口时间短，速度快，经纱迅速脱离紧张状态，可减少经纱断头。但在织制经密大，纱线较粗的厚重织物时，为了避免经纱相互纠缠，应使梭口开得清晰些，也有个别织机是 $\alpha_1 < \alpha_3$。

二、综框的运动规律

从梭口的几何形状来看，经纱张力在平综时最小，满开时经纱伸长最大，张力也最大。综框的运动规律会影响经纱张力变化，为了避免综框运动对经纱张力的不利影响，综框的运动规律应是平综时速度最大，接近满开时速度最小；在开口终了及开始闭口的瞬时，经纱的加速度应尽可能小；其余时间内加速度作缓和的变化。这样可使经纱运动平稳，张力波动较小，综框振动较小，断头率也相应下降。

综框的运动规律，采用最多的是简谐运动，少数织机用椭圆比运动，也有采用正弦加速运动的。下面分析这三种运动的特性。设：H 为综框位移；H_{max} 为综框最大位移；v 为综框运动速度；a 为综框运动加速度；ω 为织机主轴回转角速度；t 为时间；θ 为辅助圆半径转角；α 为织机主轴转角；α_0 为综框从一个极限位置运动至另一极限位置时主轴的转角，$\alpha_0 = \alpha_1 + \alpha_3$。

（一）简谐运动曲线方程

所谓简谐运动是最基本也最简单的机械振动。实际上，它是由自身系统性质决定的周期性运动。

$$H = \frac{H_{max}}{2}(1 - \cos\theta) \tag{7-1}$$

其中：

$$\theta = \frac{\pi\omega t}{\alpha_0} = \frac{\pi\alpha}{\alpha_0}(\omega t = \alpha)$$

故

$$H = \frac{H_{max}}{2}\left(1 - \cos\frac{\pi\omega t}{\alpha_0}\right) = \frac{H_{max}}{2}\left(1 - \cos\frac{\pi\alpha}{\alpha_0}\right) \tag{7-2}$$

$$v = \frac{\mathrm{d}H}{\mathrm{d}t} = \frac{\pi\omega H_{max}}{2\alpha_0} \cdot \sin\frac{\pi\omega t}{\alpha_0} = \frac{\pi\omega H_{max}}{2\alpha_0} \cdot \sin\frac{\pi\alpha}{\alpha_0} \tag{7-3}$$

$$a = \frac{\mathrm{d}v}{\mathrm{d}t} = \frac{H_{max}}{2}\left(\frac{\pi\omega}{\alpha_0}\right)^2 \cdot \cos\frac{\pi\omega t}{\alpha_0} = \frac{H_{max}}{2}\left(\frac{\pi\omega}{\alpha_0}\right)^2 \cos\frac{\pi\alpha}{\alpha_0} \tag{7-4}$$

（二）椭圆比运动曲线方程

所谓椭圆比运动，即一动点 A（图 7－7）沿着椭圆边界绕中心 O 做等角速运动，该动点在短轴上的瞬时投影位置离起点 A'的距离就是椭圆比运动的位移 H。设：b 为椭圆长半径；c 为椭圆短半径，$c = H_{max}/2$。

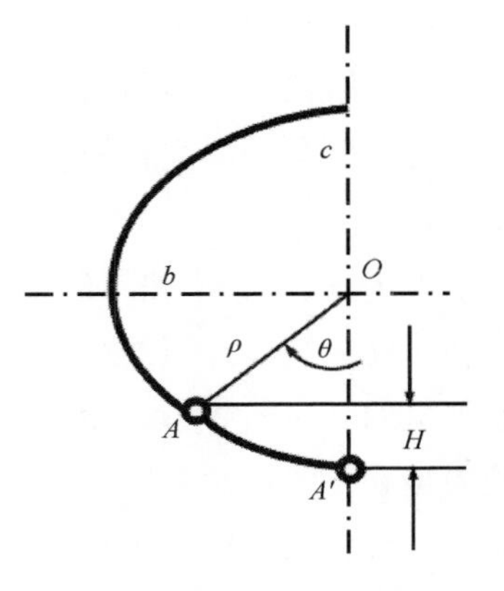

图 7－7　椭圆比运动

令：

$$k^2 = \frac{b^2 - c^2}{b^2} = 1 - \frac{c^2}{b^2}$$

椭圆方程：

$$\frac{\rho^2 \sin^2\theta}{b^2} + \frac{\rho^2 \cos^2\theta}{c^2} = 1 \qquad \left(\theta = \frac{\pi\omega t}{\alpha_0}\right)$$

从而：

$$\rho = \frac{c}{\sqrt{1-(1-c^2/b^2)\sin^2\theta}} = c[1-\cos\theta(1-k^2\sin^2\theta)^{\frac{1}{2}}]$$

式中：$k^2 = 1 - c^2/b^2$

故

$$H = c - \rho\cos\theta = c[1-\cos\theta(1-k^2\sin^2\theta)^{\frac{1}{2}}] = \frac{H_{max}}{2}\left[1-\cos\frac{\pi\omega t}{\alpha_0}\left(1-k^2\sin^2\frac{\pi\omega t}{\alpha_0}\right)^{-\frac{1}{2}}\right] \tag{7-5}$$

$$v = \frac{H_{max}}{2}(1-k^2)\frac{\pi\omega}{\alpha_0}\sin\frac{\pi\omega t}{\alpha_0}\left(1-k^2\sin^2\frac{\pi\omega t}{\alpha_0}\right)^{-\frac{3}{2}} \tag{7-6}$$

$$a = \frac{H_{max}}{2}(1-k^2)\left(\frac{\pi\omega}{\alpha_0}\right)^2\cos\frac{\pi\omega t}{\alpha_0} \times \left(1+2k^2\sin^2\frac{\pi\omega t}{\alpha_0}\right)\left(1-k^2\sin^2\frac{\pi\omega t}{\alpha_0}\right)^{-\frac{5}{2}} \tag{7-7}$$

取 $\frac{\mathrm{d}a}{\mathrm{d}\alpha} = 0$，可得最大加速度时的 $\alpha(=\omega t)$ 为：

$$\alpha = \frac{\alpha_0}{\pi}\arcsin\sqrt{\frac{-B \pm \sqrt{B^2-4AC}}{2A}}$$

式中：$A = -4k^4, B = 6k^4 - 10k^2, C = 9k^2 - 1$。

（三）正弦加速度运动曲线方程

所谓正弦加速度运动，就是该种运动的加速度是按正弦曲线规律而变化的。

$$H = \frac{H_{max}}{2\pi}(\theta - \sin\theta)$$

式中：

$$\theta = \frac{2\pi\omega t}{\alpha_0} = \frac{2\pi\alpha}{\alpha_0}$$

所以

$$H = \frac{H_{max}}{2\pi}\left(\frac{2\pi\omega t}{\alpha_0} - \sin\frac{2\pi\omega t}{\alpha_0}\right) = \frac{H_{max}}{2\pi}\left(\frac{2\pi\alpha}{\alpha_0} - \sin\frac{2\pi\alpha}{\alpha_0}\right) \tag{7-8}$$

$$v = \frac{dH}{dt} = \frac{H_{max}\omega}{\alpha_0}\left(1 - \cos\frac{2\pi\omega t}{\alpha_0}\right) = \frac{H_{max}\omega}{\alpha_0}\left(1 - \cos\frac{2\pi\alpha}{\alpha_0}\right) \tag{7-9}$$

$$a = \frac{dv}{dt} = \frac{2\pi H_{max}\omega^2}{\alpha_0{}^2}\sin\frac{2\pi\omega t}{\alpha_0} = \frac{2\pi H_{max}\omega^2}{\alpha_0{}^2}\sin\frac{2\pi\alpha}{\alpha_0} \tag{7-10}$$

以相同的 H_{max}、α_0、ω 值代入上述三种运动曲线方程式，可求得图 7－8 中的三种综框运动规律曲线。

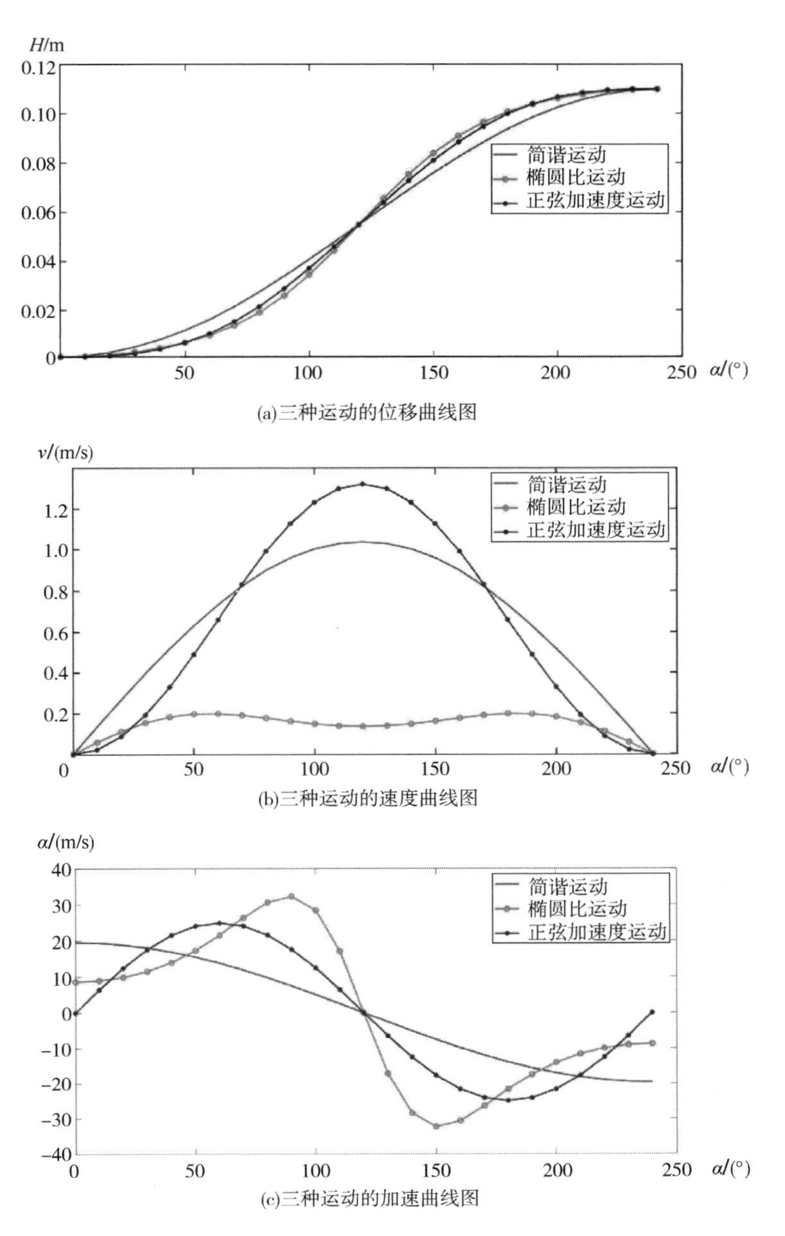

图 7－8　综框的运动规律曲线图（综框动程为 110mm，织机速度为 200r/min）

从图7-8可看出，简谐运动的速度变化规律能满足上面提出的要求，但它的加速度变化在开口终了或闭口开始的瞬时都很大，综框受冲击，不宜于高速运转；椭圆比运动与简谐运动相比，在开口终了和闭口开始的瞬时，虽然加速度较小，但运动过程中加速度变化较大；而正弦加速运动比以上两种运动更好，速度和加速度曲线都能符合综框运动所提出的要求。

根据上面的分析：正弦加速运动最好，椭圆比运动次之，简谐运动最差。但现有织机的综框运动规律大多采用简谐运动，个别有采用椭圆比运动的，而最符合综框运动要求的正弦加速运动却没有采用。这是因为从理论上讲，正弦加速运动比较好，但正弦加速运动的凸轮精度较另外两种运动规律的凸轮要高得多，可从表7-1中看出。表7-1中列出了三种运动规律的开口凸轮理论曲线半径值的变化情况。计算的条件是：平纹组织，开口转子动程40mm，开口角120°，闭口角120°，总运动角120°+120°=240°，按正置直动从动杆的凸轮来计算，将时间分为24等份，相当于凸轮转动角度每隔5°计算一次。

表7-1表明：凸轮理论曲线的半径值变化量随运动规律的不同而不同，最小变化量都发生在运动开始或结束时，简谐运动的凸轮半径最小变化量 Δr_{min} = 0.17mm，椭圆比运动的 Δr_{min} = 0.07mm，而正弦加速运动的 Δr_{min} = 0.02mm，这说明正弦加速度运动对凸轮制造精度要求非常高。某些实验表明，由于正弦加速度运动规律的加速度变化频率比简谐运动快一倍，最大加速度值是简谐运动的 $4/\pi$ 倍，最大速度值也是简谐运动的 $4/\pi$ 倍，压力角又较简谐运动的大，当凸轮制造不精确时，实际的综框振动反而大于简谐运动。至于椭圆比运动，当长短轴比值达3∶2时，也存在类似的弊病。因此，简谐运动加工方便，准确性高，作图方便，故在高速织机上应用极为广泛。

表7-1　三种运动规律开口凸轮理论曲线半径值

时间顺序	0	1	2	3	4	5	6	7	8	9	10	11	12
主轴转角/（°）	0°	10°	20°	30°	40°	50°	60°	70°	80°	90°	100°	110°	120°
凸轮转角/（°）	0°	5°	10°	15°	20°	25°	30°	35°	40°	45°	50°	55°	60°
简谐运动的位移/mm	0	0.17	0.68	1.52	2.68	4.13	5.86	7.82	10.00	12.35	14.83	17.39	20.00
凸轮相邻两半径差值Δ1	0.17	0.51	0.84	1.16	1.45	1.73	1.96	2.18	2.35	2.48	2.56	2.61	
椭圆比运动的位移（$b/c=3/2$）	0	0.07	0.31	0.73	1.32	2.18	3.33	4.90	6.87	9.40	12.52	16.00	20.00
凸轮相邻两半径差值Δ2	0.07	0.24	0.42	0.59	0.86	1.15	1.57	1.97	2.53	3.12	3.48	4.00	
正弦加速度运动的位移	0	0.02	0.15	0.50	1.15	2.16	3.63	5.52	7.82	10.50	13.50	16.69	20.00
凸轮相邻两半径差值Δ_3	0.02	0.13	0.35	0.65	1.01	1.47	1.89	2.30	2.68	3.00	3.19	3.31	

上述运动规律的讨论都是在开口角 α_1 等于闭口角 α_3 情况下进行的。在开口角与闭口角

不相等的情况下，如果简单地采用简谐运动、正弦加速度运动或椭圆比运动，在综平位置附近，速度曲线会产生一个突变，加速度曲线存在一个脉冲。图 7 − 9 是对称梭口当开口角 $\alpha_1 \geqslant$ 闭口角 α_3 时简谐运动的情况。

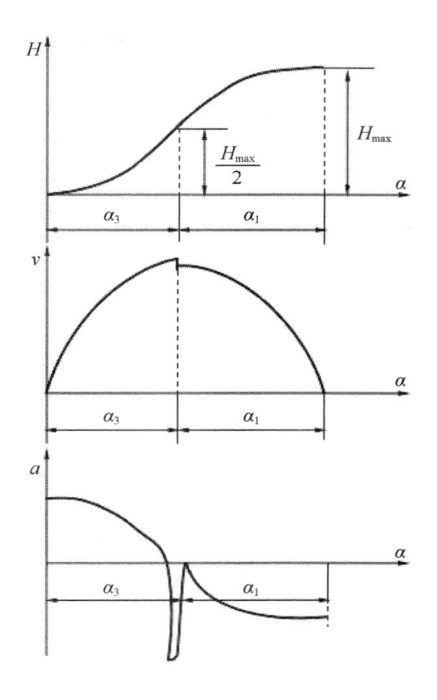

图 7 − 9　开口角 > 闭口角、对称梭口、简谐运动的综框运动规律

为了解决上述问题，可先设计加速度曲线，通过积分得到速度曲线，再积分得到位移曲线。其加速度曲线可采用直线与余弦曲线组合加速运动规律或采用改良梯形加速度运动规律。下面分别介绍这两种运动规律。

（四）直线与余弦曲线组合加速度运动规律

1. 开口角 $\alpha_1 \geqslant$ 闭口角 α_3 的情况　首先从图 7 − 10 列出加速度方程式，再经过积分运算，并考虑对称梭口的条件和边界条件，求得其运动学公式为：

（1）$\alpha = 0 \sim \alpha_3$。

$$a = \frac{\pi^2 H_{max}\omega^2}{8\alpha_3{}^2}\cos\frac{\pi\alpha}{2\alpha_3} \tag{7-11}$$

$$v = \frac{\pi H_{max}\omega}{4\alpha_3}\sin\frac{\pi\alpha}{2\alpha_3} \tag{7-12}$$

$$H = \frac{H_{max}}{2}\left(1 - \cos\frac{\pi\alpha}{2\alpha_3}\right) \tag{7-13}$$

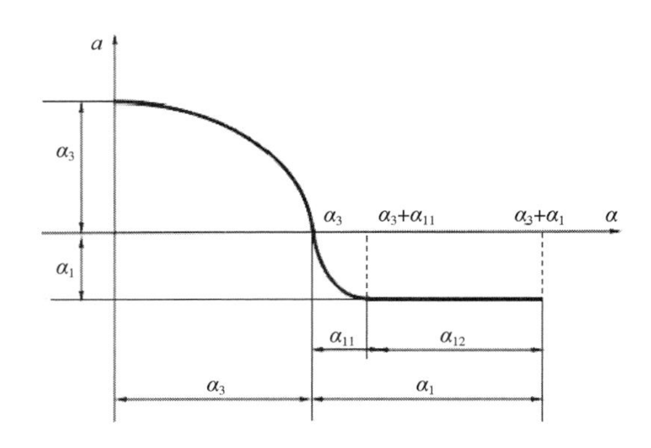

图 7 − 10　直线与余弦曲线组合加速的综框运动规律（$\alpha_1 \geqslant \alpha_3$）

（2）$\alpha = \alpha_3 \sim (\alpha_3 + \alpha_{11})$。

$$a = -\frac{\pi^2 H_{max}\omega^2}{4a_3[\pi(\alpha_1 - \alpha_{11}) + 2\alpha_{11}]}\sin\frac{\pi(\alpha - \alpha_3)}{2\alpha_{11}} \tag{7-14}$$

$$v = \frac{\pi\alpha_{11}H_{max}\omega}{2a_3[\pi(\alpha_1 - \alpha_{11}) + 2\alpha_{11}]}\left(\cos\frac{\pi(\alpha - \alpha_3)}{2\alpha_{11}} - 1\right) + \frac{\pi H_{max}\omega}{4a_3} \tag{7-15}$$

$$H = \frac{\pi^2 H_{max}}{4a_3[\pi(\alpha_1 - \alpha_{11}) + 2\alpha_{11}]} \times \left[\frac{4\alpha^2{}_{11}}{\pi^2}\sin\frac{\pi(\alpha - \alpha_3)}{2\alpha_{11}} + (\alpha_1 - \alpha_{11})\alpha + \left(\frac{2}{\pi} - 1\right)(\alpha_1 - \alpha_{11})\alpha_3 + \frac{4\alpha_3\alpha_{11}}{\pi^2}\right] \tag{7-16}$$

(3) $\alpha = (\alpha_3 + \alpha_{11}) \sim (\alpha_3 + \alpha_1)$。

$$a = -\frac{\pi^2 H_{max}\omega^2}{4a_3[\pi(\alpha_1 - \alpha_{11}) + 2\alpha_{11}]}$$

$$v = -\frac{\pi^2 H_{max}\omega^2}{4a_3[\pi(\alpha_1 - \alpha_{11}) + 2\alpha_{11}]}\left(-\alpha + \alpha_3 + \alpha_{11} - \frac{2\alpha_{11}}{\pi}\right) + \frac{\pi H_{max}\omega}{4a_3} \tag{7-17}$$

$$H = \frac{\pi^2 H_{max}}{4a_3[\pi(\alpha_1 - \alpha_{11}) + 2\alpha_{11}]} \times \left[-\frac{\alpha^2}{2} + (\alpha_3 + \alpha_1)\alpha - \frac{\alpha_3^2}{2} + \left(\frac{4}{\pi^2} - \frac{1}{2}\right)\alpha_{11}^2 - \left(1 - \frac{2}{\pi}\right)\alpha_{11}\alpha_3\right] + \frac{\pi}{4}\left(\frac{2}{\pi} - 1\right)H_{max} \tag{7-18}$$

$$a_3 = \frac{\pi^2 H_{max}\omega^2}{8\alpha_3{}^2} \tag{7-19}$$

$$a_1 = \frac{\pi^2 H_{max}\omega^2}{4a_3{}^2[\pi(\alpha_1 - \alpha_{11}) + 2\alpha_{11}]} \tag{7-20}$$

$$v_{max} = \frac{\pi H_{max}\omega}{4\alpha_3} \tag{7-21}$$

$$a_{11} = \frac{\left(\frac{4}{\pi} - 2\right)\alpha_3 + \sqrt{\left(\frac{4}{\pi} - 2\right)^2\alpha_3{}^2 - 4\left(\frac{4}{\pi} - \frac{\pi}{2}\right)\left(\frac{\pi}{2}\alpha_1 - 2\alpha_3\right)\alpha_1}}{2\left(\frac{4}{\pi} - \frac{\pi}{2}\right)} \tag{7-22}$$

2. 闭口角 α_3≥开口角 α_1 的情况 与开口角 α_1 大于闭口角 α_3 情况相类似，如图 7－11 所示，得其运动学公式为：

$$a_1 = \frac{\pi^2 H_{max}\omega^2}{8\alpha_1{}^2} \tag{7-23}$$

$$a_3 = \frac{\pi^2 H_{max}\omega^2}{4\alpha_1[\pi(\alpha_3 - \alpha_{31}) + 2\alpha_{31}]} \tag{7-24}$$

$$v_{max} = \frac{\pi H_{max}\omega}{4\alpha_1} \tag{7-25}$$

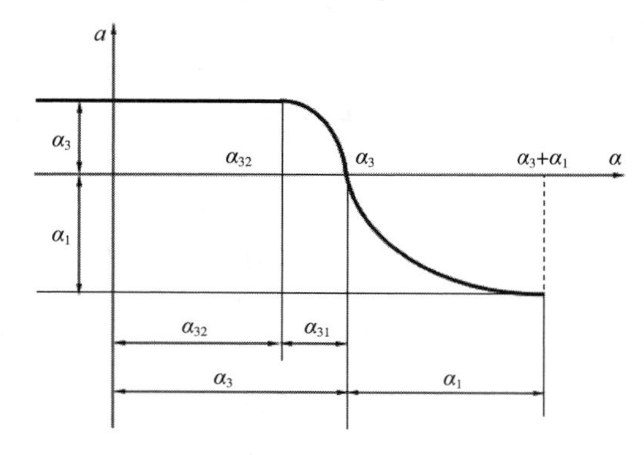

图 7－11 直线与余弦曲线组合加速的综框运动规律（$\alpha_3 \geq \alpha_1$）

$$a_{31} = \frac{\left(\frac{4}{\pi} - 2\right)\alpha_1 + \sqrt{\left(\frac{4}{\pi} - 2\right)^2\alpha_1{}^2 - 4\left(\frac{4}{\pi} - \frac{\pi}{2}\right)\left(\frac{\pi}{2}\alpha_3 - 2\alpha_1\right)\alpha_3}}{2\left(\frac{4}{\pi} - \frac{\pi}{2}\right)} \tag{7-26}$$

（1）$\alpha = 0 \sim \alpha_{32}$。

$$a = \frac{\pi^2 H_{max}\omega^2}{4a_1[\pi(\alpha_3 - \alpha_{31}) + 2\alpha_{31}]} \tag{7-27}$$

$$v = \frac{\pi^2 H_{max}\omega\alpha}{4a_1[\pi(\alpha_3 - \alpha_{31}) + 2\alpha_{31}]} \tag{7-28}$$

$$H = \frac{\pi^2 H_{max}\alpha^2}{8a_1[\pi(\alpha_3 - \alpha_{31}) + 2\alpha_{31}]} \tag{7-29}$$

（2）$\alpha = \alpha_{32} \sim \alpha_3$。

$$a = \frac{\pi^2 H_{max}\omega^2}{4a_1[\pi(\alpha_3 - \alpha_{31}) + 2\alpha_{31}]}\cos\frac{\pi(\alpha - \alpha_{32})}{2\alpha_{31}} \tag{7-30}$$

$$v = \frac{\pi H_{max}\omega}{2a_1[\pi(\alpha_3 - \alpha_{31}) + 2\alpha_{31}]}\left[\alpha_{31}\sin\frac{\pi(\alpha - \alpha_{32})}{2\alpha_{31}} + \frac{\pi\alpha_{32}}{2}\right] \tag{7-31}$$

$$H = \frac{\pi^2 H_{max}}{4a_1[\pi(\alpha_3 - \alpha_{31}) + 2\alpha_{31}]} \times \left\{\frac{4\alpha_{31}^2}{\pi^2}\left[1 - \cos\frac{\pi(\alpha - \alpha_{32})}{2\alpha_{31}}\right] + \alpha_{32}\alpha - \frac{\alpha_{32}^2}{2}\right\} \tag{7-32}$$

（3）$\alpha = \alpha_3 \sim (\alpha_3 + \alpha_1)$。

$$a = -\frac{\pi^2 H_{max}\omega^2}{8\alpha_1^2}\sin\frac{\pi(\alpha - \alpha_3)}{2\alpha_1} \tag{7-33}$$

$$v = \frac{\pi H_{max}\omega}{4\alpha_1}\cos\frac{\pi(\alpha - \alpha_3)}{2\alpha_1} \tag{7-34}$$

$$H = \frac{H_{max}}{2}\left[1 + \sin\frac{\pi(\alpha - \alpha_3)}{2\alpha_1}\right] \tag{7-35}$$

（五）改良梯形加速度运动规律

为了降低综框在刚开始运动时与运动将要结束时开口凸轮对制造精度的要求，将梯形加速度修改成如图 7－12 所示的形式，提高曲线两端加速度的变化率，并使直线与曲线连接处的加速度变化率连续无突变。

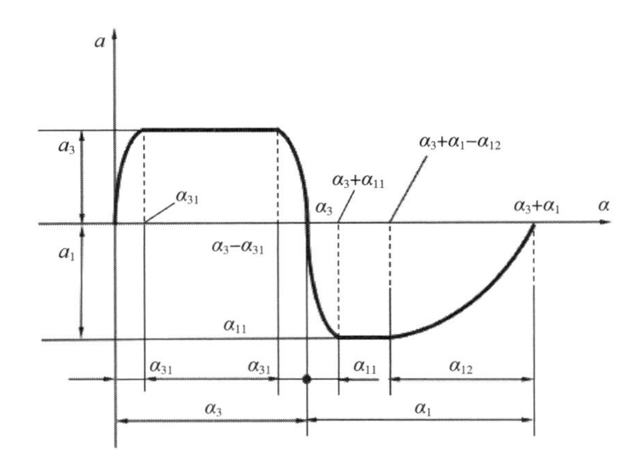

图 7－12　改良梯形加速度运动规律

经过类似运算，求得其运动学公式为：

$$a_3 = \frac{H_{max}\omega^2}{\alpha_3\left[\alpha_3 - \left(2 - \frac{4}{\pi}\right)\alpha_{31}\right]} \quad (7-36)$$

$$a_1 = \frac{H_{max}\omega^2}{\alpha_3\left[\alpha_1 - \left(1 - \frac{2}{\pi}\right)(\alpha_{11} + \alpha_{12})\right]} \quad (7-37)$$

$$v_{max} = H_{max}\omega/\alpha_3 \quad (7-38)$$

根据 $\alpha = \alpha_3 + \alpha_1$ 时, $H = H_{max}$, 可得:

$$a_{12} = \frac{0.363\alpha_1 - 0.182\alpha_3 - \sqrt{(0.363\alpha_1 - 0.182\alpha_3)^2 + 0.379D}}{0.189} \quad (7-39)$$

式中: $D = -0.5\alpha_1^2 + 0.5\alpha_1\alpha_3 - 0.182\alpha_3\alpha_{11} + 0.095\alpha_{11}^2$。

(1) $\alpha = 0 \sim \alpha_{31}$。

$$H = \frac{2\alpha_{31}H_{max}}{\pi a_3\left[\alpha_3 - (2 - \frac{4}{\pi})\alpha_{31}\right]}\left(\alpha - \frac{2\alpha_{31}}{\pi}\sin\frac{\pi\alpha}{2\alpha_{31}}\right) \quad (7-40)$$

$$v = \frac{2\alpha_{31}H_{max}\omega}{\pi a_3\left[\alpha_3 - \left(2 - \frac{4}{\pi}\right)\alpha_{31}\right]}\left(1 - \cos\frac{\pi\alpha}{2\alpha_{31}}\right) \quad (7-41)$$

$$a = \frac{H_{max}\omega^2}{a_3\left[\alpha_3 - \left(2 - \frac{4}{\pi}\right)\alpha_{31}\right]}\left(\sin\frac{\pi\alpha}{2\alpha_{31}}\right) \quad (7-42)$$

(2) $\alpha = \alpha_{31} \sim (\alpha_3 - \alpha_{31})$。

$$H = \frac{H_{max}}{a_3\left[\alpha_3 - \left(2 - \frac{4}{\pi}\right)\alpha_{31}\right]} \times \left[\frac{\alpha^2}{2} - \left(1 - \frac{2}{\pi}\right)\alpha_{31}\alpha + \left(\frac{1}{2} - \frac{4}{\pi^2}\right)\alpha_{31}^2\right] \quad (7-43)$$

$$v = \frac{H_{max}\omega}{a_3\left[\alpha_3 - \left(2 - \frac{4}{\pi}\right)\alpha_{31}\right]}\left[\alpha - \left(1 - \frac{2}{\pi}\right)\alpha_{31}\right] \quad (7-44)$$

$$a = \frac{H_{max}\omega^2}{a_3\left[\alpha_3 - \left(2 - \frac{4}{\pi}\right)\alpha_{31}\right]} \quad (7-45)$$

(3) $\alpha = (\alpha_3 - \alpha_{31}) \sim \alpha_3$。

$$H = \frac{H_{max}}{a_3 - \left(2 - \frac{4}{\pi}\right)\alpha_{31}}\left[-\frac{4\alpha_{31}^2}{\pi^2\alpha_3}\cos\frac{\pi(\alpha - \alpha_3 + \alpha_{31})}{2\alpha_{31}} + \frac{\alpha_3 - \left(2 - \frac{2}{\pi}\right)\alpha_{31}}{\alpha_3}\alpha + \alpha_{31} - \frac{\alpha_3}{2}\right] \quad (7-46)$$

$$v = \frac{H_{max}\omega}{a_3\left[\alpha_3 - \left(2 - \frac{4}{\pi}\right)\alpha_{31}\right]}\left[\frac{2\alpha_{31}}{\pi}\sin\frac{\pi(\alpha - \alpha_3 + \alpha_{31})}{2\alpha_{31}} + \frac{2\alpha_{31}}{\pi} - 2\alpha_{31} + \alpha_3\right] \quad (7-47)$$

$$a = \frac{H_{max}\omega^2}{a_3\left[\alpha_3 - \left(2 - \frac{4}{\pi}\right)\alpha_{31}\right]}\cos\frac{\pi(\alpha - \alpha_3 + \alpha_{31})}{2\alpha_3} \quad (7-48)$$

(4) $\alpha = \alpha_3 \sim (\alpha_3 + \alpha_{11})$。

$$H=\frac{H_{max}}{a_3\left[\alpha_1-\left(1-\frac{2}{\pi}\right)(\alpha_{11}+\alpha_{12})\right]}\times\left[\frac{4\alpha_{11}^2}{\pi^2}\sin\frac{\pi(\alpha-\alpha_3)}{2\alpha_{11}}-\frac{2\alpha_{11}}{\pi}(\alpha-\alpha_3)\right]+$$

$$\frac{H_{max}}{a_3\left[\alpha_3-\left(2-\frac{4}{\pi}\right)\alpha_{31}\right]}\times\left\{\left[\alpha_3-\left(2-\frac{4}{\pi}\right)\alpha_{31}\right]\alpha-\frac{\alpha_3^2}{2}+\left(1-\frac{2}{\pi}\right)\alpha_{31}\alpha_3\right\}\tag{7-49}$$

$$v=\frac{2\alpha_{11}H_{max}\omega}{\pi a_3\left[\alpha_1-\left(1-\frac{2}{\pi}\right)(\alpha_{11}+\alpha_{12})\right]}\times\left[\cos\frac{\pi(\alpha-\alpha_3)}{2\alpha_{11}}-1\right]+\frac{H_{max}\omega}{a_3}\tag{7-50}$$

$$a=\frac{H_{max}\omega^2}{\pi a_3\left[\alpha_1-\left(1-\frac{2}{\pi}\right)(\alpha_{11}+\alpha_{12})\right]}\times\sin\frac{\pi(\alpha-\alpha_3)}{2\alpha_{11}}\tag{7-51}$$

(5) $\alpha=(\alpha_3+\alpha_{11})\sim(\alpha_3+\alpha_1-\alpha_{12})$。

$$H=\frac{H_{max}}{a_3\left[\alpha_1-\left(1-\frac{2}{\pi}\right)(\alpha_{11}+\alpha_{12})\right]}\times\left\{\left[\alpha_3+\left(1-\frac{2}{\pi}\right)\alpha_{11}\right]\alpha-\frac{\alpha^2}{2}-\left(\frac{1}{2}-\frac{4}{\pi^2}\right)\alpha_{11}^2-\right.$$

$$\left.\frac{\alpha_3^2}{2}-\left(1-\frac{2}{\pi}\right)\alpha_{11}\alpha_3\right\}+\frac{H_{max}}{a_3\left[\alpha_3-\left(2-\frac{4}{\pi}\right)\alpha_{31}\right]}\left[-\frac{\alpha_3^2}{2}+\left(1-\frac{2}{\pi}\right)\alpha_3\alpha_3\right]+\frac{H_{max}}{a_3}\alpha\tag{7-52}$$

$$v=\frac{H_{max}\omega}{a_3\left[\alpha_1-\left(1-\frac{2}{\pi}\right)(\alpha_{11}+\alpha_{12})\right]}\times\left[\alpha_3+\left(1-\frac{2}{\pi}\right)\alpha_{11}-\alpha\right]+\frac{H_{max}\omega}{a_3}\tag{7-53}$$

$$a=\frac{-H_{max}\omega^2}{a_3\left[\alpha_1-\left(1-\frac{2}{\pi}\right)(\alpha_{11}+\alpha_{12})\right]}\tag{7-54}$$

(6) $\alpha=(\alpha_3+\alpha_1-\alpha_{12})\sim(\alpha_3+\alpha_1)$。

$$H=\frac{H_{max}}{a_3\left[\alpha_1-\left(1-\frac{2}{\pi}\right)(\alpha_{11}+\alpha_{12})\right]}\times\left\{\frac{4\alpha_{12}^2}{\pi^2}\cos\frac{\pi(\alpha-\alpha_3-\alpha_1+\alpha_{12})}{2\alpha_{12}}+\right.$$

$$\left[\left(1-\frac{2}{\pi}\right)\alpha_{11}-\alpha_1+\alpha_{12}\right]\alpha+\frac{\alpha_1^2}{2}-\left(\frac{1}{2}-\frac{4}{\pi^2}\right)\times({\alpha_{11}}^2-{\alpha_{12}}^2)-\left(1-\frac{2}{\pi}\right)\alpha_{11}\alpha_3+$$

$$\left.\alpha_1\alpha_3-\alpha_3\alpha_{12}-\alpha_1\alpha_{12}\right\}+\frac{H_{max}}{a_3\left[\alpha_3-\left(2-\frac{4}{\pi}\right)\alpha_{31}\right]}\times\left[-\frac{\alpha_3^2}{2}+\left(1-\frac{2}{\pi}\right)\alpha_3\alpha_{31}\right]+\frac{H_{max}\alpha}{a_3}$$

$$\tag{7-55}$$

$$v=\frac{H_{max}\omega}{a_3\left[\alpha_1-\left(1-\frac{2}{\pi}\right)(\alpha_{11}+\alpha_{12})\right]}\times\left[-\frac{2\alpha_{12}}{\pi}\sin\frac{\pi(\alpha-\alpha_3-\alpha_1+\alpha_{12})}{2\alpha_{12}}+\right.$$

$$\left.\left(1-\frac{2}{\pi}\right)\alpha_{11}-\alpha_1+\alpha_{12}\right]+\frac{H_{max}\omega}{a_3}\tag{7-56}$$

$$a=\frac{H_{max}\omega^2}{a_3\left[\alpha_1-\left(1-\frac{2}{\pi}\right)(\alpha_{11}+\alpha_{12})\right]}\times\cos\frac{\pi(\alpha-\alpha_3-\alpha_1+\alpha_{12})}{2\alpha_{12}}\tag{7-57}$$

将上述两种运动规律的最大速度进行比较可得表7-2：

表 7－2　综框最大速度 v_{max} 的比较

<table>
<tr><th colspan="2">运动规律</th><th>v_{max}</th><th>相互比值 i_v</th></tr>
<tr><td rowspan="2">直线与余弦曲线组合加速运动规律</td><td>$a_1 \geqslant a_3$</td><td>$\frac{\pi H_{max}}{4a_3}$</td><td>$\frac{\pi}{4}=0.79$</td></tr>
<tr><td>$a_3 \geqslant a_1$</td><td>$\frac{\pi H_{max}}{4a_1}$</td><td>$0.79\left(\frac{a_3}{a_1}\right)$</td></tr>
<tr><td colspan="2">改良梯形加速运动规律</td><td>$\frac{H_{max}}{4a_3}$</td><td>1</td></tr>
</table>

通过进一步分析可知，直线与余弦曲线组合加速度运动规律的凸轮压力角较改良梯形加速度运动规律的要小，凸轮的制造精度也低于改良梯形运动规律的要求。在加速度变化率方面，直线与余弦曲线组合加速度运动规律在刚开始运动时刻与运动终了时刻无穷大；而改良梯形加速度的导数在综平时有一个小的突变，但不是无穷大。在最大加速度方面，两者差别不大。

所以，在凸轮制造精度不高的情况下，建议采用直线与余弦曲线组合加速度运动规律；在制造精度较高的情况下，也可采用改良梯形加速运动规律。

第三节　开口凸轮轮廓曲线设计（图解法）

综框的动程、时间分配和运动规律都确定后，就可以设计开口凸轮的轮廓曲线。它有作图法和解析法两种方法，而作图法是解析法的基础，因此本节以摆动式从动件和平纹开口凸轮为例来简单介绍绘制开口凸轮廓线的图解法。

图解法是机械原理学中的反转作图法，但要结合开口凸轮的具体情况。平纹开口凸轮在安装时，要求在综平时刻，两只转子分别与它们的凸轮相接触，而且两只转子处于同一水平高度上，即从织机的侧面看，两只转子重合在一起。因此，在设计开口凸轮廓线时必须满足这个要求，否则可能造成两次综平时间不一致。

由于后综动程大于前综动程，而后综踏综杆的作用半径小于前综踏综杆的作用半径，因此，后综踏综杆的摆动角度大于前综踏综杆的摆动角度，后综凸轮的小半径比前综凸轮的小半径小。考虑到踏综杆支点到转子中心的距离较远，凸轮的压力角通常比许用压力角小，所以选取后综凸轮小半径等于中轴半径加铸铁件最适当的厚度。对于剖分式凸轮的最小半径，则要根据实际情况适当加大。因此应先绘制后综凸轮廓线，然后再绘制前综凸轮廓线。具体绘制过程可参考机械原理学中的凸轮绘制方法。

第四节　开口机构的受力计算

帆布织机、工业用呢织机、金属丝网织机等属于重型织机。这类重型织机的开口机构承受很大的经纱张力，例如金属丝网织机织铁丝窗纱，梭口满开时的单根经纱张力达 10N，若总经根数为 720 根，织物组织为平纹，则每片经纱张力的合力将达到 $720/2 \times 10 = 3600$N。若设计不当，开口机构的某些零件就会因受力过大而断裂损坏，或因刚度不够而产生严重变形，例如综框变形大，会造成梭口（沿着钢筘方向）两边大、中间小，不利于梭子的顺利飞行。此外，开口阻力过大，挡车工在操作需要而用手握住手轮转动织机时将感到沉重费力，所以设计重型织机的开口机构时要进行受力计算，以便合理确定各零件的结构形状和尺寸，并采取措施来减轻挡车工的劳动强度。这些措施有：

（1）妥善布置有关结构点的位置。

（2）设法减小开口凸轮的压力角，即开口阶段的压力角要小。至于闭口阶段的压力角，因为是回程，凸轮不做正功，压力角大些无妨。要减小开口阶段的压力角，行之有效的办法有：放大开口凸轮的基圆半径，适当缩减闭口角的度数以增加开口角的度数，采用合适的综框运动规律等。

（3）放大手轮的外径尺寸。

下面以等径凸轮开口机构为例，运用静力学中取脱离体的方法求开口机构各部件受力情况。在进行具体计算之前，须讨论以下几个问题：开口机构所受的负荷、受力最危险的时刻、取脱离体的步骤和受力计算。

一、开口机构所受的负荷

（1）经纱张力 S_1、S_2、S_3、S_4。如图 7－13（b）、（d）所示，其数值大小和方向都随着梭口变化而变化。经纱张力方向沿着经纱的方向，因此综框在综平位置以上时，经纱张力的垂直分力向下；综框在综平位置以下时，经纱张力的垂直分力向上。经纱张力在综平时最小，满开时最大。设计新机时，可以在相近类型的织机上，用实验方法测得经纱张力的数值，然后用类比法估计新机的经纱张力。例如，将图 7－13（a）中的传动杆 BC 和 DE 卸去，用弹簧秤将综框由平综位置提到梭口满开位置，弹簧秤上的读数便是全片经纱张力在垂直方向的合力。不过，这样测出的是静态经纱张力，它与织机工作过程中的实际动态经纱张力有出入，因此应该用经纱张力传感器实时检测动态经纱张力。

（2）各构件的惯性力 F。该载荷为变载荷，因为综框是变速运动，采用简谐运动规律时，平综时加速度为零，故惯性力也为零；即将满开时加速度最大，故惯性力也最大；综框进入静止阶段后，惯性力又等于零。

（3）各构件的重力 G。

（4）各运动副之间的正压力 N。

（5）各运动副之间的摩擦力。这些摩擦力数值很小，与经纱张力等各力相比，在数量级上相差很多。为计算简便，常忽略各运动副之间的摩擦力。

以上各力除重力外，其余各力在一个开口运动周期中数值和方向都在变化，必须找出最危险的受力时刻。

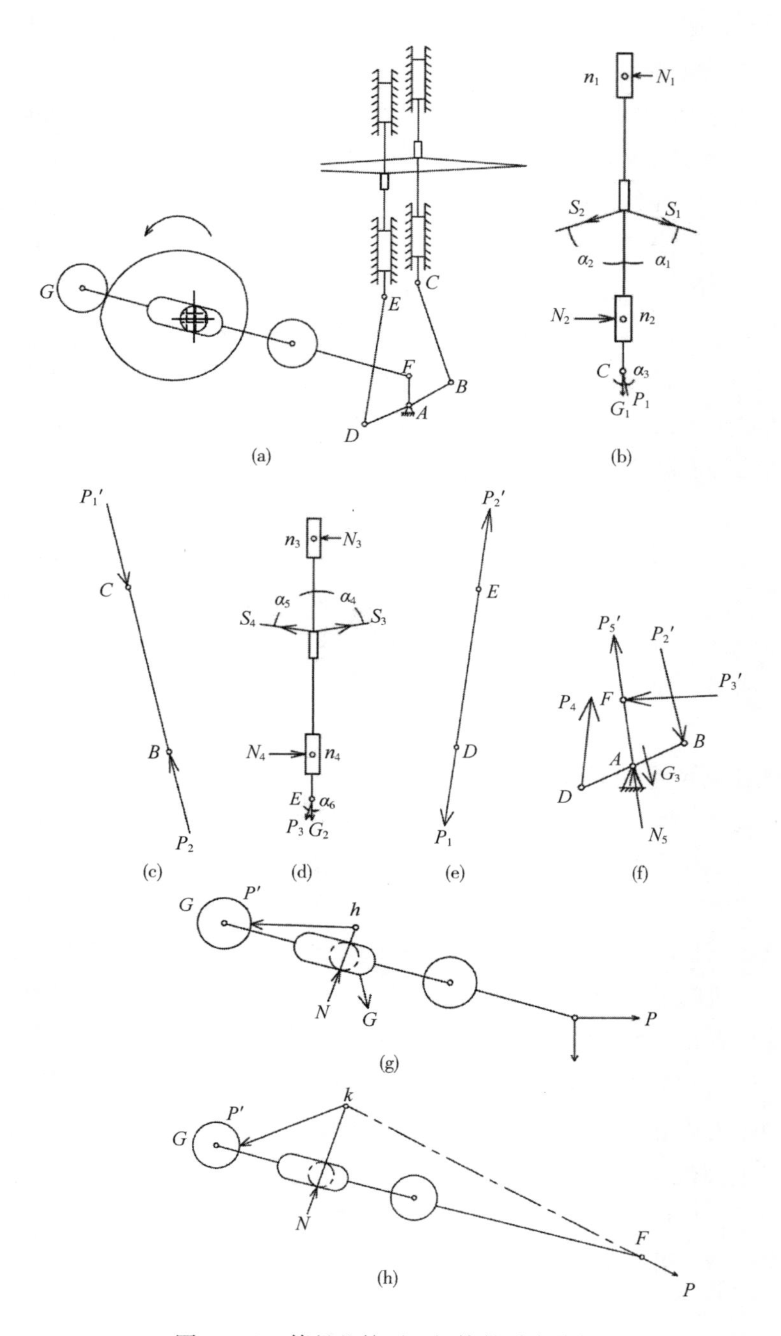

图 7 - 13　等径凸轮开口机构的受力分析

二、开口机构受力最危险的时刻

开口机构的主要负荷是经纱张力和综框的惯性力，根据这两个力的变化情况，有四种受力情况可能最危险。

（1）梭口满开，动态经纱张力达最大值，各构件惯性力为零。

（2）梭口接近满开，综框即将静止，动态经纱张力也为最大值，各构件惯性力不等于零。

（3）梭口开始闭合，综框开始运动，动态经纱张力也为最大值，各构件惯性力不等于零。

（4）手动操作在梭口将近满开位置时，静态经纱张力将达而未达最大值，但驱动力矩达最大值。

第二种和第三种情况时经纱张力最大。若采用简谐运动规律，各构件的惯性力也最大，采用椭圆比运动规律时，构件的惯性力虽不是最大，也相当大。但无论是开口或闭口，综框在综平位置以上运动，经纱张力的垂直分力总是向下，而惯性力则是向上。综框在综平位置以下运动，则经纱张力的垂直分力向上，综框的惯性力向下。因此，经纱张力和综框惯性力总是相互抵消一部分，使得综框受力较第一种和第四种情况要小得多。第一种情况的经纱张力比第四种情况时大，所以第一种情况是开口机构受力最大的时刻。但从驱动力矩来说，第一种情况时综框静止不动，驱动力矩并不大，而第四种情况在凸轮压力角比较大处，驱动力矩为最大。

三、取脱离体的步骤和受力计算

进行运动分析一般从主动件开始逐步分析到从动件。受力计算的步骤正好相反，由从动件先着手取脱离体，依次逐个计算到主动件。图 7－13（a）所示的开口机构中有前综和后综两个从动件。可先取其中任一片综为脱离体进行计算，例如，先取前综为脱离体。

（1）取前综为脱离体，如图 7－13（b）所示。它所受的力有：S_1、S_2为经纱张力。综框静止时，若不计卷取的影响，则综丝对经纱没有摩擦，可认为 $S_1=S_2$。S_1和 S_2的方向沿着经纱的方向；G_1为前综的重量，方向垂直向下；N_1，N_2为滑槽对前综的正压力，方向垂直于综框；P_1为前传动杆 BC 对前综的作用力，略去前传动杆的重量，将前传动杆视作二力杆，则力 P_1的方向应当是沿着传动杆的中心线，即 BC 方向。

以上各力中，S_1、S_2、G_1是已知力；P_1、N_1和 N_2都是只知方向，不知大小，可先由 $\sum F_y=0$ 解出力 P_1：

$$\sum F_y = 0 \qquad S_1\cos\alpha_1 + S_2\cos\alpha_1 + G_1 - P_1\cos\alpha_3 = 0$$

所以：

$$P_1 = \frac{S_1\cos\alpha_1 + S_2\cos\alpha_1 + G_1}{\cos\alpha_3} \tag{7-58}$$

式中：α_1、α_2、α_3 分别为力 S_1、S_2、P_1与垂直线的夹角。

力 P_1解出后，再任取力 N_1或力 N_2与综丝中心线的交点 n_1或 n_2为力矩中心，由 $\sum M=0$ 和 $\sum F_y=0$ 求出力 N_2和力 N_1。

$$\sum M_{x1} = 0 \qquad N_2L_2 - P_1\sin\alpha_3L_1 + S_1\sin\alpha_1L_3 - S_2\sin\alpha_2L_4 = 0$$

式中：L_1 为力 $P_1\sin\alpha_3$ 对 n_1 点的力臂；L_2 为力 N_2 对 n_1 点的力臂；L_3 为力 $S_1\sin\alpha_1$ 对 n_1 点的力臂；L_4 为力 $S_2\sin\alpha_2$ 对 n_1 点的力臂。

所以：

$$N_2 = \frac{P_1\sin\alpha_3 L_1 - S_1\sin\alpha_1 L_3 + S_2\sin\alpha_2 L_4}{L_2} \tag{7-59}$$

$$\sum F_x = 0 \quad N_1 - S_1\sin\alpha_1 + S_2\sin\alpha_2 - N_2 + P_1\sin\alpha_3 = 0$$

所以：

$$N_1 = S_1\sin\alpha_1 - S_2\sin\alpha_2 + N_2 - P_1\sin\alpha_3 \tag{7-60}$$

（2）取前传动杆 BC 为脱离体，如图 7－13（c）所示。作用于其上的力有：P_1'为前综对前传动杆 BC 的阻力，大小与力 P_1 相等，方向相反；P_2 为双臂杆 BD 对前传动杆的作用力。由于将前传动杆 BC 视为二力杆，故力 p_2 是沿着前传动杆中心线，与力 P_1'相平衡，两者大小相等、方向相反。

$$\sum F = 0 \qquad -P_2 + P_1' = 0$$

$$P_2 = P_1' = P_1 \tag{7-61}$$

（3）取后综为脱离体，如图 7－13（d）所示。它所受负荷情况与前综相同。S_3、S_4为经纱张力，$S_3 = S_4$；G_2为后综重量；N_3、N_4为滑槽对后综的正压力；

P_3为后传动杆 DE 对后综的作用力，方向沿着后传动杆 DE 的中心线，大小待求。

由　$\sum F_y = 0$、$\sum M = 0$、$\sum F_x = 0$，可求出力 P_3、N_3、N_4。

$$\sum F_y = 0 \quad P_3\cos\alpha_6 - S_3\cos\alpha_4 - S_4\cos\alpha_5 + G_2 = 0$$

所以：

$$P_3 = \frac{S_3\cos\alpha_4 + S_4\cos\alpha_5 - G_2}{\cos\alpha_6} \tag{7-62}$$

式中：α_4、α_5、α_6 分别为力 S_3、S_4 和 P_3 与垂直线的夹角。

$$\sum M_{n3} = 0 \quad N_4L_5 + S_3\sin\alpha_4 L_6 - S_4\sin\alpha_5 L_7 - P_3\sin\alpha_6 L_8 = 0$$

故：

$$N_4 = \frac{P_3\sin\alpha_6 L_8 + S_4\sin\alpha_5 L_7 - S_3\sin\alpha_4 L_6}{L_5} \tag{7-63}$$

式中：L_5 为力 N_4对 n_4 的力臂；L_6 为力 $S_3\sin\alpha_4$ 对 n_4 的力臂；L_7 为力 $S_4\sin\alpha_5$ 对 n_4 的力臂；L_8 为力 $P_3\sin\alpha_6$ 对 n_4 的力臂。

$$\sum F_x = 0 \qquad N_3 - S_3\sin\alpha_4 + S_4\sin\alpha_5 - N_4 + P_3\sin\alpha_6 = 0$$

所以：

$$N_3 = S_3\sin\alpha_4 - S_4\sin\alpha_5 + N_4 - P_3\sin\alpha_6 \tag{7-64}$$

（4）取后传动杆 DE 为脱离体，如图 7－13（e）所示。它所受负载情况与前传动杆相同。P_3' 为后综对后传动杆 DE 的阻力，大小与力 P_3 相等，方向相反；P_4 为双臂杆 BD 对后传动杆 DE 的作用力，它沿着后传动杆的中心线，与力 P_3' 相平衡，两者大小相等，方向相反。

$$\sum F = 0 \qquad P_4 - P_3' = 0$$

$$P_4 = P_3' = P_3 \tag{7-65}$$

（5）取摆杆 AF 和双臂杆 BD 一起为脱离体，如图 7－13（f）所示。它上面的力有：P_2' 为前传动杆 BC 对双臂杆的阻力，与力 P_2 大小相等，方向相反；G_3 为摆杆和双臂杆的总重量；P_4' 为后传动杆 DE 对双臂杆的阻力，与力 P_4 大小相等，方向相反；N_5 为支承 A 的反作用力，大小和方向均未知；P_5 为转子杆 FG 对摆杆的作用力，大小和方向均未知。

力 N_5 和力 P_5 的大小和方向均未知，共有四个未知数，故暂时还不能根据平衡方程式 $\sum F = 0$ 和 $\sum M = 0$ 直接全部解出。对于这种情况，有两种处理方法。

第一种解法：将力 P_5 分解为 $P_5^{\,n}$ 和 $P_5^{\,t}$，使 $P_5^{\,n}$ 通过 A 点，对 A 点取力矩，所得力矩方程中仅一个未知数 $P_5^{\,t}$，即可解出。

$$\sum M_A = 0 \qquad -P_2'L_9 + P_5^tL_{10} - P_4'L_{11} - G_3L_{12} = 0$$

所以

$$P_5^{\,t} = \frac{P_2'L_9 + P_4'L_{11} + G_3L_{12}}{L_{10}} \tag{7-66}$$

式中：L_9、L_{10}、L_{11}、L_{12} 分别为力 P_2'、$P_5^{\,t}$、P_4'、G_3 的力臂。

再取转子杆 FG 为脱离体，如图 7－13（g）所示。转子杆上受以下各力：G_4 为转子杆重量；$P_5^{t'}$ 为摆杆阻力的切向分力，与力 P_5^t 大小相等，方向相反；

$P_5^{n'}$ 为摆杆阻力的法向分力，与力 P_5^n 方向相反，大小未知；N_6 为中轴对转子杆的正压力，方向垂直于转子杆的滑槽，大小未知；P_6 为开口凸轮对转子杆的驱动力（正压力），方向是凸轮与转子接触点的公法线方向，大小未知。

在这个脱离体上，力 $P_5^{n'}$、N_6、P_6 的方向均为已知，而大小未知。在这种情况下，可取这三个力中任意两力的作用线交点为力矩中心，那么在力矩方程中就只剩下一个未知数，求解就方便很多。例如，延长力 N_6 和力 P_6 的作用线，交于 h 点。

取：

$$\sum M_h = 0 \qquad P_5^{\,t'}L_{13} - P_5^{\,n'}L_{14} + G_4L_{15} = 0$$

$$P_5^{\,n'} = \frac{G_4L_{15} + P_5^{\,t'}L_{13}}{L_{14}} \tag{7-67}$$

式中：L_{13} 为力 $P_5^{t'}$ 的力臂；L_{14} 为力 $P_5^{n'}$ 的力臂；L_{15} 为力 G_4 的力臂。

然后再由 $\sum F = 0$ 解出力 N_6 和力 p_6。

第二种解法：若转子杆重量 G_4 不大时，可略去不计，如图 7－13（h）所示，转子杆成三力杆，即 $P_5^{\,t}$、N_6 和 P_6 三个力。力 P_5' 是摆杆对转子杆的阻力，与力 P_5 大小相等，方向相反，其大小与方向都未知。由三力共点原理可定出 p_5' 的方向，如下：

设力 N_6 和力 P_6 的作用线交于 k 点，则 FK 连线的方向（虚线所示）就是力 P_5' 的方向。有了力 P_5' 的方向，再回到摆杆 $ABFD$ 脱离体上［图 7－13（f）］，由 $\sum M_A = 0$，可求出力 p_5

的大小。

$$\sum M_A = 0 \quad -P_2'L_9 - G_3L_{12} - P_4'L_{11} + P_5L_{16} = 0$$

故：

$$P_5 = \frac{P_2'L_9 + G_3L_{12} + P_4'L_{11}}{L_{16}} \tag{7-68}$$

式中：L_{16} 为力 P_5 的力臂。

然后分别在摆杆脱离体和转子杆脱离体上，由 $\sum F = 0$ 求出力 N_5、N_6 和 P_6。

至此，各构件的受力全部解出，可进一步验算各构件的强度和刚度。

转动手轮的操作力，除了可参照上述方法求出凸轮受力 P_6 来计算外，还可利用功率平衡法直接求出。若略去摩擦消耗功且构件势能的变化不计，则手轮处的输入功率等于综框的输出功率：

$$(S_1\cos\alpha_1 + S_2\cos\alpha_2)v_c + (S_3\cos\alpha_4 + S_4\cos\alpha_5)v_E = P_7v_s \tag{7-69}$$

式中：P_7 为手轮操作力；v_c 为前综速度；v_E 为后综速度；v_s 为手轮握持点的线速度。

$$P_7 = \frac{(S_1\cos\alpha_1 + S_2\cos\alpha_2)v_c + (S_3\cos\alpha_4 + S_4\cos\alpha_5)v_E}{v_s} \tag{7-70}$$

第五节　电子开口机构

前述凸轮开口机构的动力来源于织机主轴，通过机械结构将动力传递到综框完成开口过程，因此存在惯性大、反应速度慢，控制精度低等问题，对机械结构要求也很高。随着技术的发展，用单独的电动机直接驱动开口机构动作的电子开口机构逐渐发展起来，并被现代无梭织机广泛采用，因此下面简单介绍两种类型的电子式开口机构。

一、齿轮式电子开口机构

如图 7－14 所示，齿轮式电子开口机构工作原理为：伺服电动机通过齿轮系 1，驱使偏心轮 2 转动，偏心轮 2 带动偏心连杆 3 使三臂摆杆 456 摆动，三臂摆杆 456 通过竖杆 7、11 使安装在其上的综框作上下开口运动 。

如图 7－15 所示，齿轮式电子开口机构相比于前面的纯机械式开口机构，采用伺服电动机在主控制器的控制下直接驱动齿轮转动，齿轮上的偏心轮通过连杆带动多臂杠杆转动，使各综框作升降运动。

该开口机构特点：电动机输出的转矩通过齿轮减速传递给综框开口元件，能保证瞬时传动比恒定，平稳性较高，传递运动准确可靠，传递的功率和速度范围较大；传动效率高，使用寿命长；操作极为方便，通过多功能操作盘和主控制器 CPU （32 位） 的结合，可对由独立式伺服电动机驱动的各综框进行单独控制。但是对齿轮的制造以及安装要求较高。

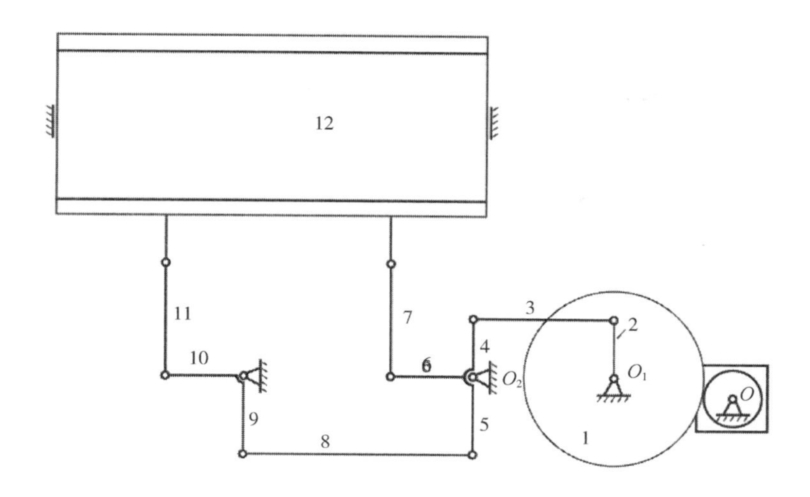

图 7－14 齿轮式电子开口机构简图

1—齿轮对 2—偏心轮 3—偏心连杆 4，5，6—三臂摆杆 7，11—竖杆 8—连杆 9，10—直角杆

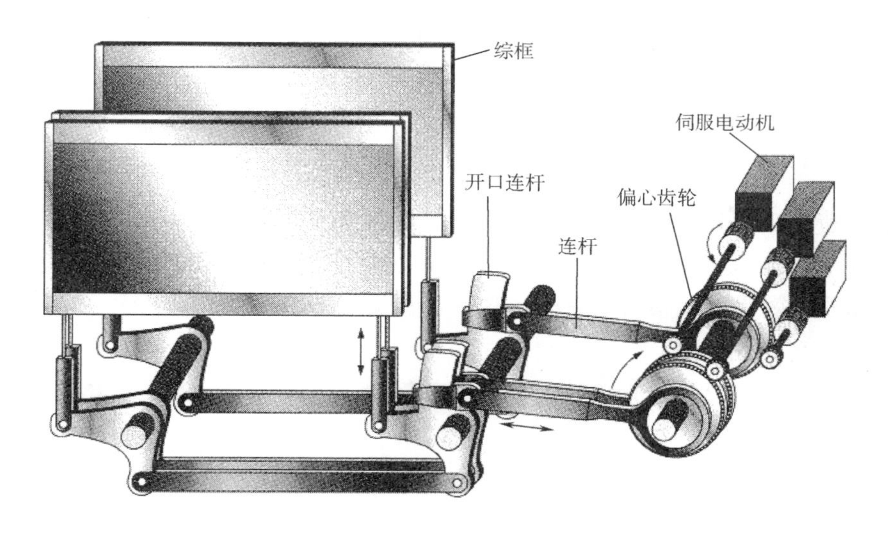

图 7－15 齿轮式电子开口机构图

二、偏心轮式电子开口机构

如图 7－16 所示为偏心轮式电子开口机构简图。伺服电动机 1 与偏心轮 2 直接连接，驱使偏心轮 3 做整周转动。偏心轮 3 带动开口连杆 4 使三臂摆杆 *BCD* 摆动，三臂摆杆 *BCD* 通过综框连杆 9 使安装在其上的综框作上下开口运动。

伺服电动机的转矩直接输出给偏心轮，使偏心轮和伺服电动机同轴转动，通过拉杆及摆杆的传递使综框完成给定运动。因此偏心轮式电子开口机构有以下特点：伺服电动机与偏心轮同轴转动，直接带动机构运动，减少了传递环节，提高了控制精度，保证了织物组织的精

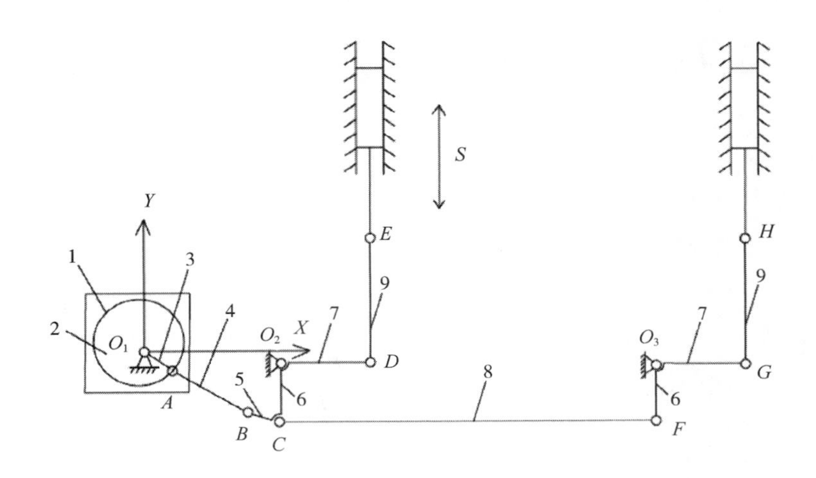

图 7-16　偏心轮式电子开口机构工作简图

1—伺服电动机　2—齿轮　3—偏心轮　4—拉杆　5，6，7—摆杆　8—连接杆　9—综框连杆

确度，结构简单。但是伺服电动机需提供很高的转矩和功率，在开口过程中对电动机的冲击较大，要求电动机在低转速下有大转矩输出，对电动机要求很高。

总体上，电子式开口机构相比于传统的纯机械式开口机构，具有以下特点：

（1）通过多功能操作盘可自由设定每片综框的运动方式，织造其他开口装置难以织造的织物。

（2）每片综框可自由设定上下不同的静止角，提高引纬性能及织物的风格。

（3）每片综框可自由设定开口、闭口时间，扩大通用性。

（4）设定变更通过多功能操作盘即可完成，非常方便。尤其适应小批量多品种的生产。同时对织物品质、效率以及操作性的提高发挥了极大作用。

（5）可织造各种图案。

（6）电子开口专用高性能伺服控制器提高可靠性，进而机台发挥出了更稳定的性能。

电子式开口机构在现代无梭织机上广泛使用，其关键是要保证开口机构驱动电动机和织机主传动电动机的同步性，可以通过计算机控制系统解决。此外，对于偏心轮和齿轮式电子开口机构，设计关键点是偏心轮，该机构起到和凸轮类似的作用，因此设计方法和凸轮类似，此处不再赘述。

思考题

设综框动程100mm，开口角及闭口角各为主轴转角120°，试分别计算车速为200r/min和500r/min时，采用以下各种运动规律的最大综框速度和加速度。

（1）简谐运动；（2）正弦加速度运动；（3）椭圆比运动（4:3）。

第八章　织机引纬机构设计

本章知识点

1. 剑杆织机运动规律、双剑杆的纬纱交接条件。
2. 剑杆织机纬机构的几种传剑机构类型及其工作原理。
3. 喷气织机的结构组成、特点以及气流控制方法。

引纬机构的作用，是将纬纱引入梭口，使之与经纱交织形成织物。最早且沿用至今的引纬机构是投梭机构，它利用梭子的往复运动把纬纱引入梭口。投梭机构使梭子在主轴转角40°~50°的短促时间内，获得足以穿越梭口的运动速度（每秒8~15m）。梭子启动时的动力负荷，是投梭机构零件易损坏的原因之一。梭子飞出梭口后还具有很大的末速度，进入梭箱后依靠梭子与制梭机构、皮结以及投梭榉、皮圈等零件之间的摩擦和撞击使梭子减速，梭子的剩余能量大部分转化为无用的热量、振动和噪声，消失于空气中，造成能量浪费。同时，由于撞击和摩擦，还会造成机物料的损坏以及投梭机构的故障。以上缺点使投梭机构成为织机车速进一步提高的障碍。

目前取代投梭机构的新型引纬机构有剑杆引纬、喷气引纬、喷水引纬、片梭引纬以及电磁引纬等机构。下面以剑杆引纬机构和喷气引纬机构为例分别介绍相关设计方法。

第一节　剑杆织机引纬机构

目前剑杆织机在国内外都已大量采用。这种织机采用剑状的送纬杆和接纬杆来完成引纬作用，所以称为剑杆织机。

一、剑杆织机的种类、引纬运动规律和纬纱交接

（一）剑杆织机种类

剑杆织机按照剑杆数量可分为单剑杆织机和双剑杆织机。单剑杆织机只有一个剑杆，单侧传剑，进剑时引纬或退剑时引纬；双剑杆织机有两个剑杆分别为送纬剑和接纬剑，两个剑杆分别从织机两侧同时进入梭口，在筘座中部完成纬纱交接，再回退到织机两侧。该类型织机在相同引剑速度条件下，引剑时间短，适应高速生产，因此现代剑杆织机多为双剑杆织机。

剑杆织机按照剑杆形式又分为刚性剑杆和挠性剑杆织机。刚性剑杆织机用刚直、坚硬的引纬杆在梭口中往复移动，完成引纬，其引纬可靠。同时可悬空引入梭口，对经纱的磨损小，但是占地面积大。挠性剑杆织机用截面形状扁平的钢带或尼龙带的伸卷作用进行引纬，机构紧凑，占地面积小，但对经纱的磨损较大。

剑杆织机与有梭织机相比较，由于取消了梭子的飞行冲击，机构运动比较平稳，机速与产量都有所提高，提高程度随剑杆织机的结构形式、材料、制造精度等有所不同；在机物料消耗方面，更有大幅度的下降。在用剑杆织机织造双纬帆布织物时，由于采用了钩针结构型的针织锁边结构，故布面平整，布边平直光洁，无凹凸边现象，织物外观质量较好，同时织物强力提高，伸长减小。再由于剑杆织机适用于各种纤维和纱线的织造，又可配有多色选纬机构，织造多色纬纱织物，因此，剑杆引纬有良好的发展前景，明显的经济效益和社会效益。

（二）剑杆引纬运动规律

1. 位移规律 如图 8－1 所示，为双剑杆织机引纬过程。送纬剑和接纬剑在梭口中间某位置完成纬纱交接后，再退回去。为了交接纬纱的顺利进行，有一个交接冲程以及交接距离，因此送纬剑和接纬剑在引纬过程中最大位移分别如下：

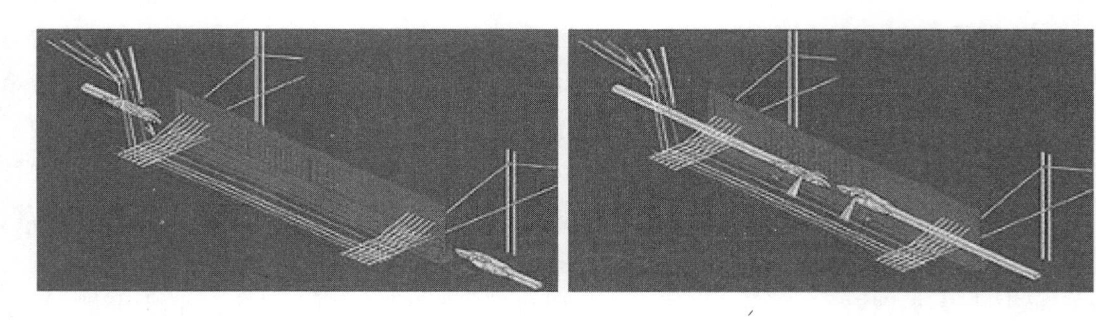

图 8－1 双剑杆织机引纬过程示意图

送纬剑最大位移：

$$x_{\text{smax}} = a + \frac{w + d}{2} + x_0$$

接纬剑最大位移：

$$x_{\text{jmax}} = b + \frac{w + d}{2}$$

式中：a 为送纬剑到达梭口的距离；b 为接纬剑到达梭口的距离；w 为上机筘幅；d 为交接冲程，即送纬剑和接纬剑进足时，两剑头的钳纱点位移重叠距离，由剑头结构决定，以纬纱能正确滑入接纬剑头的钳口中为准；x_0为接力距离，即接纬剑退剑时，送纬剑跟随前进的距离。某些剑杆织机采用这种方法，确保纬纱交接牢固。

2. 速度规律 根据进剑过程和退剑过程特点，其速度应遵循下面规律：

（1）进剑过程：剑杆速度经历从零加速到最大再减速到零的过程；

（2）退剑过程：剑杆速度同样经历从零加速到最大再减速到零的过程。

（3）要求剑头在两端的运动速度要小而平缓。

3. 加速度规律 根据送纬剑和接纬剑进、退剑过程中速度运动规律，其进剑和退剑的前半段为加速阶段，后半段为减速阶段，且进剑启动时加速度不能太大，纬纱从静止启动，加速度过大，易引起断纬。

4. 常用运动规律　双剑杆织机引纬运动规律主要有正弦加速度运动、五次多项式运动和修正梯形加速度运动规律，下面分别介绍。

（1）正弦加速度运动。正弦加速度运动规律各运动段连续、光滑过渡，没有刚性冲击和柔性冲击，满足剑杆运动的性能要求。进剑时运动方程为：

$$x = l\left[\frac{\varphi}{\varphi_0} - \frac{\sin(2\pi\varphi/\varphi_0)}{2\pi}\right] \tag{8-1}$$

$$v = lw[1 - \cos(2\pi\varphi/\varphi_0)]/\varphi_0 \tag{8-2}$$

$$a = 2\pi lw^2[\sin(2\pi\varphi/\varphi_0)]/\varphi_0{}^2 \tag{8-3}$$

退剑时运动方程为：

$$x = l\left[1 - \frac{\varphi}{\varphi'_0} + \frac{\sin(2\pi\varphi/\varphi'_0)}{2\pi}\right] \tag{8-4}$$

以上各式中：x 为运动位移；v 为速度；a 为加速度；l 为进剑最大位移量；φ 为进剑过程中对应织机主轴转角；φ_0为进剑到最大位移处对应的织机主轴转过的角度；φ_0'为退剑全过程完成对应织机主轴转过的角度。

图 8-2 为正弦加速度运动的位移、速度、加速度运动曲线。当 $\varphi_0 = \varphi_0'$时，进剑过程的位移曲线和退剑过程位移曲线是完全对称的，即退剑过程是进剑过程的逆过程，速度和加速度曲线则分别完全一致，说明进剑和退剑过程的运动规律完全一致。

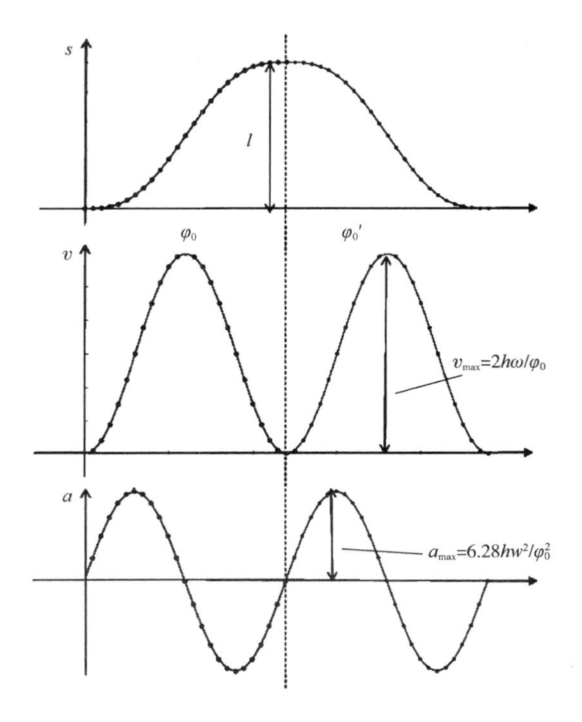

图 8-2　正弦加速度运动的位移、速度、加速度运动曲线

（2）五次多项式运动规律。五次多项式的位移、速度和加速度运动规律分别如下：

$$x = p_0 + p_1\varphi + p_2\varphi^2 + p_3\varphi^3 + p_4\varphi^4 + p_5\varphi^5 \tag{8-5}$$

$$v = \mathrm{d}x/\mathrm{d}t = p_1\omega + 2p_2\omega\varphi + 3p_3\omega\varphi^2 + 4p_4\omega\varphi^3 + 5p_5\omega\varphi^4 \tag{8-6}$$

$$a = \mathrm{d}v/\mathrm{d}t = 2p_2\omega^2 + 6p_3\omega^2\varphi + 12p_4\omega^2\varphi^2 + 20p_5\omega^2\varphi^3 \tag{8-7}$$

式中，p_i（$i=0，1，2，3，4，5$）为待定系数，可通过边界条件确定，具体如下：

在始点：$\varphi = 0, x = 0, v = 0, a = 0$

在终点：$\varphi = \varphi_0, x = l, v = 0, a = 0$

代入上面三个表达式中，解得：

$$p_0 = p_1 = p_2 = 0$$

$$p_3 = 10l/\varphi_0^3、p_4 = -15l/\varphi_0^4、p_5 = 6l/\varphi_0^5$$

其位移方程为：

$$x = 10l\varphi^3/\varphi_0^3 - 15l\varphi^4/\varphi_0^4 + 6l\varphi^5/\varphi_0^5 \tag{8-8}$$

从而可进一步解出该规律的速度和加速度方程。

五次多项式运动规律与正弦加速度规律类似，但其极值参数有所改善：最大速度 $v_{\max} = 1.88hw/\varphi_0$，最大加速 $a_{\max} = 5.77hw^2/\varphi_0^2$，这使剑杆的运动更加平稳、振动降低，优化了剑杆运动的动力学性能，适用于中高速的剑杆织机。

（3）修正梯形加速度运动规律。修正梯形加速度运动规律的本质在于剑杆运动时的加速度峰值可以事先给定，从而降低剑杆运动时的惯性冲击，使其适应高速剑杆织机的需要。重点在于过渡曲线的设计，如图 8－3 所示，使整条曲线连续和光滑，无刚性冲击和柔性冲击。

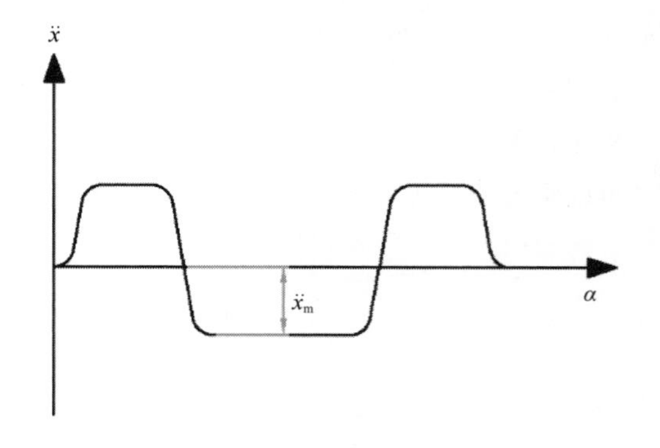

图 8－3　修正梯形“类加速度”曲线

该规律已在现代剑杆织机上广泛使用，过渡曲线有多种设计方法（较多采用多项式做过渡曲线）。

（三）双剑杆织机纬纱交接条件

双剑杆织机上保证纬纱能顺利交接，需防止产生纬纱松圈、交接不到和交接不稳等病疵，则送纬剑和接纬剑的运动须很好地相互配合，其纬纱交接条件如下：

在双剑杆织机上，送纬剑与接纬剑通常在筘幅的中部交接纬纱。为改善交接条件，大部分剑杆织机采用接力交接的方法，即让两剑有一段交接冲程 d，且送纬剑的开始退剑时刻晚于接纬剑的开始退剑时刻。即构成如图 8－4 所示的两剑相对运动情况。

x_s 为送纬剑握纱点的位移；x_j 为接纬剑握纱点的位移；x_Σ 为两剑在最外侧时，两剑握纱点之间的距离；S 为送纬剑进足时握纱点的位置；α_s 为送纬剑开始退剑时的织机主轴转角位置；J 为接纬剑进足时握纱点的位置；α_j 为接纬剑开始退剑时的织机主轴转角位置；$\Delta\alpha$ 为两剑开始退剑时刻的主轴转角差值，$\Delta\alpha=\alpha_s-\alpha_j$；$A$ 为两剑的位移曲线第一次相遇点，此后接纬剑伸入送纬剑内；B 为两剑的位移曲线第二次相遇点，此时进行纬纱交接。

由图可见，接纬剑自 J 点开始后退的过程中，送纬剑与接纬剑同向运动到 B 点再交接。显然，这种交接条件较取 $\Delta\alpha=0$ 时的两剑异向运动的情况优越，不易失误，交接时纬纱所受的冲击力也小。

选用不同的 d、$\Delta\alpha$ 和两剑的运动规律，会出现不同的两剑相对运动情况。若设计不当，将出现如图 8－5～图 8－7 所示的不正常交接。

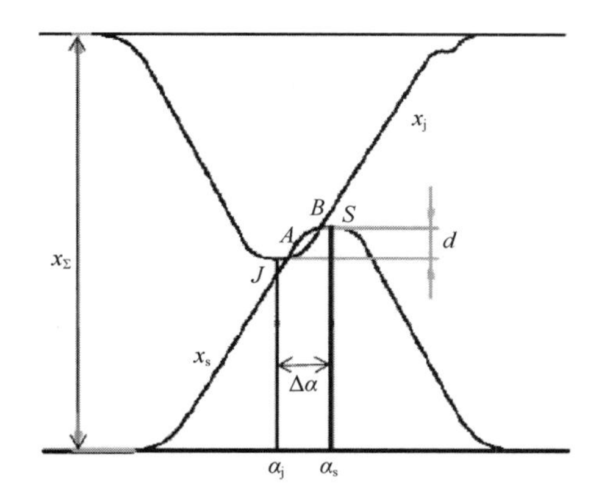

图 8－4　送纬剑与接纬剑的相对运动情况

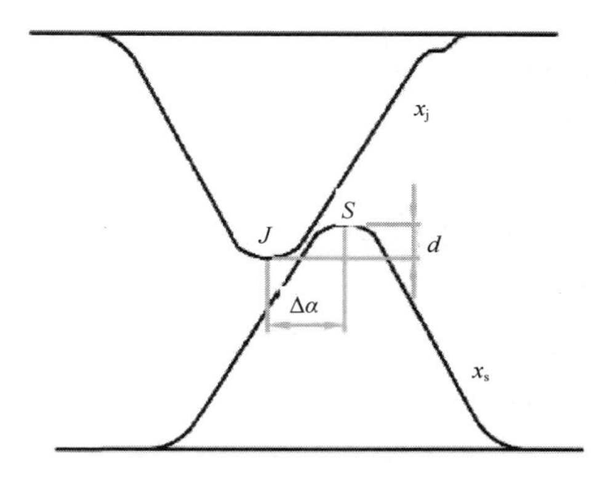

图 8－5　两剑不相遇

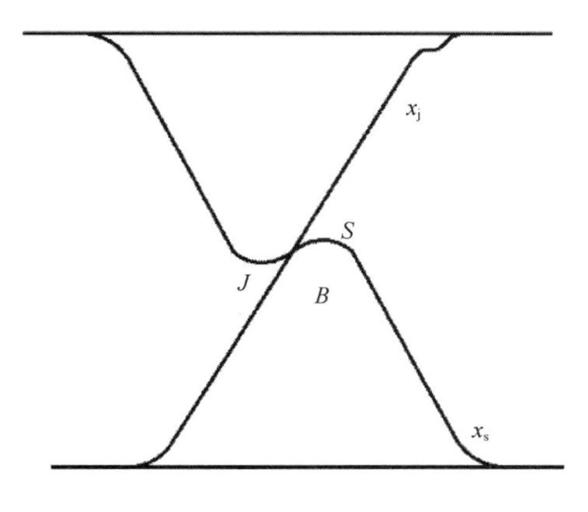

图 8－6　两曲线相切

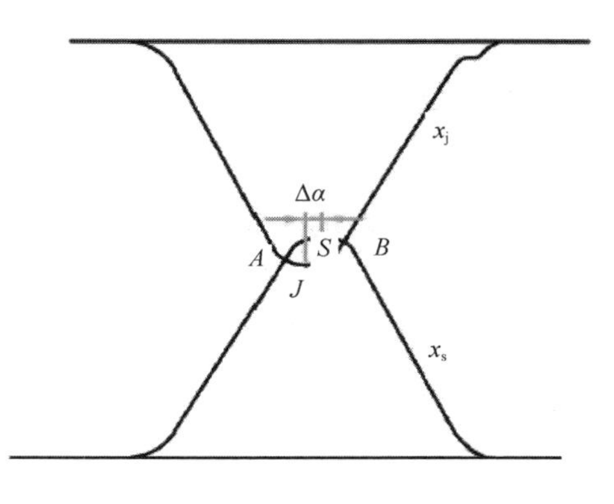

图 8－7　接纬太晚

图 8－5 表示交接冲程 $d\neq0$，但两剑的始退时间相差太大，即 $\Delta\alpha$ 太大，以致两剑没有相遇，无法交接纬纱。图 8－6 表示两剑的位移曲线相切，理论上讲，这时恰能进行交接。但实际上，这种交接是不稳定的。图 8－7 表示 $\Delta\alpha$ 太小，当接纬剑在 B 点接住纬纱时，送纬剑已向后退了一段距离。这在双纬引入的帆布剑杆织机上会造成纬纱松圈，交接失误。

各种剑杆织机对纬纱交接的要求有时是不一样的。例如帆布剑杆织机的纬纱交接要求是：

（1）交接时纬纱不能松圈；

（2）交接时的接纱速度不能过大，以防钩断纬纱。

由图8－5～图8－7的情况可见，要保证纬纱的顺利交接，除需要给予一定的交接冲程 d 以外，还应把两剑的开始退剑时间差 $\Delta\alpha$ 控制在一定范围内。因此有必要分析 d、$\Delta\alpha$、两剑的运动规律等之间的关系，从而合理确定 d 和 $\Delta\alpha$ 值，避免出现不正常的交接。

二、非分离筘座式剑杆织机引纬机构

非分离筘座式剑杆织机上，引纬部分与打纬部分的运动不分开，传剑机构固装在筘座上，随筘座一起摆动。为减少打纬过程中的惯性力，降低能耗，非分离筘座式引纬机构一般采用连杆机构，如四连杆机构和六连杆机构。特点是打纬动程较大，要求梭口高度较高，但筘座脚的转动惯量大，故其车速一般不高。

（一）送纬剑传动机构

以TP500型剑杆织机为例，其送纬剑传动机构简图如图8－8所示，是一种齿轮连杆组合传动机构。其中，双臂杆 AOK 随织机主轴匀速转动，两臂分别驱动曲柄摇杆机构 $OKJO'$ 和曲柄摇杆机构 $OABD$。摇杆 JO' 与定轴转动的齿轮2同步转动；双臂杆 BDC 驱动四连杆机构 $DCEO'$，摇杆 EO' 与定轴转动齿轮1同步转动；齿轮1、2与齿轮3及构件H构成差动轮系，1、2为太阳轮，H为行星架，行星轮3与行星架铰接；与齿轮2固定在同一根轴上的圆锥齿轮4与圆锥齿轮5以及构件H构成空间差动轮系，齿轮5的运动通过锥齿轮6、7啮合传动给剑轮8，进而驱动剑带在梭口中往复运动。

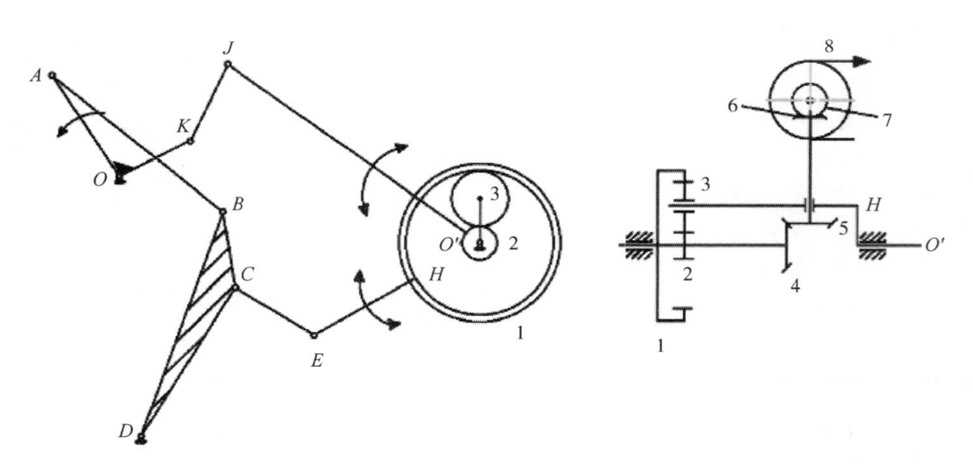

图8－8　TP500型剑杆织机送纬剑传动机构简图

1，2—太阳轮　3—行星轮　4，5，6，7—圆锥齿轮　8—剑轮

1. 送纬剑传动机构运动分析　上述传剑机构由三套四连杆机构（$OABD$、$DCEO'$、$OKJO'$）、两套差动轮系（1—2—3—H、4—5—H）和一套圆锥齿轮机构（6、7）组成。四连杆机构 $DCEO'$ 中摇杆 EO' 与齿轮1固结，四连杆 $OKJO'$ 中的 JO' 与齿轮2固结，因此四连杆机构的输出运动（JO' 与 EO' 的运动）为差动轮系（1—2—3—H和4—5—H）的输入，通过差动

轮系进行速度合成后，通过锥齿轮 6、7 最终输出满足送剑运动要求的运动规律。

2. 引纬速度计算　根据四连杆机构运动分析的原理和方法，可以从铰链四杆机构 *OKJO'* 和 *DCEO'* 中分别求出摆杆 *DB*、*EO'* 和 *JO'* 的运动，其中 *EO'* 和 *JO'* 分别和周转轮系中的太阳轮 1 和 2 固结，即两杆的转速 ω_1 和 ω_2 已知。

对于 1—2—3—H 构成的差动轮系，根据差动轮系的传动比计算公式有：

$$i_{12}^{H} = \frac{\omega_1 - \omega_H}{\omega_2 - \omega_H} = -\frac{z_3 z_2}{z_1 z_3} = -\frac{z_2}{z_1}$$

整理得：

$$\omega_H = \frac{z_1 \omega_1 + z_2 \omega_2}{z_1 + z_2}$$

锥齿轮 4、5 和转臂 H 构成空间差动轮系，其中 $\omega_4 = \omega_2$。

为了求出锥齿轮 5 相对转臂 H 的转速，假设给该周转轮系加上一个与转臂 H 的转速大小相等方向相反的公共角速度（$-\omega_H$），则太阳轮 4 的角速度变为（$\omega_4 - \omega_H$），转臂 H 的速度为零，称为固定不动的机架。在这个转化轮系中，齿轮 4 和齿轮 5 做定轴转动，在啮合点处线速度相等，故有：

$$(\omega_4 - \omega_H)R_4 = (\omega_5 - \omega_H)R_5$$

因此齿轮 5 相对于转臂 H 的角速度为：

$$\omega_5 - \omega_H = (\omega_4 - \omega_H)\frac{R_4}{R_5} = (\omega_4 - \omega_H)\frac{z_4}{z_5}$$

剑带相对于转臂（即筘座）的线速度为：

$$v_{剑带} = v_8 = (\omega_5 - \omega_H)R_8\frac{z_6}{z_7} = (\omega_4 - \omega_H)\frac{z_4}{z_5}\frac{z_6}{z_7}R_8 = (\omega_2 - \omega_1)\frac{z_1 z_4 z_6}{(z_1 + z_2)z_5 z_7}R_8 \quad (8-9)$$

因此只要利用四连杆机构运动学方程求出构件 *EO'* 和 *JO'* 的转速（ω_1 和 ω_2），且已知传动齿轮的齿数和传剑轮 8 的半径，带入上式就可计算出剑带相对筘座的线速度，即为引纬速度。

（二）接纬剑传动机构

以 TP500 型剑杆织机为例，其接纬剑由两套曲柄摇杆机构（*OKJO'* 和 *OAEO'*）、两套差动轮系（1—2—3—H 和 4—5—H）和一套圆锥齿轮机构（6、7）传动，如图 8－9 所示。双臂杆 *AOK* 分别驱动曲柄摇杆机构 *OKJO'* 的摇杆 *JO'* 和曲柄摇杆机构 *OAEO'* 的杆 *EO'* 摆动，*JO'* 和 *EO'* 又分别与差动轮系中的太阳轮 2 和 1 同步转动，H 为差动轮系的转臂。圆锥齿轮 4 与齿轮 2 同步转动，圆锥齿轮 4、7 及转臂 H 构成空间差动轮系，齿轮 5 的运动通过同轴齿轮 6 驱动齿轮 7，进而驱动传剑轮 8 实现传剑运动。

接纬剑传动机构中差动轮系的传动比计算方法与送纬剑传动机构相同，故此处不再推导。

三、分离筘座式剑杆织机引纬机构

分离筘座式剑杆织机中，引纬部分与打纬部分的运动分开，传剑机构固装在机架上，大幅减轻了筘座质量。此外，这种传剑方式所需梭口高度较小，打纬动程也小；分离筘座式剑

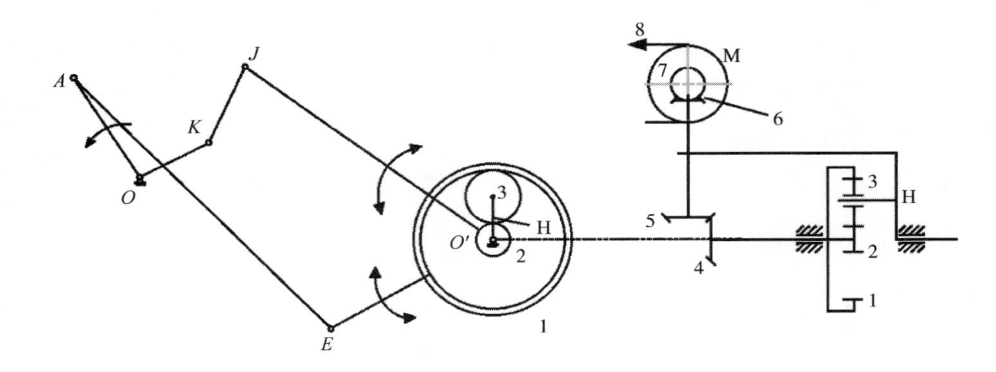

图 8-9　TP500 型剑杆织机接纬剑传动机构简图

1，2—太阳轮　3—行星轮　4，5，6，7—圆锥齿轮　8—剑轮

杆织机车速比非分离筘座式的高。现有的分离筘座式传剑机构有共轭凸轮连杆机构、空间曲柄连杆机构、螺杆传剑机构和滑块齿条引纬机构等。

（一）共轭凸轮传剑机构

共轭凸轮传剑机构使用非常广泛，如 SM93 型、GA731 型等，如图 8-10 所示。

该机构包括共轭凸轮 1、滚子 2、摆杆 3、连杆 4、摆杆 5 及扇形齿轮 5′、齿轮 6、锥齿轮 7、8 以及传剑轮。当共轭凸轮 1 转动时，推动摆杆 3 绕 A 点往复摆动，然后通过连杆 4，摆杆 5（及扇形齿轮 5′），齿轮 6、7、8 驱动传剑轮往复摆动，实现剑带的往复引纬运动。

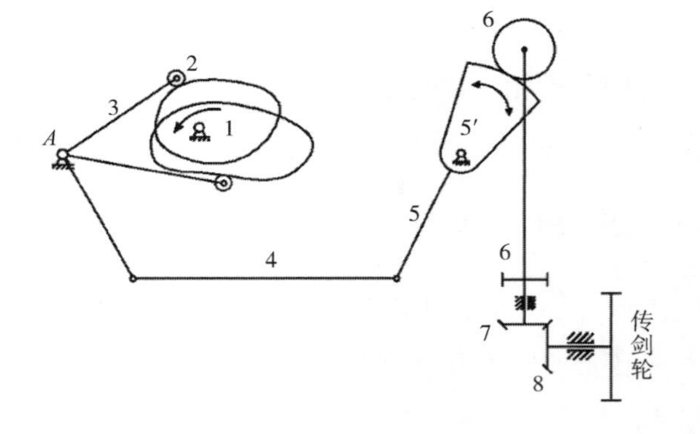

图 8-10　共轭凸轮传剑机构简图

1—共轭凸轮　2—滚子　3，5—摆杆　4—连杆

5′—扇形齿轮　6—齿轮　7，8—锥齿轮

共轭凸轮传剑机构的剑头运动规律在理论上可按任意要求来设计，如采用改进梯形加速度运动规律，如图 8-11 所示，可控制剑头缓慢进入梭口，平稳交接，使织造过程中纬纱张力变化平缓，且短纬、缩纬率低。

改进梯形加速度运动各段曲线方程如下：

AB 段：$0 \leqslant \varphi \leqslant \varphi_0/8$

$$\left.\begin{aligned} s &= \frac{h}{2+\pi}\left[\frac{2\varphi}{\varphi_0} - \frac{1}{2\pi}\sin\left(\frac{4\pi}{\varphi_0}\varphi\right)\right] \\ v &= \frac{2h\omega}{(2+\pi)\varphi_0}\left[1-\cos\left(\frac{4\pi}{\varphi_0}\varphi\right)\right] \\ a &= \frac{8\pi h\omega^2}{(2+\pi)\varphi_0^2}\sin\left(\frac{4\pi}{\varphi_0}\varphi\right) \end{aligned}\right\} \tag{8-10}$$

BC 段：$\varphi_0/8 \leqslant \varphi \leqslant 3\varphi_0/8$

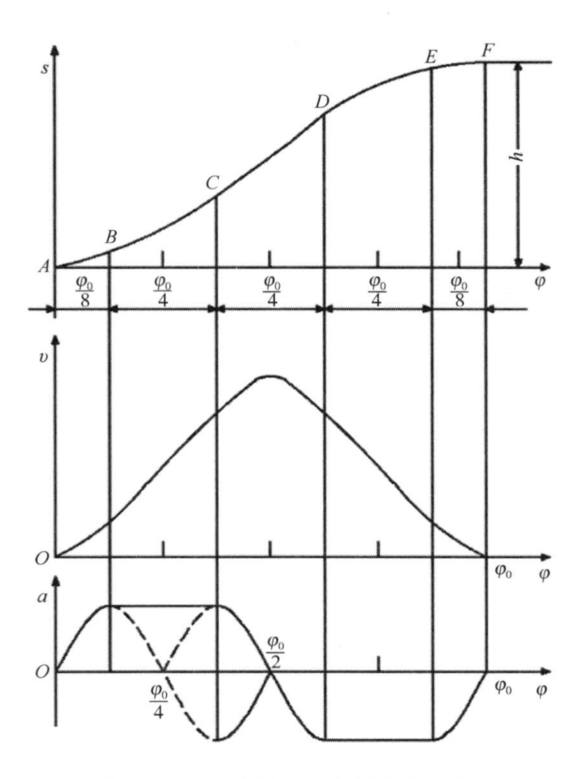

图 8－11　改进梯形加速度运动曲线图

$$\left.\begin{aligned} s &= \frac{h}{2+\pi}\left[\frac{\pi}{16}-\frac{1}{2\pi}-(\pi-2)\frac{\varphi}{\varphi_0}+4\pi\left(\frac{\varphi}{\varphi_0}\right)^2\right] \\ v &= \frac{h\omega}{(2+\pi)\varphi_0}\left[8\pi\left(\frac{\varphi}{\varphi_0}\right)-(\pi-2)\right] \\ a &= \frac{8\pi h\omega^2}{(2+\pi)\varphi_0^2} \end{aligned}\right\} \tag{8-11}$$

CD 段：$3\varphi_0/8 \leqslant \varphi \leqslant 5\varphi_0/8$

$$\left.\begin{aligned} s &= \frac{h}{2+\pi}\left[\frac{2(1+\pi)\varphi}{\varphi_0}-\frac{\pi}{2}+\frac{1}{2\pi}\sin\left(\frac{4\pi}{\varphi_0}\varphi\right)\right] \\ v &= \frac{2h\omega}{(2+\pi)\varphi_0}\left[1+\pi+\cos\left(\frac{4\pi}{\varphi_0}\varphi\right)\right] \\ a &= -\frac{8\pi h\omega^2}{(2+\pi)\varphi_0^2}\sin\left(\frac{4\pi}{\varphi_0}\varphi\right) \end{aligned}\right\} \tag{8-12}$$

DE 段：$5\varphi_0/8 \leqslant \varphi \leqslant 7\varphi_0/8$

$$\left.\begin{aligned} s &= \frac{h}{2+\pi}\left[\frac{1}{2\pi}-\frac{33\pi}{16}+(7\pi+2)\frac{\varphi}{\varphi_0}-4\pi\left(\frac{\varphi}{\varphi_0}\right)^2\right] \\ v &= \frac{h\omega}{(2+\pi)\varphi_0}\left[7\pi+2+8\pi\left(\frac{\varphi}{\varphi_0}\right)\right] \\ a &= -\frac{8\pi h\omega^2}{(2+\pi)\varphi_0^2} \end{aligned}\right\} \tag{8-13}$$

EF 段：$7\varphi_0/8 \leqslant \varphi \leqslant \varphi_0$

$$\left.\begin{aligned} s &= \frac{h}{2+\pi}\left[\pi + \frac{2\varphi}{\varphi_0} - \frac{1}{2\pi}\sin\left(\frac{4\pi}{\varphi_0}\varphi\right)\right] \\ v &= \frac{2h\omega}{(2+\pi)\varphi_0}\left[1 - \cos\left(\frac{4\pi}{\varphi_0}\varphi\right)\right] \\ a &= \frac{8\pi h\omega^2}{(2+\pi)\varphi_0^2}\sin\left(\frac{4\pi}{\varphi_0}\varphi\right) \end{aligned}\right\} \tag{8-14}$$

（二）空间曲柄连杆传剑机构

Picanol 的 GTM 型织机，必佳乐的 SGA726—190A 型和 GA733—A 型织机、苏吴机械的 GA737 型剑杆织机等采用的都是空间连杆机构进行传剑，如图 8-12 所示。该机构由空间曲柄摇杆机构 $ABCD$、平面双摇杆机构 $DEFG$ 及齿轮机构（6、7）组成。当织机主轴 1 匀速转动时，曲柄 2（AB）、叉状杆 3（BC）和摇杆 4（CD）组成的空间曲柄摇杆机构将运动传递给平面双摇杆机构 $DEFG$，FG 上扇形齿轮 6 的运动经齿轮 7 和传剑轮 8 放大，使剑杆进行往复直线运动。

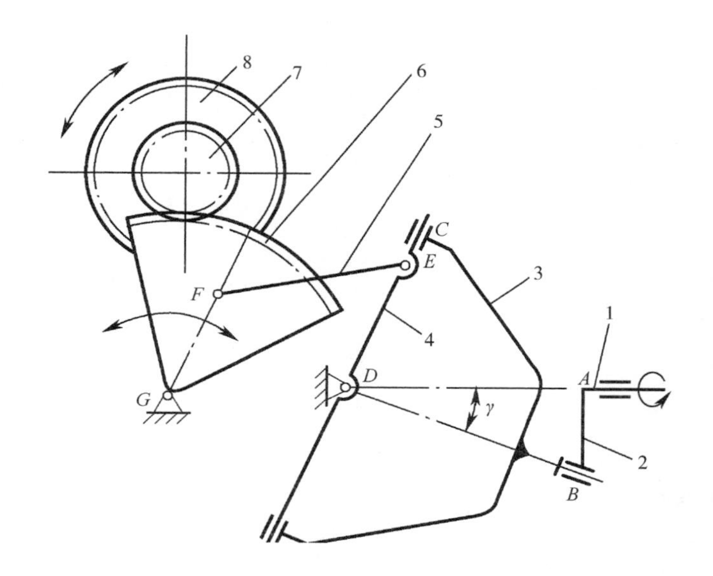

图 8-12　空间曲柄摇杆传剑机构

1—织机主轴　2—曲柄　3—叉状杆　4，5—摇杆　6—扇形齿轮　7—齿轮　8—剑轮

图 8-12 中的曲柄 AB 长 r_0，其转角为织机主轴角速度 ω 与时间 t 的乘积。空间曲柄摇杆机构 $ABCD$ 中摇杆 DC 的摆角 γ 可由下式计算出：

$$\gamma = \tan^{-1}\left[\frac{r_0\cos(\omega t)}{L}\right] \tag{8-15}$$

式中：L 为曲柄 AB 所在平面到 D 轴中心的距离；BD 连线的空间轨迹是一个锥面，设其锥顶角为 $2\theta_0$，则：

$$\frac{r_0}{L} = \tan\theta_0 \tag{8-16}$$

将式（8－16）带入式（8－15）中，得：

$$\gamma = \tan^{-1}[\tan\theta_0\cos(\omega t)] \tag{8-17}$$

当 $\omega t = 0$ 时，$\theta = \theta_0$；当 $\omega t = \pi$ 时，$\theta = -\theta_0$；当 $\omega t = \frac{\pi}{2}$ 时，$\theta = 0$；当 $\omega t = \frac{3\pi}{2}$ 时，$\theta = 0$。

DC 的摆动通过平面双摇杆机构 *DEFG* 及扇形齿轮 6 和齿轮 7 传递给传剑轮 8，进而传动剑带和剑头的引纬运动。剑头的最大位移量由下式计算：

$$s_{max} = 2\gamma_0 R_0 \frac{R_1}{r_2} \tag{8-18}$$

式中：R_0 为传剑轮 8 的节圆半径；R_1 为扇形齿轮 6 的节圆半径；r_2 为齿轮 7 的节圆半径。

在任一时刻，剑杆位移的表达式为：

$$s = \tan^{-1}[\tan\theta_0\cos(\omega t)]\frac{R_0R_1}{r_2} \tag{8-19}$$

（三）变导程螺旋传剑机构

C401 系列剑杆织机采用的是变导程螺旋传剑形式，如图 8－13 所示，由曲柄 1、连杆 2、滑座 3、螺母 4、变螺距螺杆 5 和传剑轮 6 组成。该机构可简化为一个曲柄滑块机构，当曲柄 1 匀速转动，通过连杆 2 推动螺母 4 往复直线运动，螺母 4 驱动变螺距螺杆 5 转动，从而带动与其同轴的传剑轮 6 往复回转。通过设计螺杆导程，可获得所需的剑杆运动规律。

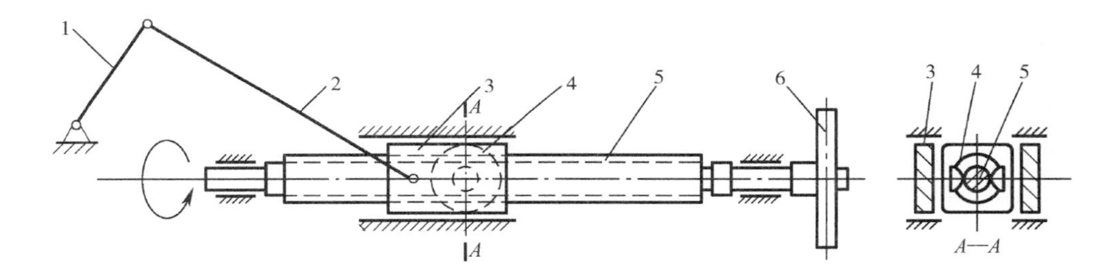

图 8－13　变导程螺旋传剑机构

1—曲柄　2—连杆　3—滑座　4—螺母　5—变螺距螺杆　6—传剑轮

变导程螺旋传剑机构传动链短，结构紧凑，通过合理设计螺杆的导程可使剑杆进足时加速度为零，交接条件好。但是螺纹副传动效率低，加工费用高。

（四）滑块齿条引纬机构

日本丰田 LT102 型剑杆织机采用如图 8－14 所示的滑块齿条引纬机构。

主轴 1 旋转，通过连杆 2 带动滑块 3 往复运动，滑块 3 上装有齿条，齿条与齿轮 4 啮合，齿轮 4 再与齿轮 5 啮合，齿轮 5 与传剑轮 6 固结在一起，从而带动传剑轮转动。

下面来分析该机构的引纬运动规律。

主轴 1、连杆 2 和齿条 3 构成曲柄滑块机构，建立如图 8－15 所示的直角坐标系，主轴 1、连杆 2 与 x 轴正向夹角为 θ_1、θ_2，设逆时针方向为正，则齿条 3 与连杆 2 铰接点 C 的位移方程为：

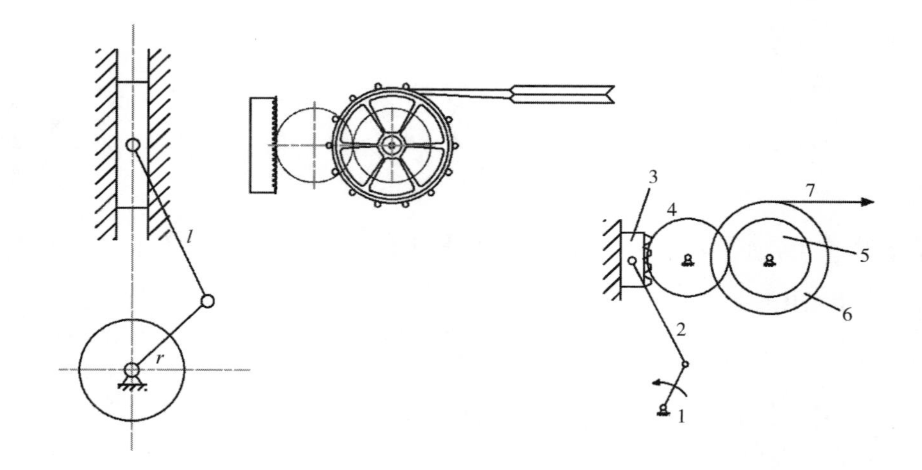

图 8－14　LT102 型剑杆织机引纬机构

1—曲柄主轴　2—连杆　3—滑块（齿条）　4，5—齿轮　6—传剑轮　7—剑带

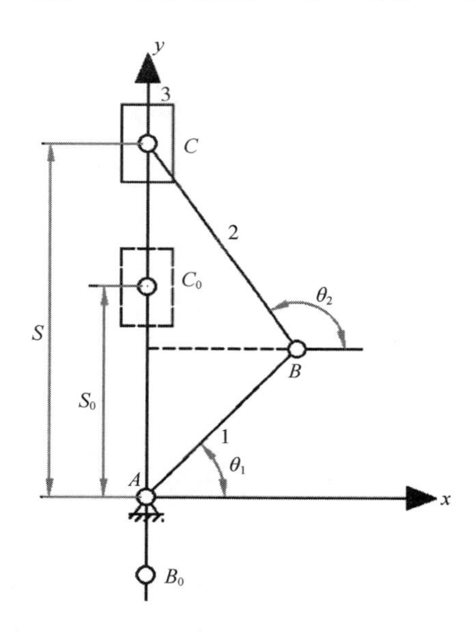

图 8－15　齿条运动分析简图

$$
\begin{aligned}
s &= y_c - s_0 \\
&= l_1 \sin\theta_1 + \sqrt{l_2^2 - (l_1 \cos\theta_1)^2} - s_0 \\
&= l_1 \sin\omega t + \sqrt{l_2^2 - (l_1 \cos\omega t)^2} - s_0
\end{aligned} \tag{8-20}
$$

式中：$\theta_1 = \omega t$，ω 是主轴转动角速度；s_0 是齿条在最低位置时 C_0 点的纵坐标，$s_0 = l_2 - l_1$。

将式（8－20）对时间求一阶、二阶导数，得到齿条的速度、加速度表达式，如下：

$$
\begin{cases}
v_C = l_1 \omega \cos(\omega t) + \dfrac{1}{2} \dfrac{2 l_1 \omega \cos(\omega t) \sin(\omega t)}{\sqrt{l_2^2 - (l_1 \cos\theta_1)^2}} \\
a_C = -l_1 \omega^2 \sin(\omega t) + \dfrac{l_1 \omega^2 \cos(2\omega t)}{\sqrt{l_2^2 - (l_1 \cos\theta_1)^2}} + \dfrac{1}{2} \dfrac{[l_1 \omega \sin(2\omega t)]^2}{\sqrt{[l_2^2 - (l_1 \cos\theta_1)^2]^3}}
\end{cases} \tag{8-21}
$$

齿条的运动曲线如图 8－16 所示。齿条的运动通过齿轮 4 和 5 传递给传剑轮，从而驱动剑带运动。

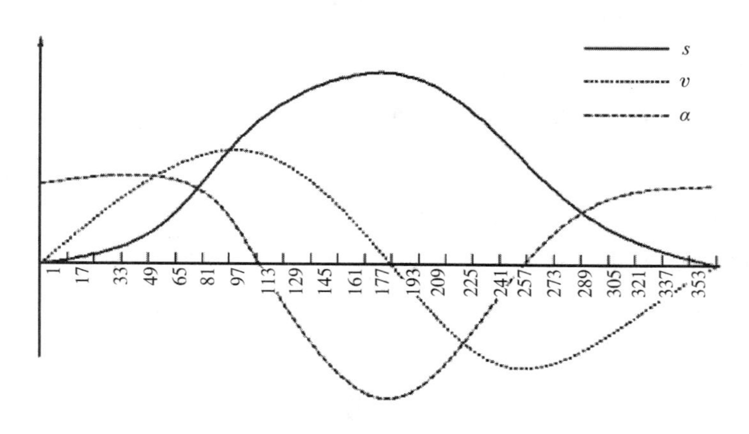

图 8－16 齿条运动曲线图

第二节 喷气引纬机构

喷射气流或水流实现引纬被认为是近代织造技术中最理想的引纬方式之一，因为该种引纬机构没有笨重的传动件，可适应高速生产需要，且机器占地面积少。问题是：引纬必须设有定长储纬装置，否则每次喷出的纬纱长度（如从筒子纱直接喷出）无法控制；空气及水必须提前净化，去除灰尘、油滴和空气中的水滴，不然会使喷管堵塞，或喷到纱上，污染织物。同时，空气中的水在喷纬时会加强纬纱头端退捻，降低纱线强度，改变织物外观等特性。

为解决上述问题，梭口中的喷气气流必须加以控制，可用管导片装置减少气流的扩散，或用异形钢筘加辅助喷嘴补充气流，使沿喷嘴轴线方向上气流保持有较高的引纬速度，符合引纬要求，既保证气流速度始终大于纬纱速度，使纬纱呈伸直状态，不致产生纬缩疵点，又要尽可能节省气流，节约动力。在喷水织造区还必须加罩，防止水滴散失，并能对水回收利用。下面就喷射引纬的相关问题分别阐明其设计原理。

一、定长储纬装置

定长储纬装置的作用包括两方面：一是定量量取纬纱，确保一次引纬所需长度；二是使纬纱退解张力小而匀，提高纬纱飞行速度。

定长储纬装置按定长方式可分为定长盘式、滚筒式和罗拉定长、气流储纬式。定长盘式结构简单，定长准确，但定长盘直径大，不宜高速阔幅；滚筒式的气圈稳定，退解张力小，长度调节方便，但结构复杂，定长不够准确；罗拉定长、气流储纬式结构简单，定长准确，张力小，长度可调，但吸力有限，不适强捻度和高特纱，封闭式清洁不便。

目前高档无梭织机上普遍采用定鼓式储纬器，工作原理如图 8－17 所示。纬纱 2 由轻质绕沙盘中的导纱管 5 做回转运动卷绕到静止的储纱鼓 4 上。通常在引纬前，储纱鼓上有 2～3 纬的储纬量。每次引纬开始时，电磁针 3 受控上抬，纬纱从储纱鼓上退绕，当达到预设的退绕圈数时，电磁针 3 受控下插，停止退绕，完成一次引纬定长。引纬过程中，每纬退绕圈数 n 可按下式计算：

$$n = L_k\left(\frac{1 + a}{\pi d}\right) \tag{8-22}$$

式中：L_k 为织机上机筘幅；a 为考虑织边等因素的加放率；d 为储纱鼓直径。

图 8－17 中纬纱定长电磁针只设置了 1 根，这时纬纱退绕的起止点相同，因而每纬退绕圈数 n 必须是整数才能满足定长要求。如 L_k、a 一定，则储纱鼓直径 d 必须可调整才能使 n 为整数。如储纱鼓四周纬纱定长磁针根数大于 1，则每纬退绕圈数 n 就不必是整数，储纱鼓直径也可固定。

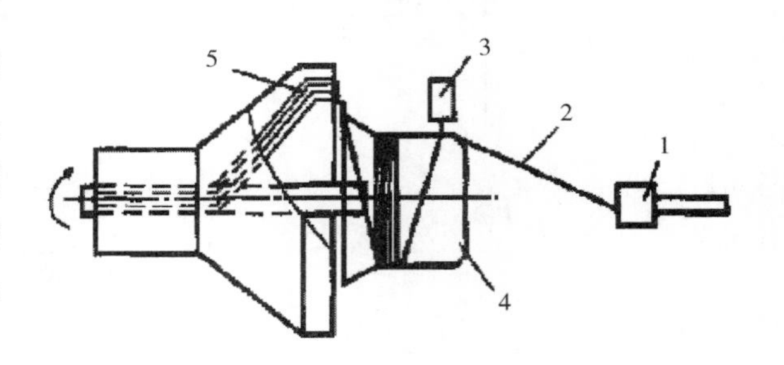

图 8－17　定鼓式储纬器示意图

1—主喷嘴　2—纬纱　3—电磁针

4—储纱鼓　5—导纱管

二、压缩空气的供给

现代喷气织机可从压缩空气站集中供气。因为这种供气方式可保持织造车间的清洁，并降低车间的噪声和发热量，改善车间环境。

为了使压缩空气输入车间前能去除空气中的水和油等杂质，在压缩空气站中设置如图 8－18 所示装置。

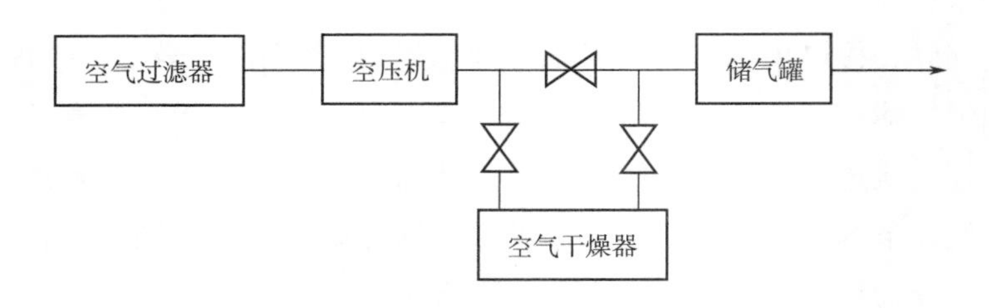

图 8－18　压缩空气站框图

（一）空气过滤器

空气进入压缩空气站一般先应经过滤，去除尘杂，然后再进入空压机，起到保护空压机，延长寿命的作用。经过过滤后的空气含杂大小对于螺旋式空压机要求低些，一般在 4～20μm，对离心式空压机要求则很高，要求在 2μm 以下。这在选择过滤器纸质滤芯时有不同要求。

（二）空压机

空压机现有两类，均属无油式。一类是瑞典阿特拉斯 ZR 系列的螺旋式空压机，它起动特性好，但使用寿命短，一般在 5 年左右；另一类是美国英格斯莱离心式空压机，它的起动性能差些，但结构简单，维修方便，寿命长。选择空压机容量应满足下式：

空压机容量 > 每台织机空气消耗量 × 机台数 X（1.2 ~ 1.4）。每台织机空气消耗量指20℃在1个大气压时的换算值。在吸入空气温度超过20℃时的吸入空气量应比20℃时的换算值（体积）增加。例如吸入空气45℃时应比20℃时的换算值增加$\frac{273+45}{273+20}-1\approx 0.08$。

一般织机最高使用压力为294kPa，考虑到经过空压站及车间的压力损失，则空压机输出压力应在588kPa以上，但最高不超过686kPa。

（三）空气干燥器

一般空气干燥器置于储气罐前，提高储气罐内压缩空气清洁度，减少水杂。若先进入储气罐，则进入空气干燥器的空气压力比较稳定，但积水多。

空气干燥器分冷冻式和再生式两类。用冷冻式，压缩空气露点在4 ~ 10℃，从而去除空气中水分，其输出空气温度在20℃左右，温度比较低，但耗电较多。再生式干燥器利用压气机产生的热量烘燥空气，这一方法省电，仅140W左右，但输出空气温度在40℃左右，对车间空调制冷要求较高。

（四）储气罐

作为空气压力源储存压缩空气，减小空气排出的压力波动，要求波动在 ± 30kPa（0.3个大气压）左右，同时使空气在储气罐内有相对停留时间，有利于水分、杂质和油分的分离。

（五）空气管道

使用碳钢钢管SGP－W，内镀锌，管道尽可能短，尽量减少节流和弯道。主管道呈锥形应高于支管，支管有1/200坡度，利排水，考虑到压缩空气在管道中流动时不出现水锤现象，不产生振动，一般控制流速 v 在10 ~ 20m/s之间。

设计输送管道的截面尺寸时，应先根据所输送空气的流量 Q（m^3/h）算出管道的截面面积 F（m^2），然后再算管道内径 d：

$$d=\sqrt{\frac{4F}{\pi}} \qquad F=\frac{Q}{3600v}$$

故：

$$d=\sqrt{\frac{Q}{900\pi v}}(\mathrm{m})=18.8\sqrt{\frac{Q}{v}}(\mathrm{mm})$$

根据以上计算，车间里输气管应顺流有一坡度，管子应用防锈处理后的钢管制成。

过去我国都使用单独供气装置，使用灵活，机台间无牵连影响，基本建设投资少，但是不同机台之间引纬参数不一致，导致织物特性有一定差别，且生产效率不一样，因此现在较少使用，此处不做进一步阐述。

三、主喷嘴

主喷嘴由喷嘴芯、喷嘴体和导纱管组成；喷嘴内流道由空气加速区、纬纱引纬区和纬纱加速区组成，如图8－19所示。引纬时，由主气包来的高压气流从入口进入主喷嘴，经环形气室及整流槽后，气流由高速涡流变为沿轴线方向的直流，整流后的气流经亚音速加速区，通过锥形套快速提高气流速度，亚音速气流经过喉部，在喉部出口处达到或超过当地音速。当此高速气流进入纬纱引射区时，当地气流静压已小于大气压，形成负压区，外界大气携纬纱经引纬流道进入导纱管，经过纬纱加速区，高速气流在导纱管内与纬纱充分作用，使纬纱达到引纬所需的速度。

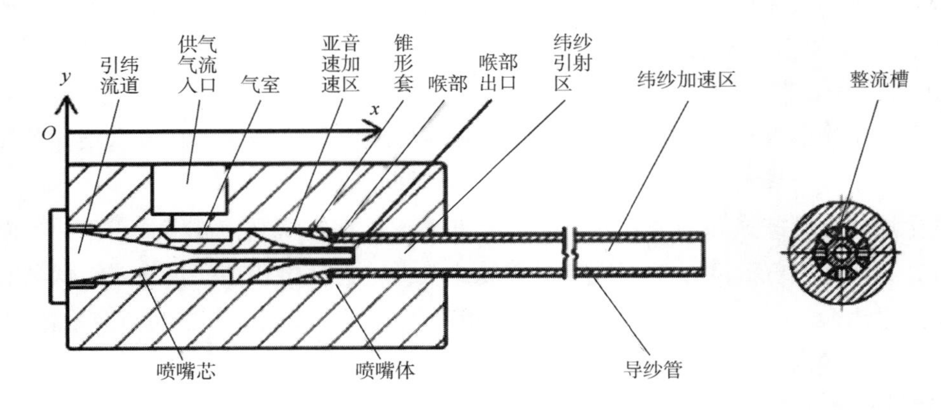

图 8－19　主喷嘴结构组成示意图

由于主喷嘴体积小，单位时间散热量少，所以可把喷射过程看作绝热过程。

设：P_0，P_1 为进喷嘴和出喷嘴的空气压力；ρ_0，ρ_1 为进喷嘴和出喷嘴的空气密度；ω_0，ω_1 为进喷嘴和出喷嘴的空气流速；K 为空气绝热系数，为 1.4。

假定喷射过程是定常绝热过程，则：

$$\frac{P_0}{P_1} = \left(\frac{\rho_0}{\rho_1}\right)^K$$

故：

$$\frac{P_1/\rho_1}{P_0/\rho_0} = \frac{P_1}{P_0}\left(\frac{P_0}{P_1}\right)^{1/K} = \left(\frac{P_1}{P_0}\right)^{1-\frac{1}{K}}$$

根据机械能守恒：

$$\frac{K}{K-1}\frac{P_1}{\rho_1} + \frac{\omega_1^2}{2} = \frac{K}{K-1}\frac{P_0}{\rho_0} + \frac{\omega_0^2}{2}$$

因为 ω_0，ω_0^2 相对于 ω_1，ω_1^2 很小，可忽略不计，则：

$$\omega_1 = \sqrt{\frac{2K}{K-1}\left(\frac{P_0}{\rho_0} - \frac{P_1}{\rho_1}\right)}$$

$$\sqrt{\frac{2K}{K-1}\frac{P_0}{\rho_0}\left[1 - \left(\frac{P_1}{P_0}\right)^{\frac{K-1}{K}}\right]} = \sqrt{\frac{2K}{K-1}\frac{P_0}{\rho_0}\left[\left(\frac{P_1}{P_0}\right)^{\frac{K-1}{K}} - 1\right]} \tag{8-23}$$

如果出口处喷嘴内孔断面积为 A，车速为 N(r/min)，每次喷纬时间占主轴一转时间的 $1/n$，则每次喷纬消耗的气量为：

$$G = \rho_1 A\omega_1 \cdot \frac{60}{nN} \tag{8-24}$$

若实验所得引纬需要的气量 G 为已知值，根据式（8－23）、式（8－24）可估算出断面积及喷嘴的出口直径（即导纱管直径），一般导纱管直径在4～11mm，没有辅助喷嘴以及纬纱比较粗时取值大。理想的主喷嘴导纱管应做成可装卸更换的。

主喷嘴结构参数对引纬速度，耗气量都有影响。

（1）当主喷嘴孔径大时，气流速度一定，耗气量上升，但引纬距离增加；耗气量一定，气流速度下降，引纬距离减小。当主喷嘴孔径小时，纬纱与喷管内壁面摩擦增加，能量损失增大。

（2）主喷嘴导纱管主要起到对气流进而对纬纱的加速作用，因此导纱管越长则摩擦牵引力越大，但过长时速度增加不多，反而增加占地面积，因此一般导纱管长度小于250mm。

（3）主喷嘴供气力压大小也对纬纱引纬速度产生影响。主喷嘴供气压力一般在0.2～0.5MPa范围内，且供气压力越大，纬纱喷出主喷嘴时速度越高，但是耗气量也相应增大，因此供气压力并非越大越好，一般取值在0.3MPa左右。主喷嘴具体各结构参数以及供气压力需要通过对主喷嘴气流场特性的具体分析来寻找最佳参数组合。

四、梭口中气流的控制

由主喷嘴喷射出的气流进入引纬通道后，由于周围空气的渗入，流速迅速降低，范围逐步扩大，形成一锥形气流场。当流速大于纬纱速度时，纬纱沿着主喷嘴轴线最大速度方向呈直线运动。气流在轴线方向的速度分布，在定常状态下，可用轴线方向离喷嘴出口距离 x 的指数关系式表示：

$$v = V_0 e^{x/a} \tag{8-25}$$

式中：V_0 为主喷嘴出口气流速度；a 为常数，在自由射流状态下，$a=30$cm。

可见在 $V_0=300$m/s 的情况下，在离主喷嘴出口1m处气流速度将降低到10m/s左右。此处纬纱速度将大幅超过气流速度，因而该处气流不仅起不到积极引纬作用，反而阻碍纬纱伸直，使纬纱飞行时发生抖动。为了使气流速度在整个引纬过程中都高于纬纱飞行速度，实现顺利引纬，有关人员设计了三种不同的装置：

（一）单喷嘴引纬，管道片控制气流

管道片可看作在梭口中固定着一根开有无数垂直槽的直管，这些槽便于上下层经纱自由进出，而每一片管道片还开有出纱槽，以便在梭口闭合时使管道中的纬纱能沿该出纱槽脱出。

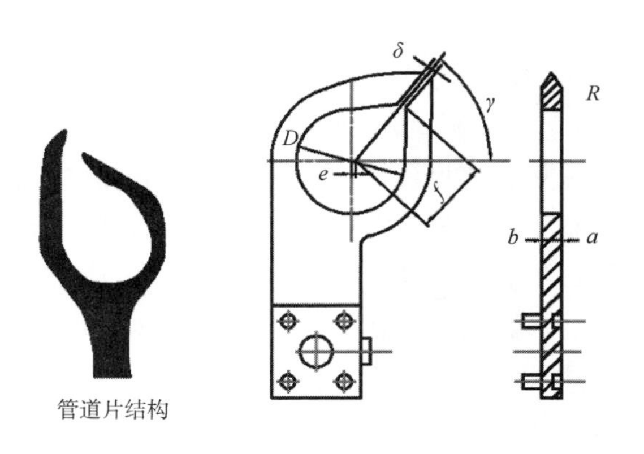

图8－20 管道片结构

管道片结构如图8－20所示。图中：D 为孔径，一般为15～18mm，喷管直径大时 D 取大值；a 为管道片厚度，为3.4～4mm；b 为间隙，0.6～0.8mm。当经纱密度较大或纱线较粗时，管道片取较小的厚度和较大的间隙；

δ 为出纱槽宽度不小于纬纱直径两倍，一般槽宽为 0.4mm 左右。角度 γ 为约 50°～65°，偏距 e 为 2～3mm。

管道片外形须考虑插入经纱顺利和便于安装，廓线要光滑。其顶部是由两个半径为 R 的圆弧相交而成的尖劈，插入梭口时不至于顶起经纱，但也不能太尖，否则会顶断经纱；其根部有互相对应的四个凸钉和四个小孔，组装时钉与孔相配，使管道片正确地叠装在一起，保证各片管道孔的同心度；根部中间的圆孔穿入长螺栓，将所有管道片夹紧固定，使之组成一条平直的引纬管道。

打纬时，管道片应运动至织口下方，不影响打纬的进行。在运动时，管道片顶部运动的轨迹应与边撑下部有一定的距离，防止擦伤管道片，并给调整边撑位置留有余地。

管道片一般用塑料制成，要求表面光滑，无毛刺，与经纱的摩擦系数小，耐磨，注塑成形后尺寸形状稳定。但许多塑料与经纱摩擦会产生静电，影响织造化纤织物。为避免产生静电，要适当选择管道片的材料。

（二）多喷嘴接力引纬，管道片控制气流

虽然管道片具有一定的控制气流的作用，但是从主喷嘴喷射出来的气流在流经引纬通道过程中，依然会发生扩散，气流速度不断降低，因此单喷嘴加管道片的方式只适合幅宽较小的织物。多喷嘴接力引纬则在前者的基础上，在引纬通道中加装多组辅助喷嘴，不断补充气流，使得引纬通道中气流速度保持在较高范围内，因此提高了引纬速度，适合幅宽较宽的织物。

辅助喷嘴机构如图 8－21 所示，是不锈钢管（ϕ2.5），顶端在倾角为 10°～13°的斜面上开有 ϕ1.5～ϕ1.8 的单孔或呈梅花形排列的一组小孔。管中通入 250kPa（2.5 个左右大气压）的压缩空气补充接力喷气。这种梅花形小孔喷射集束性好，但加工较困难，孔易被尘埃堵塞，所以多用单一孔的辅助喷嘴。辅助喷嘴压力不能过小，否则纬纱不易被拉直造成纬停；辅助喷嘴压力也不能太大，否则电磁针关闭后容易吹断纬纱，一般辅喷气压比主喷气压高 0.15MPa。

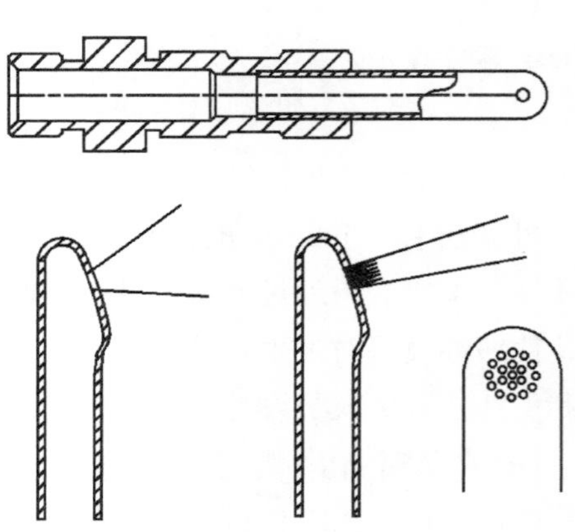

图 8－21　辅助喷嘴喷结构及喷孔类型图

（三）异形钢筘加辅助接力喷射装置

采用管道片装置时，应将支承筘座的摇轴位置适当向后移，以便在打纬时能使管道片沉到织口下面，不妨碍打纬。但对于高密度、厚重织物的织造，管道片的间隙往往容纳不了过多的经纱，再因管道片易将经纱分割造成布面经向条痕，为克服以上缺点，现在喷气织机多采用异形钢筘来控制气流，如图 8－22 所示。从主喷嘴喷出的气流通过钢筘上的筘槽，可在一定程度上减少气流扩散损失，但由于筘槽前端是开放的，气流扩散还是相当快，因此也需要在引纬通道加装多组辅助喷嘴。辅助喷嘴一般 4～6 只为一组，分别由控制阀控制它们的喷射时间（图 8－22、图 8－23）。为了节约动力消耗，它们的喷射时间是按顺序进行的，最后

一组辅助喷嘴用单独的储气箱供气，其空气压力稍高于前面各组压力。

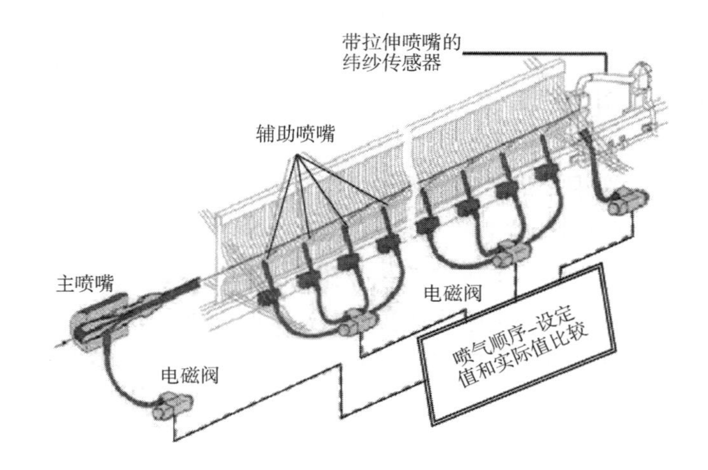

图 8－22　辅助喷嘴及异形筘引纬

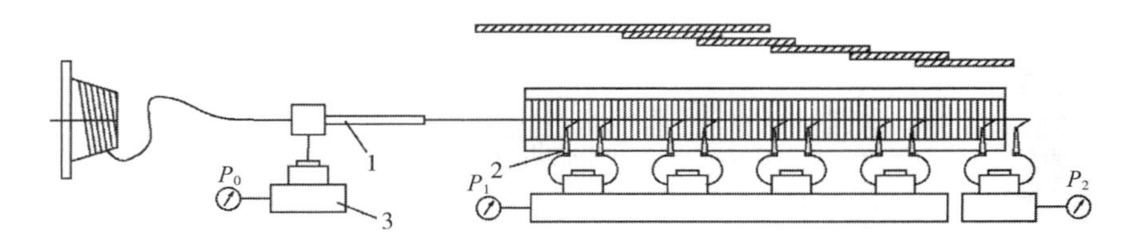

图 8－23　接力喷气示意图

1—主喷嘴　2—辅助喷嘴　3—储气箱

对主喷嘴和各辅助喷嘴喷射气流时间安排的原则是：

（1）主喷嘴喷气时间要比夹纱器开放时间提早 10°～20°。先把喷嘴前挂着的纱头吹直，然后夹纱器开放，纬纱开始飞行。

（2）各组辅助喷嘴开始喷气的时间应在纬纱头端到达前 10°～20°时开始，并依次进行。由于主喷嘴喷出的气流迅速扩散，靠近主喷嘴的第一只辅助喷嘴距主喷嘴轴向距离一般在 10cm 左右，其后的轴向气流速度是主喷嘴与辅喷嘴喷射气流的合成。为了保证其最低气流速为最大纱速的 1.5 倍，两辅助喷嘴之间距离一般不超过 9cm。气流的合成及气流在筘座方向的分布图，如图 8－24（a）、（b）所示。

（3）主喷嘴及前面两组辅喷嘴主要是引导

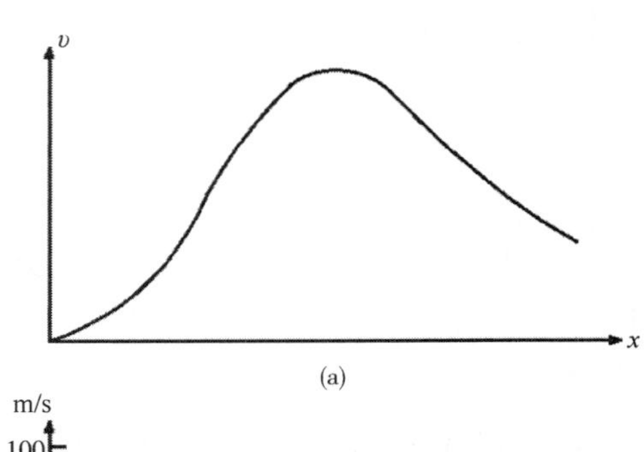

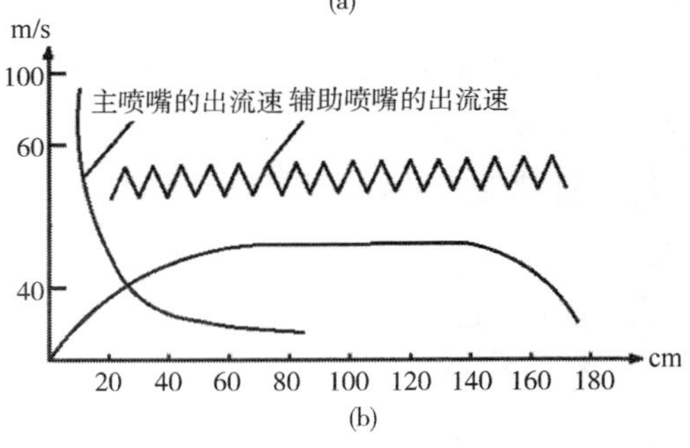

图 8－24　气流和合成及其在钢筘方向的分布

纬纱起加速作用，在这之后纬纱本身已获得了一定的速度，再加上头端的辅喷嘴气流引导作用，足以使纬纱保持所需飞行速度，并在伸直状态下飞行。所以在第二组辅喷嘴喷射气流后，主喷嘴便可关闭，节约动力。

（4）当后面辅喷嘴开始并经过10°至20°时间，前面的辅喷嘴即可关闭，只要纬纱能保持所需飞行速度和头端保持在伸直状态下飞行即可，节省动力消耗。

（5）最后一组辅喷嘴要求有足够的牵伸力，其气压及喷射速度要比前面的高，且关闭喷射时间要在纬纱到达并喷出梭口以后，这是为了保证纬纱在受绞边经纱握持时能呈伸直状态。

这类喷气织机的时间配合和控制还应随纬纱品种、织机速率等因素进行具体调整。对于喷嘴阀门及定长装置中握持纬纱的指子等往往都通过电磁阀来控制。在人工设定起闭时间时，必须考虑电磁阀的特性和滞后时间，所用电磁阀动作要灵敏，运动部分质量要轻，磁性引力要大，要尽量减小其迟滞时间。

现代喷气织机都由计算机控制，如图8－25所示，它已向智能化方向发展。在开车后引入第一纬时，电动机和织机要在一定时间内逐步升速会造成纬纱松弛，此时计算机将发出特殊指令改变常规的引纬时间，如提前释放喷气及提前释放定长纬纱指子等来克服这一缺陷。

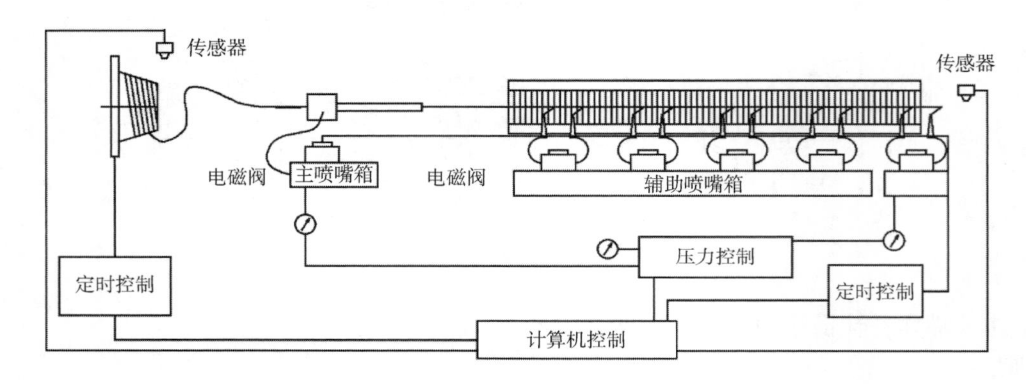

图8－25　气流的电脑控制示意图

一般在纬纱出口处安装两只探纬器，分别为短纬探纬器和长纬探纬器（图8－26）。探纬器为红外光电式，一个发光器，探测纬纱，反射给受光器，得到信号关车。具体作用为：当短纬光电管发射和接收镜面的光信号发生变化时，短纬控制系统进行信号处理。如果确认是纬纱信号时，系统认为引纬运动完成，发出打纬信号并做好下次探纬的准备；如果系统确认没有纬纱信号时，发出停车要求。同时，长纬光电管进行检测，当发现有纬纱通过，系统认为发生长纬（断纬），发出停车要求。

图8－26　喷水织机光电探纬器

这种探测控制装置对织物的品种和纬纱的适应性方面带来有利条件，它对提高产品质量也起积极作用。

思考题

1. 织机主轴转速 $n=200$r/min，最大穿筘幅度1300mm，梭子长425mm，梭子飞行时间占主轴转角 $\alpha_0=145°$，击梭时间占主轴转角 $\alpha_1=40°$。试求：

（1）梭子的平均速度和最大速度（取梭速损失系数 $K=1.1$）；（2）若采用正弦加速度运动规律，其 $x,\dot{x},\ddot{x}$ 各为多少?

2. 某织机的投梭机构要求在220mm的投梭动程内产生12.5m/s的速度将梭子投出，投梭过程中梭子按正弦加速度运动规律（前半周期）运动。车速200r/min，问投梭的时间应占织机主轴转角多少度？投梭过程中最大加速度有多大?

第九章　织机打纬机构设计

本章知识点

1. 四连杆打纬机构的筘座运动性能分析。
2. 短牵手打纬机构的设计。
3. 共轭凸轮打纬机构的运动规律和凸轮设计。

打纬机构的作用，是将已引入梭口的纬纱紧密地打入织口形成织物。此外，打纬的筘座还起着控制引纬器或引纬介质（如气或水）飞行的导向作用。因此筘座的运动须与引纬相配合，筘座上与引纬有关的零件如钢筘、导向片等结构，要根据引纬器或引纬介质的要求而设计。

打纬机构应用最为广泛的有四连杆打纬机构、六连杆打纬机构和共轭凸轮打纬机构。此外也有异形筘打纬、电子打纬、非圆齿轮驱动的连杆打纬机构和气缸驱动打纬机构，但是由于各种因素的限制，使用较少。本章主要介绍四连杆打纬机构和共轭凸轮机构的设计方法。

第一节　四连杆打纬机构

图 9－1 所示为典型的四连杆打纬机构。曲柄轴 1 回转时，曲柄 2 通过连杆 3（也叫牵手）带动筘座脚 5 绕摇轴 9 做往复摆动。筘座脚向前摆动时，钢筘将纬纱打入织口，完成打纬动作。这种打纬机构结构简单，制造容易，但筘座运动没有停顿时间。

为了获得较长的引纬时间，将牵手缩得很短出现了短牵手打纬机构，它能使筘座摆到最后位置时的速度极慢，接近于停顿。图 9－2 为喷气织机的短牵手打纬机构。在此种喷气织机上，由于喷射纬纱的喷嘴是固定在机架上的，引纬时要求筘座 1 最好静止不动，让喷嘴能对准筘座上管道片 2 的孔，保证纬纱顺利飞行，短牵手打纬机构能近似地满足此要求。

一、筘座的运动性能

四连杆打纬机构的运动性能，取决于四根连杆的尺寸安排。不同的尺寸安排使四连杆打纬机构可分为以下几种类型。

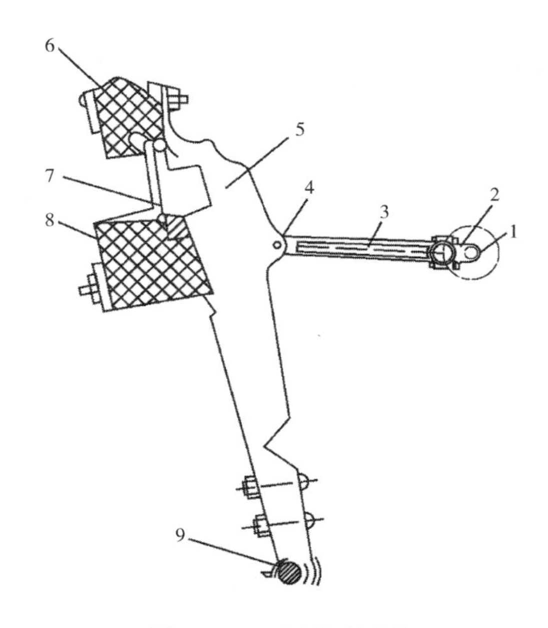

图 9－1　四连杆打纬机构

1—曲柄轴　2—曲柄　3—牵手连杆　4—牵手栓　5—筘座脚　6—筘帽　7—钢筘　8—筘座　9—摇轴

(1) 按曲轴位置分类。有轴向打纬机构和非轴向打纬机构。轴向打纬机构就是在筘座摆到最前和最后位置时，牵手栓中心 C 的两个死点 C_0 和 C_n 连线的延长线恰好通过曲轴中心 A，如图 9－3（a）所示；非轴向打纬机构则是 C_0C_n 的延长线不通过曲轴中心 A，如图 9－3（b）、（c）所示。通常把曲轴中心到 C_0C_n 线的垂直距离称为非轴向偏距 e。如果 C_0C_n 的延长线在曲轴中心上方，定 e 为正值，如图 9－3（b）所示；如果 C_0C_n 的延长线在曲轴中心下方，则定 e 为负值，如图 9－3（c）所示。

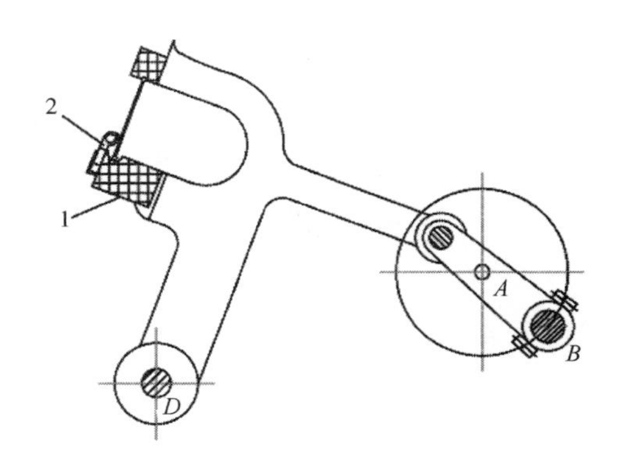

图 9－2　喷气织机短牵手打纬机构

1—筘座　2—管道片

(2) 按牵手的长短分类。有长牵手、中牵手和短牵手三种打纬机构。牵手长度 l_2 与曲柄半径 l_1 的比值 $l_2/l_1 < 3$ 的为短牵手打纬机构；$l_2/l_1 = 3 \sim 6$ 的为中牵手打纬机构；$l_2/l_1 > 6$ 的为长牵手打纬机构。

（一）e 值和 l_2/l_1 值与筘座运动的关系

e 值和 l_2/l_1 值与筘座运动性能的关系可以用下面的解析法近似求出：四连杆打纬机构中，当 CD 杆（筘座脚）比 AB（曲柄）长得多时，牵手栓 C 点的运动轨迹接近为一直线。例如当 $CD/AB = 10 \sim 12$ 时，用直线代替圆弧面造成的误差小于 1%，为简化分析，可将 C 点的运动轨迹看成是直线，即把四连杆打纬机构简化为一个曲柄滑块机构。现根据曲柄 AB 的回转角度来求筘座摆动位移的变化规律。

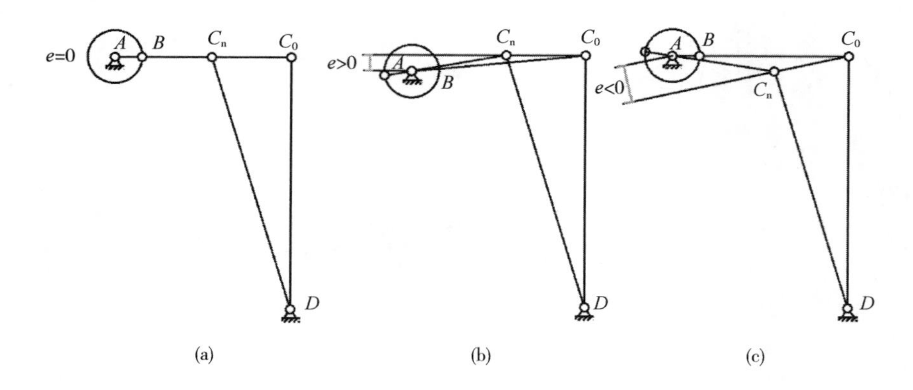

图 9－3　轴向打纬机构与非轴向打纬机构简图

建立图 9－4 所示的右手坐标系，令曲柄转动中心 A 点为坐标原点，x 轴平行于 $C_n C_0$ 的连线（ C_0 是曲柄与牵手拉直共线时牵手栓的位置，即筘座打纬结束时的位置；C_n 为曲柄与牵手重叠共线时牵手栓的位置，即筘座脚退到最后的位置）。过 A 点作 $C_n C_0$ 连线的垂线，垂足为 A'，$e = AA'$。设 AC_0 与 x 轴的夹角 $\angle AC_0A' = \beta_0$，根据几何关系得：

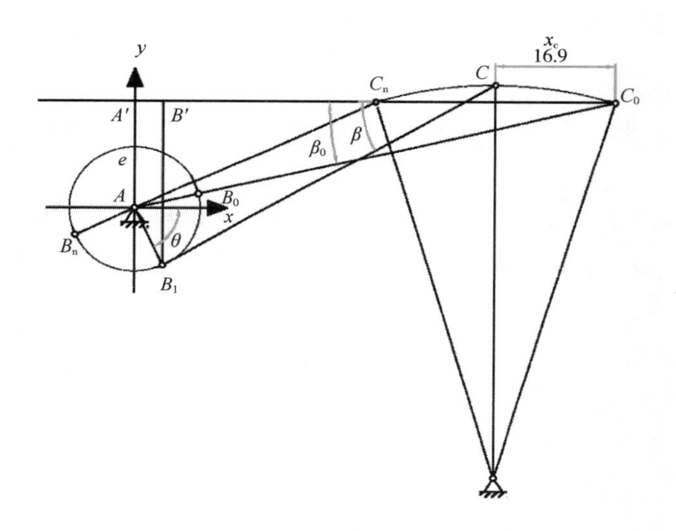

图 9－4　四连杆打纬机构运动分析简图

$$\sin\beta_0 = \frac{e}{l_1 + l_2} \tag{9-1}$$

$$A' C_0 = (l_1 + l_2)\cos\beta_0 \tag{9-2}$$

设 θ 为曲柄与 x 轴正向夹角，顺时针为正，逆时针为负。当曲柄转到任意角度 θ 时，牵手栓对应位置 C 点的位移值 x_c 为：

$$x_c = A'C_0 - (l_1\cos\theta + l_2\cos\beta) = (l_1 + l_2)\cos\beta_0 - (l_1\cos\theta + l_2\cos\beta) \tag{9-3}$$

由图 9－4 几何关系可知：

$$\sin\beta_0 = \frac{(e + l_1\sin\theta)}{l_2} \tag{9-4}$$

则：

$$\cos\beta = (1-\sin^2\beta)^{\frac{1}{2}} = \left[1-\left(\frac{e+l_1\sin\theta}{l_2}\right)^2\right]^{\frac{1}{2}}$$

用二项式定理展开：

$$\cos\beta = 1-\frac{1}{2}\times\frac{(e+l_1\sin\theta)^2}{l_2^2}-\frac{1}{8}\times\frac{(e+l_1\sin\theta)^4}{l_2^4}-\cdots \tag{9-5}$$

在中、长牵手时，可略去高次项，近似取：

$$\cos\beta = 1-\frac{(e+l_1\sin\theta)^2}{2l_2^2}$$

代入式（9-3），可求得：

$$x_c \approx (l_1+l_2)\cos\beta_0 - l_1\cos\theta - l_2\left[1-\frac{1}{2}\times\frac{(e+l_1\sin\theta)^2}{l_2^2}\right] \tag{9-6}$$

令

$$(l_1+l_2)\cos\beta_0 - l_2 + \frac{e^2}{2l_2} = B$$

则：

$$x_c = B - l_1\cos\theta + \frac{l_1^2\sin^2\theta}{2l_2} + \frac{el_1\sin\theta}{l_2} \tag{9-7}$$

式（9-7）即是中、长牵手长筘座脚打纬机构牵手栓位移与曲轴转角 θ 之间的函数关系近似式。将此式对时间 t 求一阶及二阶导数，可得出牵手栓速度 v_c 和加速度 a_c 的函数式：

$$v_c = \frac{dx_c}{dt} = v_B\left(\sin\theta + \frac{l_1}{2l_2}\sin2\theta + \frac{e}{l_2}\cos\theta\right) \tag{9-8}$$

$$a_c = \frac{d^2x_c}{dt^2} = \frac{v_B^2}{l_1}\left(\cos\theta + \frac{l_1}{l_2}\cos2\theta - \frac{e}{l_2}\sin\theta\right) \tag{9-9}$$

上两式中 $v_B = l_1 d\theta/dt = l_1\omega$，$\omega$ 为曲轴的角速度。如果已知机构的结构尺寸 l_1、l_2、e 值，代入式（9-7）~式（9-9）中，即可得到位移、速度、加速度的变化曲线。如果式（9-7）~式（9-9）中 $e=0$，则可得轴向打纬机构的运动方程式：

$$x_c = l_1(1-\cos\theta) + \frac{l_1^2}{2l_2}\sin^2\theta \tag{9-10}$$

$$v_c = v_B\left(\sin\theta + \frac{l_1}{2l_2}\sin2\theta\right) \tag{9-11}$$

$$a_c = \frac{v_B^2}{l_1}\left(\cos\theta + \frac{l_1}{l_2}\cos2\theta\right) \tag{9-12}$$

又若 $l_2/l_1 \to \infty$，即牵手极长，则牵手栓运动就近似于简谐运动，运动方程式为：

$$x_c = l_1(1-\cos\theta) \tag{9-13}$$

$$v_c = v_B\sin\theta \tag{9-14}$$

$$a_c = \frac{v_B^2}{l_1}\cos\theta \tag{9-15}$$

（二）l_2/l_1 值和 e 值对筘座运动的影响

1. l_2/l_1 值对筘座运动的影响 设打纬机构为轴向打纬机构，$e=0$，将式（9－10）～式（9－12）进一步推导，可得筘座运动规律的无量纲普遍公式：

$$\frac{x_c}{l_1}=(1-\cos\theta)+\frac{l_1}{2l_2}\sin^2\theta \tag{9-16}$$

$$\frac{v_c}{l_1\omega}=\sin\theta+\frac{l_1}{2l_2}\sin2\theta \tag{9-17}$$

$$\frac{a_c}{l_1\omega^2}=\cos\theta+\frac{l_1}{l_2}\cos2\theta \tag{9-18}$$

根据上面三个公式，直接可看出 l_2/l_1 值与筘座运动规律之间的关系。现分别以长牵手 $l_2/l_1\rightarrow\infty$、中牵手 $l_2/l_1=4.1$（自动换梭棉织机）、短牵手 $l_2/l_1=1.5$（喷气织机）代入式（9－16）～式（9－18），得筘座运动位移、速度、加速度的变化曲线如图 9－5 所示。需要注意的是，以上一系列推导所得出的公式是建立在中、长牵手及长筘座脚的基础上。对于短牵手，因式（9－3）中的第三项值比较大，不能略去，故图 9－5 中的短牵手（$l_2/l_1=1.5$）曲线与实际曲线相比是有一定误差的。

由图中曲线可看出 l_2/l_1 值对筘座运动的影响如下：

（1）牵手越长，即 $l_2/l_1\rightarrow\infty$ 时，筘座的运动越接近简谐运动。

（2）根据织造工艺要求，引纬器进出梭口时，钢筘离织口须有一定的距离。设此时牵手栓的位移为 x_k。在有梭织机上，x_k 可取梭子宽度的某一个倍数。例如：厚重织物，x_k 取 2 倍梭宽；中薄织物，x_k 取 1.75 倍梭宽。以 x_k/l_1 值在筘座位移曲线上作一水平线，它与曲线交点在横坐标轴上的投影，即允许梭子进出梭口的时间。图 9－5（a）中所示的截距 θ_1、θ_2、θ_3 就分别表示不同牵手长度时允许梭子飞行即引纬的时间。牵手越短，则允许的引纬时间越长。

（3）牵手越短，筘座在后死心处的运动越慢。喷气织机的打纬机构就是利用了这一特点，选用了短牵手机构，使其具有近似的停顿时间。

（4）牵手越短，筘座的加速度变化越大，增大机器振动。筘座在前死心附近时加速度最大，利用惯性打纬时，对打纬有利，适合织造毛、麻等厚重织物。若机速高，宜采用轻筘座，以减轻振动。

2. e 值对筘座运动规律的影响 现取曲轴长度 $AB=76$mm，牵手长度 $BC=289$mm，筘座脚长度 $CD=753.34$mm，并分别令 $e=0$，$e=+100$mm，$e=-100$mm，分别代入式（9－7）～式（9－9）进行计算，便可得到如图 9－6 所示的位移、速度、加速度曲线。将三者进行比较，可知：

（1）由位移图可以发现：非轴向打纬机构牵手栓的动程大于轴向打纬机构，即大于 2 l_1（轴向打纬机构动程等于 2 l_1），如以一定的 x_k 距离截取位移曲线，$e>0$ 时引纬器可以提早进梭口，$e<0$ 时引纬器可延迟出梭口。

（2）从速度图可看出：对于非轴向偏距 $e>0$ 的打纬机构，筘座由前死心摆向后死心时，曲轴转过的角度小于 180°，而筘座由后死心摆向前死心时，曲轴转过的角度大于 180°，非轴向偏距 $e<0$ 时则相反。

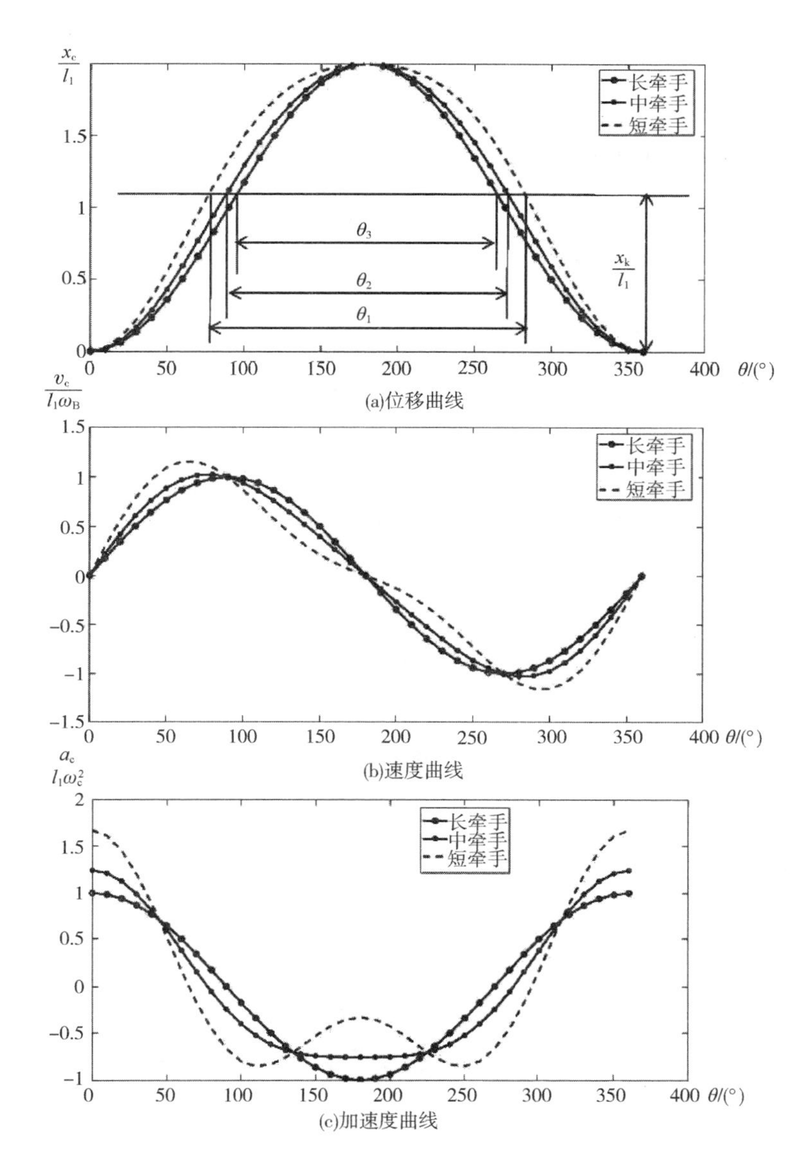

图 9－5　l_2/l_1 值对筘座运动性能的影响

（3）从加速度图可看出，非轴向打纬机构的加速度总大于轴向打纬机构。这些特性使得非轴向打纬机构更适应于织厚重织物，但织机的振动较大。

了解了 l_2/l_1 值和 e 值对筘座运动性能的影响后，就可根据各种织机的工艺特点及空间位置来合理设计和选择四连杆尺寸。

从纺织生产的历史发展来看，以往有梭丝织机采用中、长牵手的较多。一方面因为丝织物轻，所需打纬力小；另一方面中、长牵手可提供充裕的空间来安装提花机。此外有梭丝织机的机速不高，中、长牵手打纬机构所给予的引纬时间已能满足梭子飞行的要求，故而在有梭丝织机上未采用短牵手打纬机构。短牵手打纬机构过去应用于阔幅有梭毛织机、金属丝网织机、重型织机，主要是利用筘座在后方运动缓慢，有利于引纬的特点。随着织

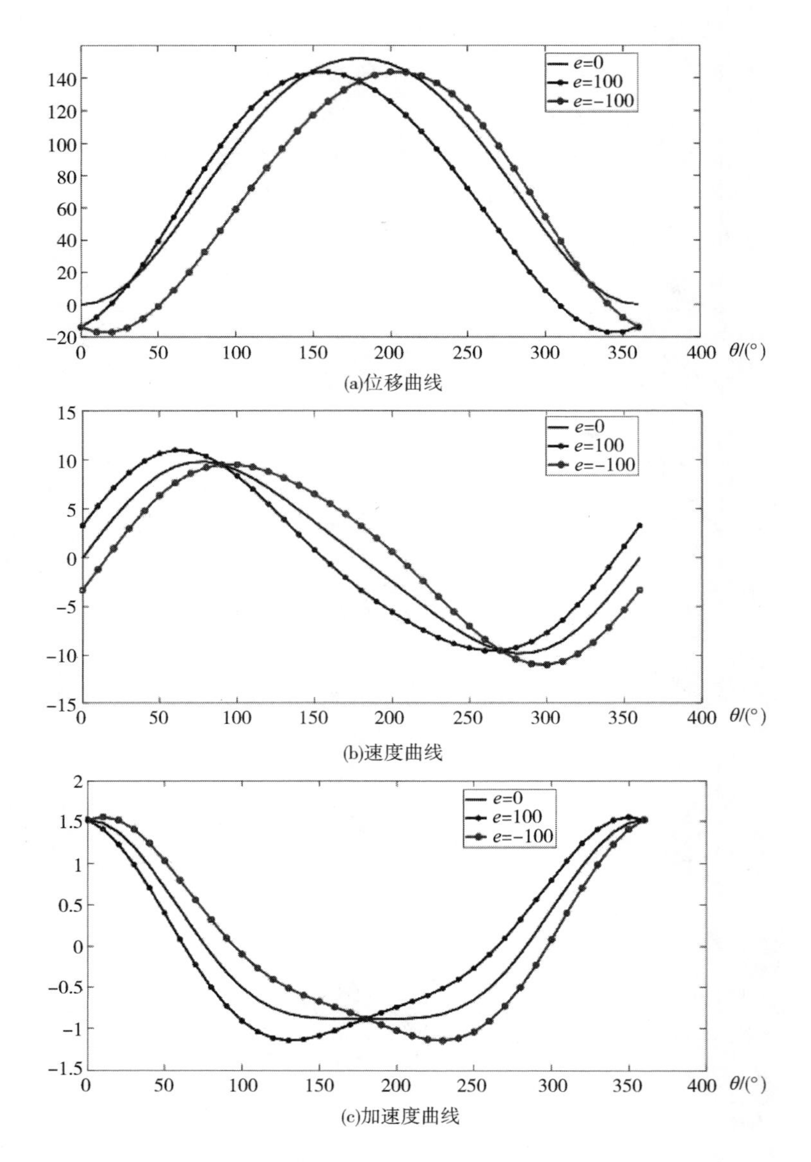

图 9-6 非轴向偏距 e 对筘座运动规律的影响

机的高速化，短牵手打纬机构能延长引纬时间的这一优势日益凸显，因而各种新型无梭织机如喷气、剑杆织机等，不论织何种纤维织物，不论幅宽大小，只要是采用四连杆打纬机构的几乎都选择了短牵手打纬机构，且通过使用铝合金筘座，缩短筘座脚长度来减小惯性力和振动。

表 9-1 列出各种织机的打纬机构尺寸。短牵手机构的设计要比中、长牵手机构难，设计不当会出现压力角过大的情况。但由于织机高速化的发展趋势使得连杆式打纬机构均采用短牵手打纬机构，因此后续将专门讨论短牵手打纬机构的设计问题。

表 9-1　各种织机的打纬机构尺寸　　单位：mm

机型	曲柄半径 R	牵手长度 L	筘座脚长度 CD	曲柄 A 与摇轴 D 的水平距离	曲柄 A 与摇轴 D 的垂直距离	$\frac{L}{R}$ 值	e 值
TP500 剑杆织机	75	110	520.2	498	150	1.47	+6.53
MAV 剑杆织机	60	105	926	524.5	763	1.75	+4.43
1511M 自动棉织机	70	289	683	410	632	4.1	-18.2
1515 自动棉织机	76	289	684	481	632	3.8	-63.0
H212 毛织机	82	448	745	600	625	5.4	-1.1
K251 丝织机	65	525	660	635	565	8.1	-11.76
K261 丝织机	65	370	660	480	565	5.7	+14.18
喷气织机（1）	50	75	287	252	135	1.5	+6.3
喷气织机（2）	70	105	301.5	301	96	1.5	-4.7

二、四连杆打纬机构运动规律的精确计算公式

式（9-7）~式(9-9）是连杆尺寸与筘座运动关系的近似表达式，它分析了 l_2/l_1 值和 e 值对筘座运动的影响，可为设计人员进行四连杆机构设计提供一定思路。但该组公式是近似的，不能精确计算筘座的运动规律，因此下面推导四连杆打纬机构运动规律的精确计算方式。

设曲柄、牵手和筘座脚的长度分别为 l_1、l_2、l_3，曲柄中心到摇轴的距离为 l_4，以曲柄中心 A 为坐标原点，AD 为实轴，逆时针转过 90° 为虚轴，建立如图 9-7 所示坐标系，则四连杆打纬机构 $ABCD$ 构成一个封闭矢量四边形，按图中各矢量方向得：

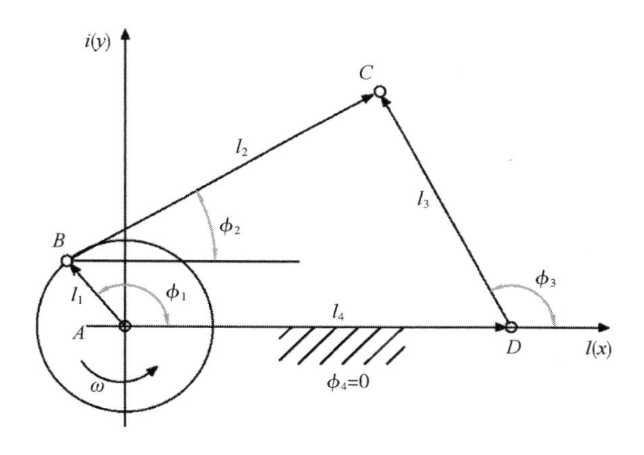

图 9-7　铰链四杆机构

$$\vec{l}_1 + \vec{l}_2 = \vec{l}_3 + \vec{l}_4 \tag{9-19}$$

用复数表示为：

$$l_1 e^{i\phi_1} + l_2 e^{i\phi_2} = l_3 e^{i\phi_3} + l_4 \tag{9-20}$$

分别取实部和虚部：

$$\begin{cases} l_1\cos\phi_1 + l_2\cos\phi_2 = l_3\cos\phi_3 + l_4 \\ l_1\sin\phi_1 + l_2\sin\phi_2 = l_3\sin\phi_3 \end{cases} \tag{9-21}$$

令:

$$E = l_4 - l_1\cos\phi_1$$

$$F = -l_1\sin\phi_1$$

$$G = \frac{E^2 + F^2 + l_3^2 - l_2^2}{2l_3} \tag{9-22}$$

式中:$\phi_1 = \omega t$,ω是织机主轴的转速。将式(9-22)代入式(9-21),可得到筘座脚的摆动角位移计算公式:

$$\phi_3 = 2\tan^{-1}\left(\frac{F + \sqrt{E^2 + F^2 - G^2}}{E - G}\right) \tag{9-23}$$

同时得到牵手的角位移公式:

$$\phi_2 = \tan^{-1}\left(\frac{F + l_3\sin\phi_3}{E + l_3\cos\phi_3}\right) \tag{9-24}$$

将式(9-20)对时间求导,得到:

$$l_1\dot{\phi}_1 ie^{i\phi_1} + l_2\dot{\phi}_2 ie^{i\phi_2} = l_3\dot{\phi}_3 ie^{i\phi_3} \tag{9-25}$$

为消去$\dot{\phi}_2$,上式两边分别乘以$e^{-i\phi_2}$,可得:

$$l_1\dot{\phi}_1 ie^{i(\phi_1-\phi_2)} + l_2\dot{\phi}_2 i = l_3\dot{\phi}_3 ie^{i(\phi_3-\phi_2)} \tag{9-26}$$

对式(9-26)取实部,整理后得到筘座脚角速度计算公式为:

$$\dot{\phi}_3 = \dot{\phi}_1\frac{l_1\sin(\phi_1 - \phi_2)}{l_3\sin(\phi_3 - \phi_2)} \tag{9-27}$$

同理,为消去$\dot{\phi}_3$,对式(9-26)两边同乘以$e^{-i\phi_3}$,得到:

$$l_1\dot{\phi}_1 ie^{i(\phi_1-\phi_3)} + l_2\dot{\phi}_2 ie^{i(\phi_2-\phi_3)} = l_3\dot{\phi}_3 i \tag{9-28}$$

取其实部,整理后得牵手的角速度计算公式为:

$$\dot{\phi}_2 = -\dot{\phi}_1\frac{l_1\sin(\phi_1 - \phi_3)}{l_2\sin(\phi_2 - \phi_3)} \tag{9-29}$$

将式(9-26)再次对时间求导,得:

$$l_1\ddot{\phi}_1 ie^{i\phi_1} - l_1\dot{\phi}_1^2 e^{i\phi_1} + l_2\ddot{\phi}_2 ie^{i\phi_2} - l_2\dot{\phi}_2^2 e^{i\phi_2} = l_3\ddot{\phi}_3 ie^{i\phi_3} - l_3\dot{\phi}_3^2 e^{i\phi_3} \tag{9-30}$$

为消除$\dot{\phi}_2$,上式两边分别乘以$e^{-i\phi_2}$,可得:

$$l_1\ddot{\phi}_1 ie^{i(\phi_1-\phi_2)} - l_1\dot{\phi}_1^2 e^{i(\phi_1-\phi_2)} + l_2\phi_2 i - l_2\dot{\phi}_2^2 = l_3\ddot{\phi}_3 ie^{i(\phi_3-\phi_2)} - l_3\dot{\phi}_3^2 e^{i(\phi_3-\phi_2)} \tag{9-31}$$

上式取实部,整理后得筘座脚的加速度计算公式:

$$\ddot{\phi}_3 = \frac{l_2\dot{\phi}_2^2 + l_1\ddot{\phi}_1\sin(\phi_1 - \phi_2) + l_1\dot{\phi}_1^2\cos(\phi_1 - \phi_2) - l_3\dot{\phi}_3^2\cos(\phi_3 - \phi_2)}{l_3\sin(\phi_3 - \phi_2)} \tag{9-32}$$

同理,将式(9-30)两边同时乘以$e^{-i\phi_3}$,消除$\ddot{\phi}_3$得:

$$l_1\ddot{\phi}_1 ie^{i(\phi_1-\phi_3)} - l_1\dot{\phi}_1^2 e^{i(\phi_1-\phi_3)} + l_2\ddot{\phi}_2 ie^{i(\phi_2-\phi_3)} - l_2\dot{\phi}_2^2 e^{i(\phi_2-\phi_3)} = l_3\ddot{\phi}_3 i - l_3\dot{\phi}_3^2 \tag{9-33}$$

取其实部得：

$$\ddot{\phi}_2=\frac{l_3\dot{\phi}_3^2-l_1\ddot{\phi}_1\sin(\phi_1-\phi_3)-l_1\dot{\phi}_1^2\cos(\phi_1-\phi_3)-l_2\dot{\phi}_2^2\cos(\phi_2-\phi_3)}{l_2\sin(\phi_2-\phi_3)} \tag{9-34}$$

即为牵手角加速度计算公式。

三、短牵手打纬机构设计方法

短牵手打纬机构较中、长牵手打纬机构设计难度大。因为牵手缩短后虽可延长引纬时间，但机构的压力角会增大，传力情况会恶化。杆件尺寸选择不当时，还会出现曲柄不能做全圆周旋转的情况。

由机械原理可知，在曲柄摇杆机构中，当曲柄为主动件时，机构最大压力角出现在曲柄与机架共线的时刻，即：

$$\alpha_{max}=\max\left\{\cos^{-1}\left[\frac{l_2^2+l_3^2-(l_4-l_1)^2}{2l_2l_3}\right],\cos^{-1}\left[\frac{l_2^2+l_3^2-(l_4+l_1)^2}{2l_2l_3}\right]\right\}$$

从织造工艺和机械观点来看，对短牵手打纬机构运动设计的要求有：

（1）能实现织造工艺所提出的筘座总摆动角 β_{max}；

（2）筘座运动应能保证具有足够的引纬时间即近似的静止时间 ϕ_s；

（3）机构的最大压力角 α_{max} 不能过大，一般不宜超过 50°，只在不得已的情况下才允许达 60°。

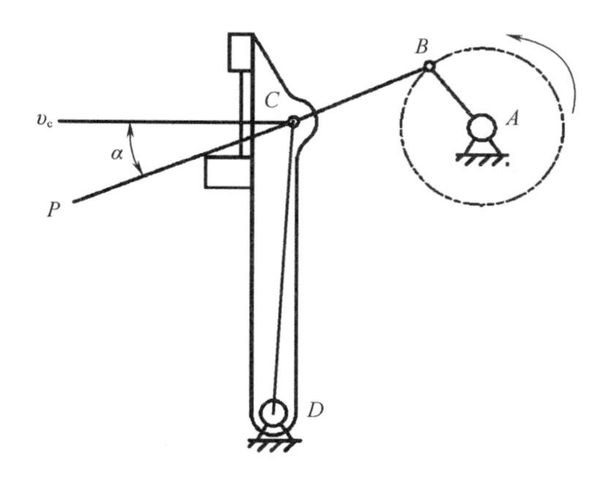

图 9－8　短牵手打纬机构简图

因此设计短牵手打纬机构时，首先要控制其压力角。压力角是从动杆（筘座脚）*CD* 上 *C* 点的线速度 v_c 与驱动力 *P* 之间的夹角 α，如图 9－8 所示。由于轴向打纬机构的最大压力角总小于非轴向打纬机构的最大压力角，且短牵手打纬机构的压力角往往偏大，因此设计短牵手打纬机构宜选用轴向打纬机构。

构成轴向打纬机构并保证曲柄能做全圆周旋转的条件是：

$$l_1^2+l_4^2=l_2^2+l_3^2 \quad \text{（轴向机构）} \tag{9-35}$$

$$l_1<l_2<l_4 \quad \text{（曲柄做全圆周旋转）} \tag{9-36}$$

式中：l_1、l_2、l_3、l_4 分别为图 9－7 所示各杆的长度。

为了使今后的计算能适用于各种曲柄尺寸，对上述公式进行无量纲化，即令

$$a_0=\frac{l_1}{l_1}=1,b_0=\frac{l_2}{l_1},c_0=\frac{l_3}{l_1},d_0=\frac{l_4}{l_1}$$

于是上两式演化为：

$$1+d_0^2=b_0^2+c_0^2 \tag{9-37}$$

$$1 < b_0 < d_0 \tag{9-38}$$

对式（9－37）进行推导，可得到设计轴向打纬机构的有关公式如下：

杆 c_0 的长度：

$$c_0 = \sqrt{1 + d_0^2 - b_0^2} \tag{9-39}$$

最大压力角 α_{max}：

$$\alpha_{max} = \cos^{-1}\left(\frac{d_0}{b_0 c_0}\right) \tag{9-40}$$

筘座总摆角 β_{max}：

$$\beta_{max} = \beta_1 - \beta_2 = \cos^{-1}\left(\frac{d_0^2 + c_0^2 - (b_0 + 1)^2}{2d_0 c_0}\right) - \cos^{-1}\left(\frac{d_0^2 + c_0^2 - (b_0 - 1)^2}{2d_0 c_0}\right) \tag{9-41}$$

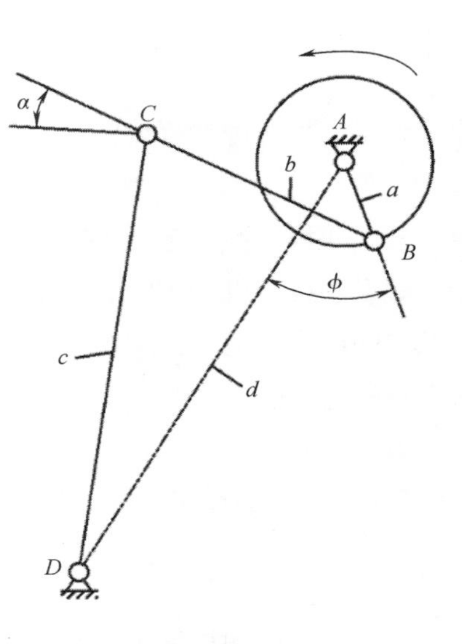

图 9－9　压力角 α 与曲柄转角 ϕ 关系图

如图 9－10 所示，B_1C_1 是筘座前死心时（即曲柄和连杆拉直共线时）连杆上两个铰链点所在的位置，B_2C_2 是筘座在后死心时（曲柄与连杆重叠共线时）所占据的位置，则 DC_1 与 DC_2 之间的夹角就是筘座的摆角 β_{max}。设引纬期间，筘座允许微动 $\Delta\beta$，若以筘座摆到前死心为计时起点，设 β_1 为引纬器进、出梭口时筘座的摆角，则有：

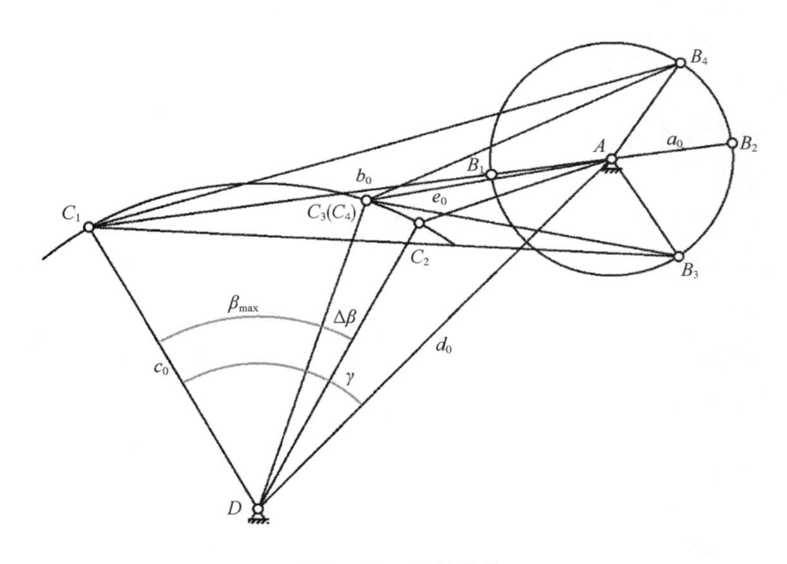

图 9－10　打纬机构

$$\Delta\beta = \beta_{max} - \beta_1$$

B_3C_3、B_4C_4 分别是曲柄转过 $\angle B_3AB_4$ 时连杆所占据的位置，其中 C_3、C_4 两点重合。设 $AC_3 = AC_4 = e_0$，则：

$$\angle C_3AB_3 = \angle C_4AB_4 = \cos^{-1}\left(\frac{a_0^2 + e_0^2 - b_0^{\ 2}}{2a_0e_0}\right) = \cos^{-1}\left(\frac{1 + e_0^2 - b_0^{\ 2}}{2e_0}\right) \tag{9-42}$$

$$e_0 = \sqrt{d_0^2 + c_0^2 - 2d_0c_0\cos(\gamma + \Delta\beta)} \tag{9-43}$$

式中，γ 是筘座在后死心位置时 DC_2 与机架 AD 之间的夹角。

$$\gamma = \cos^{-1}\left(\frac{d_0^2 + c_0^2 - (b_0 - 1)^2}{2d_0c_0}\right) \tag{9-44}$$

在引纬期间，筘座近似停顿时间用曲柄转角表示为：

$$\phi_s = 360° - \angle C_3AB_3 - \angle C_4AB_4 = 360° - 2\cos^{-1}\left(\frac{1 + e_0^2 - b_0^{\ 2}}{2e_0}\right) \tag{9-45}$$

设计打纬机构时，若给定筘座总摆动角度 β_{max}、筘座近似停顿时间 ϕ_s（或 $\Delta\beta$）和许用压力角［α］，则通过联立式（9－41）、式（9－43）～式（9－45）就可以计算出打纬机构各杆件的相对尺寸 b_0、c_0 和 d_0。式（9－40）用于验证机构最大压力角是否满足要求。

第二节　共轭凸轮打纬机构

一、共轭凸轮打纬机构的组成和特点

共轭凸轮打纬机构的组成如图 9－11 所示，在主轴 1 上装有共轭凸轮，其由主凸轮 2 和副凸轮 9 刚性连接组成，与主副凸轮分别相接触的转子 3 和 8 铰接在筘座脚 4 上，筘座脚 4 承载着筘座 6 和钢筘 7。主凸轮回转一周，凸轮推动转子带动筘座做一次往复摆动，其中主凸轮 2 使筘座向前摆动实现打纬运动，副凸轮 9 使筘座向后摆动，使钢筘撤离织口。

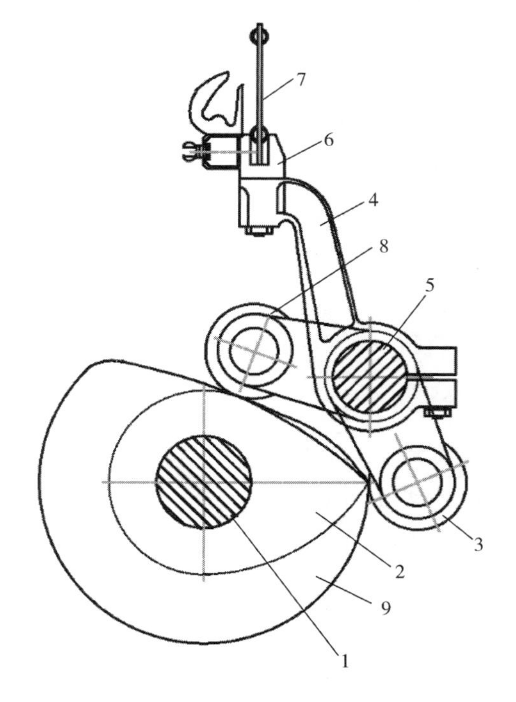

图 9－11　共轭凸轮打纬机构
1—主轴　2—主凸轮　3—主凸轮转子　4—筘座脚
5—摇轴　6—筘座　7—钢筘　8—副凸轮转子
9—副凸轮

由于工艺方面的原因，在某些织机如片梭织机和剑杆织机上，要求引纬阶段筘座有较长静止时间，以便为引纬提供足够的时间。凸轮机构的优势是可以通过精确设计凸轮廓线得到理想的从动件（筘座）运动规律，所以凸轮打纬机构常应用于此类织机。

共轭凸轮打纬机构具有如下特点：

（1）筘座有相当长的静止时间，可供纬纱飞行时间更长，对纬纱的作用更为柔和，为高速、阔幅引纬创造了有利条件。

（2）为了适应不同幅宽的需要，可采用不同轮廓的凸轮，更换方便。

（3）筘座能静止在梭口后方，可充分利用梭口高度，减小打纬动程。

（4）筘座在引纬时可以保证绝对静止，因此引纬机构能够与筘座分离。采用轻质筘座，短筘座脚，适应高速。

（5）共轭凸轮打纬机构多采用整体式凸轮轴、整体摆臂轴，系统结构性好，能满足各种织物打纬的需要。

（6）主要传动构件（凸轮、转子和摆臂）被封闭在箱体内，且浸没在油浴系统中，润滑充分。在运动副间隙中所形成的油膜还可以缓和打纬时引起的转子与凸轮之间的冲击，并可使用多个凸轮箱同步工作，能在宽度方向上由多个支点支撑筘座与钢筘，但对凸轮箱的同步精度要求较高。

二、筘座运动设计方法

（一）筘座动程的选择

凸轮打纬机构筘座运动时间短、加速度大、惯性大、机器易振动，为了减小机器振动，筘座的动程应该尽量小。但筘座动程的确定与引纬器的大小以及开口高度有关。当引纬器的尺寸一定时，筘座动程越大，开口动程就越小；反之，筘座动程越小，开口动程就越大，且前、后综的动程差异也大。这不仅易断经纱，使前、后综经纱张力差异显著，且易使织口上下跳动，因此筘座动程也不能过小。

表9－2列出几种织机的凸轮打纬机构结构尺寸。从表中看出，有些筘座脚长度（以打纬点到摇轴中心的距离间接表示）比四连杆打纬机构的筘座脚要短得多，这是为了减小惯性和机器的振动。筘座脚长度与转子臂长度的比值 L/l 应综合考虑筘座动程、凸轮受力、凸轮压力角、凸轮外形体积和空间地位等因素确定。

表9－2　几种织机的凸轮打纬机构的结构尺寸（实测近似值）　　单位：mm

机型	打纬点到摇轴中心的距离 L	转子摆臂长度 l	L/l	主、副凸轮工作曲线基圆半径	转子直径
LT102 刚性剑杆织机	850.9	300	2.69	101	52
Somet SM93 挠性剑杆织机	175.5	80	2.19	52	80
Picnnol GTM 挠性剑杆织机	164	70	2.34	80	80
Sulzer 片梭织机	167	60	2.78	60	60

（二）筘座运动时间的分配

主轴一转中除筘座的静止时间，剩下的便是筘座作往复运动的时间。静止时间长对引纬虽然有利，但剩下的运动时间就短，会使筘座的运动加速度增大，从而引起织机的振动。因此筘座的静止时间不宜过长，需根据引纬方式、筘幅、机速、筘座动程、织造工艺等情况合理确定。表9－3列出了几种共轭凸轮打纬机构的筘座运动时间分配数值。

表 9-3 几种凸轮打纬机构的运动参数（实测近似值）

机型	筘座动程/mm	摆角/（°）	静止角/（°）	运动角	
				向前/（°）	向后/（°）
LT102 刚性剑杆织机	119.5	8.5	134.5	112.5	113
Somet SM93 挠性剑杆织机	82.7	27	220.5	67.5	72
Picnnol GTM 挠性剑杆织机	90	32	210	75	75
Sulzer 片梭织机	70	24	255	52.5	52.5

（三）筘座运动规律的选择

为满足各种织物的工艺特点并使机构适应高速，筘座运动规律的设计原则如下：

（1）筘座静止时期结束，开始向前打纬时，筘座的加速度应由零逐渐递增；筘座向后摆动到静止位置时，它的加速度也应逐渐递减到零。

（2）在其他时间内，加速度变化要缓和，不要有突变，而且加速度的峰值要小。

（3）在打纬时刻，根据织物的特点，筘座的加速度值有两种设计方式：对于厚重紧密织物，通常应使筘座加速度的大小能产生足够的惯性力来克服打纬阻力，即形成惯性打纬，使打纬结实；对于一般织物，在高速织机上趋向于采用非惯性打纬，即打纬时刻筘座的角加速度为零或较小数值，为了避免形成“开车稀密档”织疵。

（4）高速运转时，还应考虑主轴回转不匀对运动规律产生的畸变影响。

按上述原则选择筘座的运动曲线时，单用一种运动曲线方程是不能同时满足所有要求的，因此常采用两种或三种曲线进行组合。下面将介绍两种组合曲线：一种是正弦与余弦加速度组合曲线（图 9-12），另一种是改进梯形加速度曲线（图 9-13）。两图中的坐标原点对应于筘座结束静止、开始运动的瞬时；$\theta=\pi$ 对应于筘座运动到最前位置，即打纬结束的时刻。

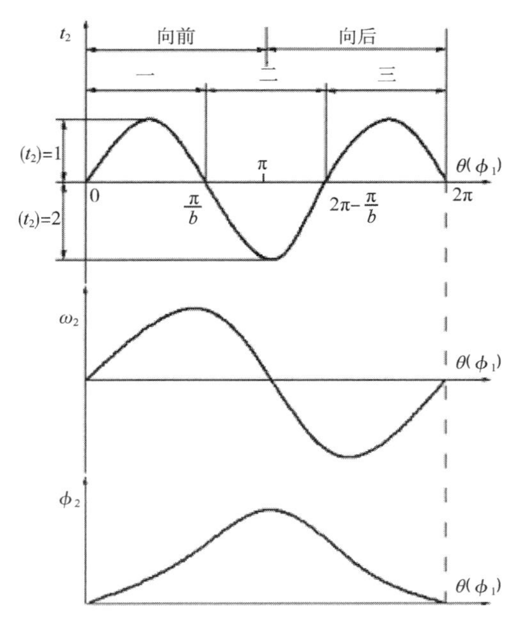

图 9-12 正弦与余弦加速度组合曲线

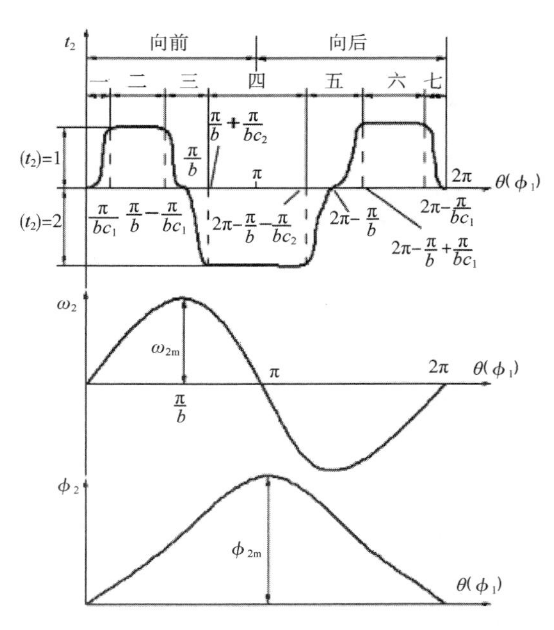

图 9-13 改进型梯形加速度运动规律

图9－12、图9－13中各符号意义：ε_2 为筘座角加速度；ω_2 为筘座角速度；ϕ_2 为筘座角位移；ϕ_1 为凸轮轴转角；θ 为动点在辅助圆上的角位移；b、c_1、c_2 为时间分配系数。

两图中横坐标采用 θ，是为了便于推导公式。θ 是由凸轮轴转角 ϕ_1［单位：(°)］转化而来，两者关系式如下：

$$\theta(\text{rad}) = 2\pi \times \frac{\phi_1}{\phi_0} \tag{9-46}$$

式中：ϕ_0 为筘座来回摆动一次所对应的凸轮轴转角（°）。

分析图9－12、图9－13中的角加速度曲线发现：筘座向前运动的前半部曲线可满足上述的（1）、（2）、（4）设计原则。至于打纬时刻，两曲线都具有一定的角加速度值 $(\varepsilon_2)_{m2}$，合理配置筘座的转动惯量 J 大小后，可以形成惯性打纬或非惯性打纬。

惯性打纬条件：

$$J \cdot (\varepsilon_2)_{m2} > \text{打纬阻力矩} \tag{9-47}$$

非惯性打纬条件：

$$J \cdot (\varepsilon_2)_{m2} < \text{打纬阻力矩} \tag{9-48}$$

若将图9－13中的加速度曲线改成如图9－14所示，即在打纬时刻 $\varepsilon_2 = 0$，不论筘座转动惯量的数值如何，都只能执行非惯性打纬。下面分别推导图9－12和图9－13中的曲线方程式。至于图9－14的公式只需在改进梯形加速度曲线的方程式上稍做修改，故不再赘述。

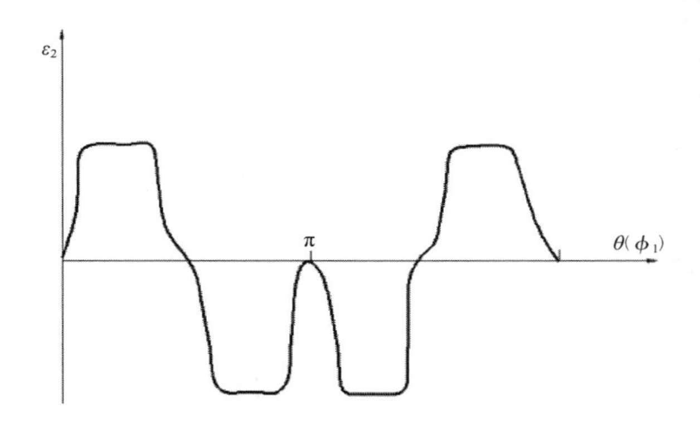

图9－14　打纬时加速度为零的改进梯形加速度曲线

1. 正弦与余弦加速度组合曲线运动规律

（1）筘座的角加速度 ε_2。

在 $\theta = 0 \sim \frac{\pi}{b}$ 区段内

$$\varepsilon_2 = (\varepsilon_2)_{m1}\sin\left(\frac{\theta}{\pi/b}\cdot\pi\right) = (\varepsilon_2)_{m1}\sin(b\theta) \tag{9-49}$$

$\theta = \frac{\pi}{b} \sim \left(2\pi - \frac{\pi}{b}\right)$ 区段内

$$\varepsilon_2 = -(\varepsilon_2)_{m2}\sin\left(\frac{\theta - \pi/b}{2\pi - 2\pi/b}\cdot\pi\right) = -(\varepsilon_2)_{m2}\cos\left[\frac{\pi - \theta}{2(1 - 1/b)}\right] \tag{9-50}$$

在 $\theta = \left(2\pi - \frac{\pi}{b}\right) \sim 2\pi$ 区段内

$$\varepsilon_2 = (\varepsilon_2)_{m1} \sin\left[\frac{\theta - \left(2\pi - \frac{\pi}{b}\right)}{\frac{\pi}{b}} \cdot \pi\right] = (\varepsilon_2)_{m1} \sin[b(2\pi - \theta)] \tag{9-51}$$

（2）筘座的角速度 ω_2。

在 $\theta = 0 \sim \frac{\pi}{b}$ 区段内

$$\omega_2 = (\varepsilon_2)_{m1} \int \sin(b\theta) \cdot dt = \frac{(\varepsilon_2)_{m1}}{\omega} \int \sin(b\theta) \cdot d\theta = \frac{-(\varepsilon_2)_{m1}}{b\omega} \cos(b\theta) + c \tag{9-52}$$

式中：ω 为动点在辅助圆上的角速度，其表达式如下：

$$\omega = \frac{d\theta}{dt} = \frac{2\pi}{\phi_0} \cdot \frac{d\phi_1}{dt} = \frac{2\pi}{\phi_0}\omega_1$$

式中：ω_1 为凸轮轴角速度。

当 $\theta = 0$ 时，$\omega_2 = 0$，所以 $c = \frac{(\varepsilon_2)_{m1}}{b\omega}$

于是：

$$\omega_2 = \frac{(\varepsilon_2)_{m1}}{b\omega}[1 - \cos(b\theta)] \tag{9-53}$$

在 $\theta = \frac{\pi}{b} \sim \left(2\pi - \frac{\pi}{b}\right)$ 区段内

$$\omega_2 = -(\varepsilon_2)_{m2} \int \cos\left[\frac{\pi - \theta}{2(1 - 1/b)}\right] \cdot dt = \frac{2(\varepsilon_2)_{m2}(1 - 1/b)}{\omega} \sin\left[\frac{\pi - \theta}{2(1 - 1/b)}\right] + c \tag{9-54}$$

当 $\theta = \pi$ 时，$\omega_2 = 0$，所以积分常数 = 0。

在 $\theta = \left(2\pi - \frac{\pi}{b}\right) \sim 2\pi$ 区段内

$$\omega_2 = (\varepsilon_2)_{m1} \int \sin[b(2\pi - \theta)] dt = \frac{(\varepsilon_2)_{m1}}{b\omega} \cos[b(2\pi - \theta)] + c = \frac{(\varepsilon_2)_{m1}}{b\omega} \{\cos[b(2\pi - \theta)] - 1\} \tag{9-55}$$

当 $\theta = 2\pi$ 时，$\omega_2 = 0$，所以 $c = -\frac{(\varepsilon_2)_{m1}}{b\omega}$

根据式（9－54），当 $\theta = \frac{\pi}{b}$ 时，$\omega_2 = \frac{2(\varepsilon_2)_{m2}\left(1 - \frac{1}{b}\right)}{\omega}$

根据式（9－53），当 $\theta = \frac{\pi}{b}$ 时，$\omega_2 = \frac{2(\varepsilon_2)_{m1}}{b\omega}$

两式相除得：

$$\frac{(\varepsilon_2)_{m1}}{(\varepsilon_2)_{m2}} = b - 1 \tag{9-56}$$

（3）筘座的角位移 ϕ_2。

在 $\theta = 0 \sim \frac{\pi}{b}$ 区段内

$$\phi_2 = \frac{(\varepsilon_2)_{m1}}{b\omega}\int[1 - \cos(b\theta)]dt = \frac{(\varepsilon_2)_{m1}\theta}{b\omega^2} - \frac{(\varepsilon_2)_{m1}}{b^2\omega^2}\sin(b\theta) \tag{9-57}$$

当 $\theta = 0$ 时，$\phi_2 = 0$，所以上式中的积分常数 $=0$。

在 $\theta = \frac{\pi}{b} \sim \left(2\pi - \frac{\pi}{b}\right)$ 区段内

$$\phi_2 = \frac{2(\varepsilon_2)_{m2}(1 - 1/b)}{\omega}\int\sin\left(\frac{\pi - \theta}{2(1 - 1/b)}\right)dt = \frac{4(\varepsilon_2)_{m2}(1 - 1/b)^2}{\omega^2}\cos\left(\frac{\pi - \theta}{2(1 - 1/b)}\right) + c \tag{9-58}$$

根据式（9－57），当 $\theta = \frac{\pi}{b}$ 时，$\phi_2 = \frac{\pi(\varepsilon_2)_{m1}}{b^2\omega^2}$

代入式（9－58），再由式（9－56）得：

$$c = \frac{\pi(\varepsilon_2)_{m1}}{b^2\omega^2} = \frac{\pi(\varepsilon_2)_{m2}\left(1 - \frac{1}{b}\right)}{b\omega^2}$$

从而：

$$\phi_2 = \frac{4(\varepsilon_2)_{m2}(1 - 1/b)^2}{\omega^2}\cos\left[\frac{\pi - \theta}{2(1 - 1/b)}\right] + \frac{\pi(\varepsilon_2)_{m2}(1 - 1/b)}{b\omega^2} \tag{9-59}$$

在 $\theta = \left(2\pi - \frac{\pi}{b}\right) \sim 2\pi$ 区段内：

$$\phi_2 = \frac{(\varepsilon_2)_{m1}}{b\omega}\int\{\cos[b(2\pi - \theta)] - 1\}dt = -\frac{(\varepsilon_2)_{m1}}{b^2\omega^2}\sin[b(2\pi - \theta)] - \frac{(\varepsilon_2)_{m1}\theta}{b\omega^2} + c$$

当 $\theta = 2\pi$ 时，$\phi_2 = 0$，所以 $c = \frac{2\pi(\varepsilon_2)_{m1}}{b\omega^2}$

于是：

$$\phi_2 = \frac{(\varepsilon_2)_{m1}}{b\omega^2}(2\pi - \theta) - \frac{(\varepsilon_2)_{m1}}{b^2\omega^2}\sin[b(2\pi - \theta)] \tag{9-60}$$

（4）求 $(\varepsilon_2)_{m1}$ 和 $(\varepsilon_2)_{m2}$。

当 $\theta = \pi$ 时，$\phi_2 = \phi_{2m}$（最大值），代入式（9－59），得：

$$\phi_{2m} = \frac{4(\varepsilon_2)_{m2}\left(1 - \frac{1}{b}\right)^2}{\omega^2} + \frac{\pi(\varepsilon_2)_{m2}\left(1 - \frac{1}{b}\right)}{b\omega^2} = \frac{(\varepsilon_2)_{m2}}{\omega^2}\cdot\frac{b - 1}{b^2}(4b - 4 + \pi)$$

故：

$$(\varepsilon_2)_{m2} = \frac{\phi_{2m}\omega^2 b^2}{(b - 1)(4b - 4 + \pi)} \tag{9-61}$$

$$(\varepsilon_2)_{m1} = (b - 1)(\varepsilon_2)_{m2} = \frac{\phi_{2m}\omega^2 b^2}{4b - 4 + \pi} \tag{9-62}$$

前面已说明，当筘座的转动惯量已定，为了实现惯性打纬，可由式（9－47）计算出 $(\varepsilon_2)_{m2}$ 值，然后代入式（9－61）、式（9－62）求出 b 及 $(\varepsilon_2)_{m1}$ 值。按此种方法求出的 $(\varepsilon_2)_{m1}$ 有可能过大或过小，则可选定一合适的 b 值，求出 $(\varepsilon_2)_{m1}$、$(\varepsilon_2)_{m2}$，再由 $(\varepsilon_2)_{m2}$ 确定筘

座的转动惯量 J。总之，$(\varepsilon_2)_{m1}$、$(\varepsilon_2)_{m2}$ 及 J 值的确定要综合考虑机器振动、回转不匀率、结构等因素。

表 9－4 给出了不同 b 值时的 $\frac{(\varepsilon_2)_{m2}}{(\varepsilon_2)_{m1}}$ 值及各段曲线所占的时间长短（以辅助圆的角位移 θ 表示，单位度），供设计时参考。

表 9－4　b、$\frac{(\varepsilon_2)_{m2}}{(\varepsilon_2)_{m1}}$、$\theta$ 之间的关系

b	$\frac{(\varepsilon_2)_{m2}}{(\varepsilon_2)_{m1}}$	θ/（°）		
		第一段曲线	第二段曲线	第三段曲线
2	1	0～90	90～270	270～360
1.8	1.25	0～100	100～260	260～360
$1+\frac{\pi}{4}$	$\frac{4}{\pi}$	0～100.8	100.8～259.2	259.2～360
$\frac{5}{3}$	1.5	0～108	108～252	252～360
$\frac{11}{7}$	1.75	0～114.5	114.5～245.5	245.5～360
1.5	2	0～120	120～240	240～360

2. 改进梯形加速度运动规律　改进梯形加速度运动规律是将梯形加速度运动与其他运动相组合。图 9－14 所示的曲线中，加速度曲线 ε_2 的一、三、五、七段称为过渡段。各过渡段的运动可采用相同的运动规律，例如采用简谐运动或摆线运动；各过渡段的运动也可不相同，例如一、七段采用简谐运动或摆线运动，但三、五段采用余弦运动，则三、五段内的跃动度 j_2（加速度的变化率）的变化频率可较一、七段小一半。

下面推导各过渡段采用简谐运动的筘座运动方程式，式中：c_1、c_2 为时间分配系数。

（1）筘座的角加速度 ε_2。

在 $\theta=0\sim\frac{\pi}{bc_1}$ 区段内：

$$\varepsilon_2=\frac{(\varepsilon_2)_{m1}}{2}\left\{1-\cos\left[\frac{\theta}{\pi/(bc_1)}\cdot\pi\right]\right\}=\frac{(\varepsilon_2)_{m1}}{2}[1-\cos(bc_1\theta)] \tag{9-63}$$

在 $\theta=\frac{\pi}{bc_1}\sim\left(\frac{\pi}{b}-\frac{\pi}{bc_1}\right)$ 区段内：

$$\varepsilon_2=(\varepsilon_2)_{m1} \tag{9-64}$$

在 $\theta=\left(\frac{\pi}{b}-\frac{\pi}{bc_1}\right)\sim\frac{\pi}{b}$ 区段内：

$$\varepsilon_2=\frac{(\varepsilon_2)_{m1}}{2}+\frac{(\varepsilon_2)_{m1}}{2}\cos\left\{\left[\theta-\left(\frac{\pi}{b}-\frac{\pi}{bc_1}\right)\right]\frac{\pi}{\pi/(bc_1)}\right\}=\frac{(\varepsilon_2)_{m1}}{2}\left\{1+\cos\left[bc_1\left(\theta-\frac{\pi}{b}+\frac{\pi}{bc_1}\right)\right]\right\} \tag{9-65}$$

在 $\theta=\frac{\pi}{b}\sim\left(\frac{\pi}{b}+\frac{\pi}{bc_2}\right)$ 区段内：

$$\varepsilon_2 = \frac{(\varepsilon_2)_{m2}}{2}\cos\left[bc_2\left(\theta - \frac{\pi}{b}\right)\right] - \frac{(\varepsilon_2)_{m2}}{2} = -\frac{(\varepsilon_2)_{m2}}{2}\left\{1 - \cos\left[bc_2\left(\theta - \frac{\pi}{b}\right)\right]\right\} \tag{9-66}$$

在$\theta = \left(\frac{\pi}{b} + \frac{\pi}{bc_2}\right) \sim \left(2\pi - \frac{\pi}{b} - \frac{\pi}{bc_2}\right)$区段内：

$$\varepsilon_2 = -(\varepsilon_2)_{m2} \tag{9-67}$$

在$\theta = \left(2\pi - \frac{\pi}{b} - \frac{\pi}{bc_2}\right) \sim \left(2\pi - \frac{\pi}{b}\right)$区段内：

$$\begin{aligned}\varepsilon_2 &= -\frac{(\varepsilon_2)_{m2}}{2}\cos\left\{\left[\theta - \left(2\pi - \frac{\pi}{b} - \frac{\pi}{bc_2}\right)\right]\frac{\pi}{\pi/(bc_2)}\right\} - \frac{(\varepsilon_2)_{m2}}{2} \\ &= -\frac{(\varepsilon_2)_{m2}}{2}\left\{\cos\left[bc_2\left(\theta - 2\pi + \frac{\pi}{b} + \frac{\pi}{bc_2}\right)\right] + 1\right\}\end{aligned} \tag{9-68}$$

在$\theta = \left(2\pi - \frac{\pi}{b}\right) \sim \left(2\pi - \frac{\pi}{b} + \frac{\pi}{bc_1}\right)$区段内：

$$\varepsilon_2 = \frac{(\varepsilon_2)_{m1}}{2}\left\{1 - \cos\left[bc_1\left(\theta - 2\pi + \frac{\pi}{b}\right)\right]\right\} \tag{9-69}$$

在$\theta = \left(2\pi - \frac{\pi}{b} + \frac{\pi}{bc_1}\right) \sim \left(2\pi - \frac{\pi}{bc_1}\right)$区段内：

$$\varepsilon_2 = (\varepsilon_2)_{m1} \tag{9-70}$$

在$\theta = \left(2\pi - \frac{\pi}{bc_1}\right) \sim 2\pi$区段内：

$$\varepsilon_2 = \frac{(\varepsilon_2)_{m1}}{2}\left\{1 + \cos\left[bc_1\left(\theta - 2\pi + \frac{\pi}{bc_1}\right)\right]\right\} \tag{9-71}$$

经过积分运算以后，可得各段的角速度ω_2、角位移ϕ_2的方程式以及$(\varepsilon_2)_{m1}$、$(\varepsilon_2)_{m2}$、ω_{2m}（最大值）的表达式。（ω_2方程式有兴趣可自行推导，此处省略。）

（2）筘座的角位移ϕ_2。

在$\theta = 0 \sim \frac{\pi}{bc_1}$区段内：

$$\phi_2 = \frac{(\varepsilon_2)_{m1}}{\omega^2}\left\{\frac{\theta^2}{4} + \frac{1}{2b^2c_1^2}[\cos(bc_1\theta) - 1]\right\} \tag{9-72}$$

在$\theta = \frac{\pi}{bc_1} \sim \left(\frac{\pi}{b} - \frac{\pi}{bc_1}\right)$区段内：

$$\phi_2 = \frac{(\varepsilon_2)_{m1}}{\omega^2}\left(\frac{\theta^2}{2} - \frac{\pi\theta}{2bc_1} + \frac{\pi^2}{4b^2c_1^2} - \frac{1}{b^2c_1^2}\right) \tag{9-73}$$

在$\theta = \left(\frac{\pi}{b} - \frac{\pi}{bc_1}\right) \sim \frac{\pi}{b}$区段内：

$$\phi_2 = \frac{(\varepsilon_2)_{m1}}{\omega^2}\left\{\frac{\theta^2}{4} + \left(\frac{\pi\theta}{b} - \frac{\pi^2}{2b^2}\right)\left(\frac{1}{2} - \frac{1}{c_1}\right) - \frac{1}{2b^2c_1^2}\cos\left[bc_1\left(\theta - \frac{\pi}{b} + \frac{\pi}{bc_1}\right)\right] - \frac{1}{2b^2c_1^2}\right\} \tag{9-74}$$

在$\theta = \frac{\pi}{b} \sim \left(\frac{\pi}{b} + \frac{\pi}{bc_2}\right)$区段内：

$$\phi_2 = \frac{(\varepsilon_2)_{m2}}{\omega^2}\left(\frac{1}{2b^2c_2^2}\left\{1 - \cos\left[bc_2\left(\theta - \frac{\pi}{b}\right)\right]\right\} - \frac{\theta^2}{4} + \frac{\pi\theta}{2b} - \frac{\pi^2}{4b^2}\right) + \frac{\pi(\varepsilon_2)_{m1}}{b\omega^2}\left(\theta - \frac{\pi}{2b}\right)\left(1 - \frac{1}{c_1}\right) \tag{9-75}$$

在 $\theta=\left(\frac{\pi}{b}+\frac{\pi}{bc_2}\right)\sim\left(2\pi-\frac{\pi}{b}-\frac{\pi}{bc_2}\right)$ 区段内：

$$\phi_2=\frac{(\varepsilon_2)_{m2}}{\omega^2}\left(-\frac{\theta^2}{2}+\frac{\pi\theta}{b}+\frac{\pi\theta}{2bc_2}+\frac{1}{b^2c_2}-\frac{\pi^2}{2b^2}-\frac{\pi^2}{2b^2c_2}-\frac{\pi^2}{4b^2c_2^2}\right)+\frac{\pi(\varepsilon_2)_{m1}}{b\omega^2}\left(\theta-\frac{\theta}{c_1}+\frac{\pi}{2bc_1}-\frac{\pi}{2b}\right) \tag{9-76}$$

在 $\theta=\left(2\pi-\frac{\pi}{b}-\frac{\pi}{bc_2}\right)\sim\left(2\pi-\frac{\pi}{b}\right)$ 区段内：

$$\phi_2=\frac{(\varepsilon_2)_{m2}}{\omega^2}\left\{\frac{1}{2b^2c_2^2}\left[\cos\left(bc_2\left(\theta-2\pi+\frac{\pi}{b}+\frac{\pi}{bc_2}\right)\right)+1\right]-\frac{\theta^2}{4}-\frac{\pi\theta}{2b}+\pi\theta-\pi^2+\frac{\pi^2}{b}-\frac{\pi^2}{4b^2}\right\}$$
$$-\frac{\pi(\varepsilon_2)_{m1}}{b\omega^2}\left(\theta-2\pi+\frac{\pi}{2b}\right)\left(1-\frac{1}{c_1}\right) \tag{9-77}$$

在 $\theta=\left(2\pi-\frac{\pi}{b}\right)\sim\left(2\pi-\frac{\pi}{b}+\frac{\pi}{bc_1}\right)$ 区段内：

$$\phi_2=\frac{(\varepsilon_2)_{m1}}{\omega^2}\left\{\frac{1}{2b^2c_1^2}\left[\cos\left(bc_1\left(\theta-2\pi+\frac{\pi}{b}\right)\right)-1\right]+\theta\left(\frac{\theta}{4}-\frac{\pi}{2b}-\pi+\frac{\pi}{bc_1}\right)\right\}$$
$$+\frac{(\varepsilon_2)_{m1}\pi^2}{\omega^2}\left(1+\frac{1}{b}-\frac{1}{4b^2}-\frac{2}{bc_1}+\frac{1}{2b^2c_1}\right) \tag{9-78}$$

在 $\theta=\left(2\pi-\frac{\pi}{b}+\frac{\pi}{bc_1}\right)\sim\left(2\pi-\frac{\pi}{bc_1}\right)$ 区段内：

$$\phi_2=\frac{(\varepsilon_2)_{m1}}{\omega^2}\left(\frac{\theta^2}{2}+\frac{\pi\theta}{2bc_1}-2\pi\theta+2\pi^2-\frac{\pi^2}{bc_1}-\frac{1}{b^2c_1^2}+\frac{\pi^2}{4b^2c_1^2}\right) \tag{9-79}$$

在 $\theta=\left(2\pi-\frac{\pi}{bc_1}\right)\sim2\pi$ 区段内：

$$\phi_2=\frac{(\varepsilon_2)_{m1}}{\omega^2}\left(-\frac{1}{2b^2c_1^2}\left\{\cos\left[bc_1\left(\theta-2\pi+\frac{\pi}{bc_1}\right)\right]+1\right\}+\frac{\theta^2}{4}-\pi\theta+\pi^2\right) \tag{9-80}$$

（3）$(\varepsilon_2)_{m1}$、$(\varepsilon_2)_{m2}$、ω_{2m} 的表达式。

$$(\varepsilon_2)_{m2}=\frac{\phi_{2m}\omega^2}{\frac{\pi^2}{2}-\frac{\pi^2}{2b}-\frac{\pi^2}{4b^2c_2}+\frac{4-\pi^2}{4b^2c_2^2}} \tag{9-81}$$

$$(\varepsilon_2)_{m1}=\frac{1-\frac{1}{b}-\frac{1}{2bc_2}}{\frac{1}{b}-\frac{1}{bc_1}}(\varepsilon_2)_{m2} \tag{9-82}$$

$$\omega_{2m}=\phi_{2m}\omega\frac{1-\frac{1}{b}-\frac{1}{2bc_2}}{\frac{\pi}{2}-\frac{\pi}{2b}-\frac{\pi}{4b^2c_2}+\frac{4-\pi^2}{4\pi b^2c_2^2}} \tag{9-83}$$

3. 两种运动规律的比较 在保持打纬时刻负加速度不变或有所增加的情况下，改进梯形加速度运动规律较正弦、余弦加速度组合曲线有以下优点：

（1）最大正加速度值可降低 25% ~30%；

（2）最大速度值可降低 2% ~6%；

(3) 加速度的变化率（跃动度）连续无突变；

(4) 凸轮压力角可略有下降，或者在相同的许用压力角条件下，机构尺寸可缩小。

三、共轭凸轮设计方法

织机高速化后，不少工作机构如打纬、引纬、开口等相继采用共轭凸轮进行传动，这些凸轮往往承受较大的工艺负荷或动力负荷。为减少凸轮的磨损，延长使用寿命，需对凸轮的压力角加以控制。同时织机机构众多，安排紧凑，各机构所能占有的空间有限，要求凸轮尺寸不能过大，所以应该根据理论分析合理设计共轭凸轮机构各参数，一方面将压力角控制在较小范围内；另一方面保证凸轮机构结构的紧凑性。

共轭凸轮打纬机构设计过程为：

(1) 根据打纬工艺要求确定筘座的动程 β_{max}、在后死心处筘座的静止时间 ϕ_t。

(2) 设计从动件的运动规律。

(3) 根据运动规律和空间条件、机构最大压力角 α_{max} 等要求设计凸轮机构，包括凸轮基圆半径；主、副摆杆的长度 l_1、l_2；主副摆杆之间的夹角 γ；凸轮转动中心与摆杆摆动中间之间的距离等。

(4) 在保证最大压力角在许用范围内的条件下确定凸轮转动中心至摆杆摆动中心之间的距离 a，最后设计出凸轮轮廓曲线。

(一) 确定凸轮和摆杆的中心距 a

如图 9-15 所示，设 O_1 为凸轮转动中心，增O_2 为摆杆摆动中心，A 点为主从动杆转子中心。当凸轮绕 O_1 点转动时，转子中心 A 点受到凸轮的作用力 F_{12}，该力沿凸轮理论廓线的法线方向。A 点的速度 v_2 则垂直于摆杆 O_2A。F_{12} 与 v_2 之间所夹得锐角就是此时凸轮机构的压力角 α。此外，根据三心定理，凸轮与摆杆的速度瞬心 P_{12} 是凸轮理论廓线在 A 点的法线与 O_1O_2 连线（或其延长线）的交点，分别如图 9-15 (a) 和 (b) 所示。连接 AP_{12}并经过 O_1 点作 AP_{12}的平行线，交 O_2A（或其延长线）于 B 点，则有以下关系：

图 9-15 (a) 中，ω_1 与 ω_2 反向，P_{12} 在 O_1O_2 之间，B 在 O_2A 的延长线上；图 9-15 (b) 中，ω_1 与 ω_2 同向，P_{12} 在 O_1O_2 的延长线上，B 在 O_2A 之间。

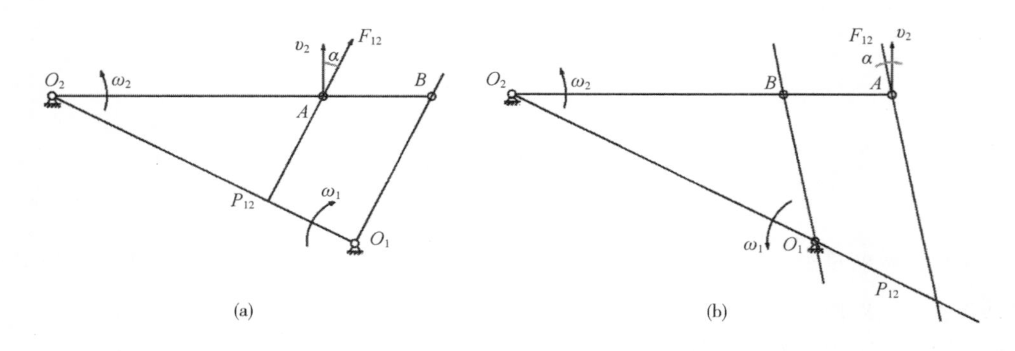

图 9-15 凸轮和从动杆转向与瞬心位置的关系

$$\frac{AB}{O_2A}=\frac{P_{12}O_1}{P_{12}O_2}=\frac{\omega_2}{\omega_1}$$

因此有：

$$AB=O_2A\frac{\omega_2}{\omega_1}=\frac{v_B}{\omega_1}\tag{9-84}$$

由机械原理知，当 ω_1、ω_2 转向相反时，瞬心 P_{12} 在 O_1O_2 连线上，B 点应在 O_1A 的延长线上，如图 9－15（a）所示；当 ω_1、ω_2 转向相同时，瞬心 P_{12} 在 O_1O_2 连线延长线上，B 点应在 O_1A 上，如图 9－15（b）所示。因此在式（9－84）中引入“－”，表示 AB 与 O_2A 方向之间的关系，则式（9－84）转化为：

$$\overrightarrow{AB}=-\overrightarrow{O_2A}\frac{\omega_2}{\omega_1}=-\frac{v_B}{\omega_1}\tag{9-85}$$

由式（9－85）可知，AB 线段长度等于从动杆上滚子转动中心线速度 v_B 与凸轮角速度 ω_1 的比值。若给定凸轮机构的许用压力角［α］，在机构运动的某一时刻，根据 ω_1、ω_2 的转向关系，自 A 点在 O_2A 或 O_2A 延长线上量取线段 AB，使其值大小等于上述瞬时速比，可得到 B 点。再自 B 点作两直线，使其与 O_2A 分别成 90°－［α］和 90°＋［α］（称为边界线），如图 9－16 所示。如果凸轮转动中心就设在此两条直线上，则凸轮的压力角均等于［α］。而在这两条直线所夹区域内，凸轮压力角将小于许用压力角［α］，此区域即为该时刻凸轮转动中心的理想设置区。将凸轮机构一个运动周期内各时刻所对应的两根边线一一绘出，这一系列边界线所包围的共有区域就是满足 $\alpha<$［α］要求的凸轮转动中心理想设置区，叫凸轮转动中心可行域。如图 9－16 所示，若凸轮转动中心 O_1 设在摆杆 O_2A 的下方，则边界线取下半部分（$O_{1下}$ 所在区域），反之边界线取上半部分（$O_{1上}$ 所在区域）。

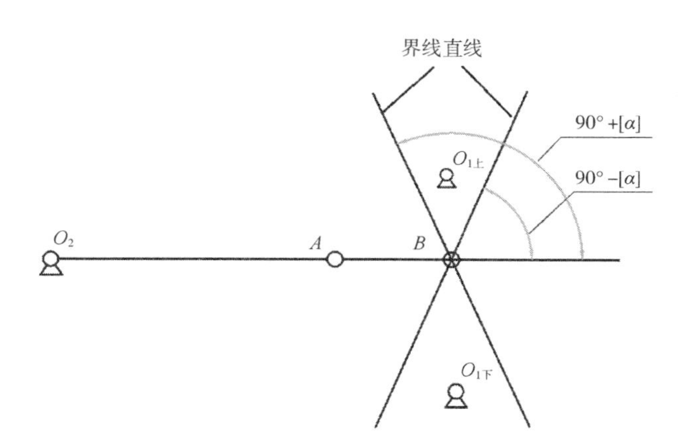

图 9－16　凸轮转动中心可行域边界线

由于共轭凸轮机构的主从动杆与副从动杆固结，其运动规律完全相同，因此通过上述方法求得的主、副凸轮转动中心可行域形状完全一样，如图 9－17（a）所示，左一区域与右一区域的线条族所围区域为主凸轮可行域；左二区域与右二区域的线条族所围区域为副凸轮可行域。图中右二与左二区域内线条族分别为左一与右一区域内线条族绕中心 O_2 顺时针旋绕 γ

角所得。为清楚起见，图中只画出四个曲线族包络线，如图 9－17（b）所示。结合图（a）和（b）可知，求解共轭凸轮转动中心可行域时，只需绘制主凸轮可行域边界直线族所围区域，即图 9－17（b）中曲线 1、4 和曲线 2、3 所围区域，再将曲线 2、3 绕 O_2 点顺时针旋转 γ 角（主、副从动杆夹角）得曲线 2′、3′，2′、3′两曲线所围区域即为副凸轮转动中心的可行域。两边界直线族所围共有区域［图 9－17（c）中阴影区域］即为满足许用压力角要求的共轭凸轮转动中心可行域。

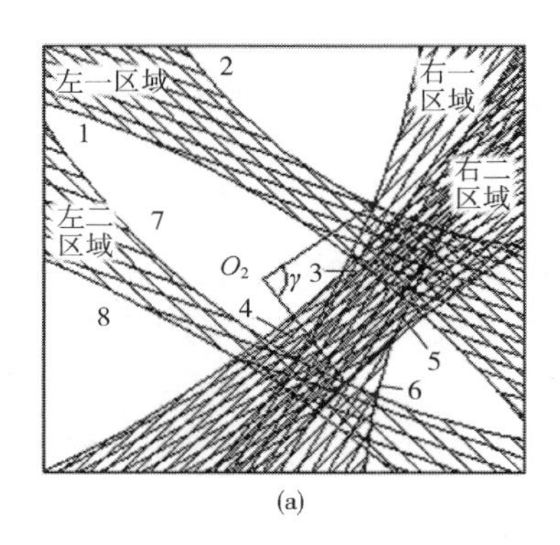

(a)

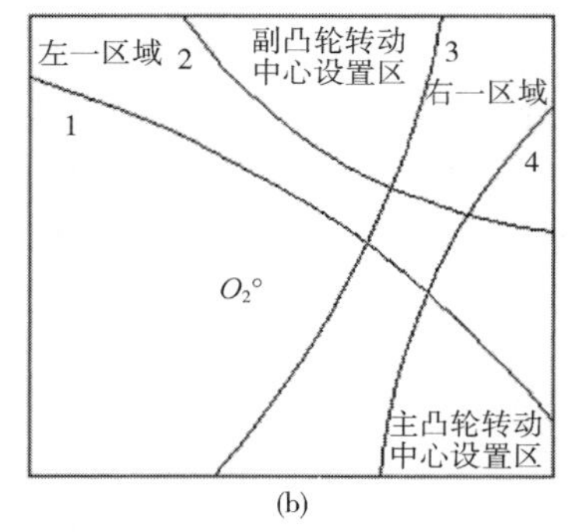

(b)

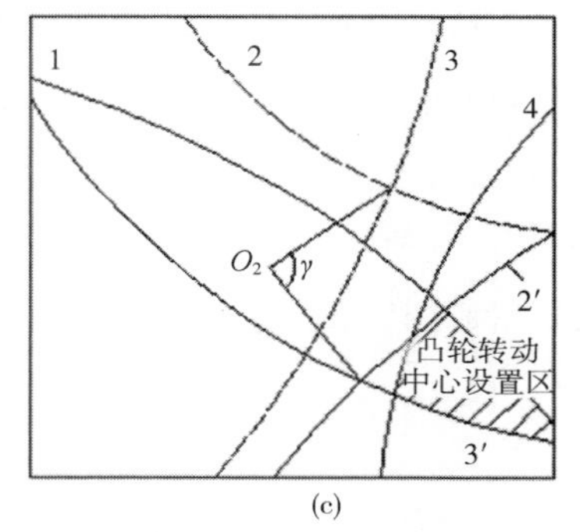

(c)

图 9－17　凸轮转动中心可行域图解

图 9－17（c）中四条曲线的求解方法如下：

如图 9－18 所示，将从动件转动中心 O_2 设为极点，从动杆起始位置 O_2A_0 为极轴。设从动杆任意位置 O_2A 摆角为 ϕ，此时对应的边界线为 UU'，Q 为此直线上任意一点，该点的向径为 ρ，级角为 λ。取 $O_2A=1$，由式（9－85）得：

$$AB=e=-\frac{\omega_2}{\omega_1}(O_2A)=-\frac{\omega_2}{\omega_1}$$

作 $O_2D\perp UU'$，则：

$$O_2D=(1+e)\sin\beta$$

在 ΔO_2QD 中，

$$\rho\sin(\phi+\beta-\lambda)=(1+e)\sin\beta \tag{9-86}$$

无限接近直线方程为：

$$\rho\sin(\phi'+\beta-\lambda)=(1+e')\sin\beta \tag{9-87}$$

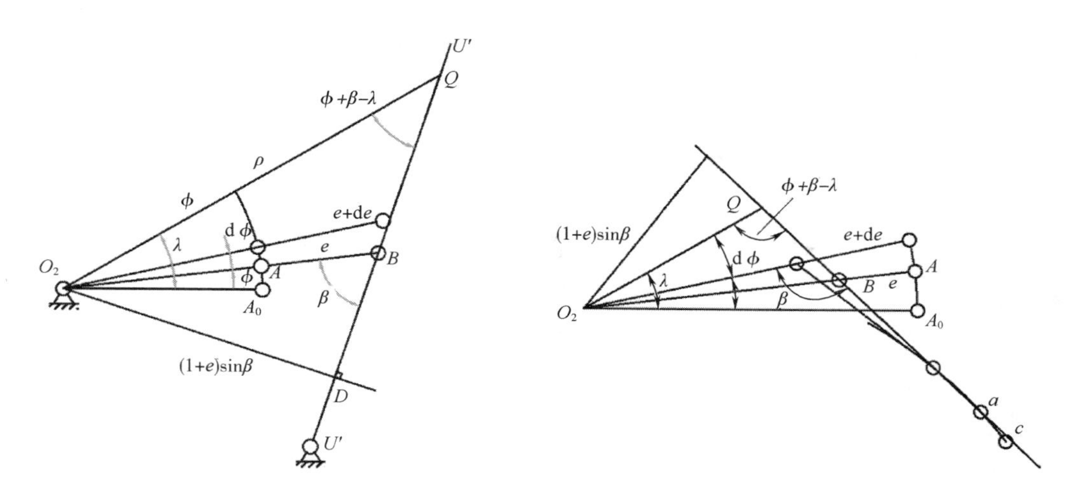

图 9－18　凸轮转动中心的可行域

式中：$\phi' = \phi + \mathrm{d}\phi, e' = e + \mathrm{d}e$。

将式（9－86）与式（9－87）相减，得：

$$\rho \mathrm{d}\sin(\phi + \beta - \lambda) = \sin\beta \mathrm{d}e$$

$$\rho\cos(\phi + \beta - \lambda) = \sin\beta \cdot \frac{\mathrm{d}e}{\mathrm{d}\phi} \tag{9-88}$$

将式（9－86）和式（9－88）两边平方后相加得：

$$\rho^2 = \left[(1 + e)^2 + \left(\frac{\mathrm{d}e}{\mathrm{d}\phi}\right)^2\right]\sin^2\beta \qquad [9-89\ (\mathrm{a})]$$

将式（9－86）和式（9－88）相除得：

$$\tan(\phi + \beta - \lambda) = \frac{1 + e}{\mathrm{d}e/\mathrm{d}\phi} \qquad [9-89\ (\mathrm{b})]$$

将 $\frac{\mathrm{d}e}{\mathrm{d}\phi} = \frac{\mathrm{d}e/\mathrm{d}t}{\mathrm{d}\phi/\mathrm{d}t} = \frac{-\varepsilon_2/\omega_1}{\omega_2} = \frac{-\varepsilon_2}{\omega_1\omega_2}$ 带入式（9－89），可求得凸轮转动中心可行域包络线方程式为：

$$\rho^2 = \left[\left(1 - \frac{\omega_2}{\omega_1}\right)^2 + \left(\frac{-\varepsilon_2}{\omega_1\omega_2}\right)^2\right]\sin^2\beta \qquad [9-90\ (\mathrm{a})]$$

$$\tan(\phi + \beta - \lambda) = \left(1 - \frac{\omega_2}{\omega_1}\right) \Big/ \left(\frac{-\varepsilon_2}{\omega_1\omega_2}\right) \qquad [9-90\ (\mathrm{b})]$$

式中：ε_2 为从动件角加速度，β 取 $90° +［\alpha］$（选取规则后续讨论）。

分别将推程和回程从动件运动参数（角位移 ϕ、角速度 ω_2 和角加速度 ε_2）带入式［9－90（a）］和式［9－90（b）］，即可求得极坐标下凸轮转动中心设置区。

在应用计算机求解式［9－90（a）］、式［9－90（b）］和绘图求解转动中心可行域时，应注意以下几个问题。

（1）在推程或回程起始和终止时刻摆杆角速度 ω_2 为零，但是 $\sin\beta$ 不为零，因此由式［9－90（a）］得 ρ 为无穷大。为提高计算机绘图效率，可将起始时刻摆杆摆角设为 $\phi_b + \xi$，终止时为 $\phi_e - \xi$（ξ 为大于 0 的一个很小的数），从而避免因 ω_2 为零而引起 ρ 为无穷大现象发生。

（2）因 ω_1 恒定，β 不变，由式［9－89（a）］可得 ρ 为常量，故此时4条包络线为4段以 O_2 为圆心的圆弧，无法求出凸轮转动中心的设置区。解决办法是，先通过式［9－90（b）］求出 λ，再带入式［9－90（a）］求得 ρ。

（3）通过式［9－90（a）］和式［9－90（b）］或者式（9－86）和式［9－90（b）］计算图9－17（c）中4条包络线时，β 取值见表9－5。

表9－5　β 取值表

β	曲线1	曲线2	曲线3	曲线4
$\eta=1$	$90°+[\alpha]$	$90°+[\alpha]$	$90°-[\alpha]$	$90°-[\alpha]$
$\eta=-1$	$90°-[\alpha]$	$90°-[\alpha]$	$90°+[\alpha]$	$90°+[\alpha]$

注　当凸轮转向与从动件推程运动方向相同时 $\eta=1$，反之 $\eta=-1$。

（4）因图9－17（c）中曲线2、3由图9－17（b）中曲线2、3顺时针转 γ 角获得，实际计算机计算时 ε 值应取 $\varepsilon-\gamma$。

（二）共轭凸轮的廓线方程式

1. 凸轮廓线方程式　采用反转法推导凸轮廓线方程。如图9－19所示，取凸轮转动中心 O_1 为原点建立直角坐标系，y 轴经过凸轮转动中心 O_1 和从动件转动中心 O_2。O_1 到 O_2 的距离为 a，从动杆长为 l，主、副从动杆夹角为 γ，凸轮以 ω 逆时针旋转，从动杆 O_2B 起始角为 ϕ_0。在反转运动过程中，当从动杆相对凸轮转过 δ 角时，从动件处于 BO_2D 位置，此时其角位移为 ϕ（规定构件逆时针转动为正，顺时针为负），则 B、D 点坐标分别为：

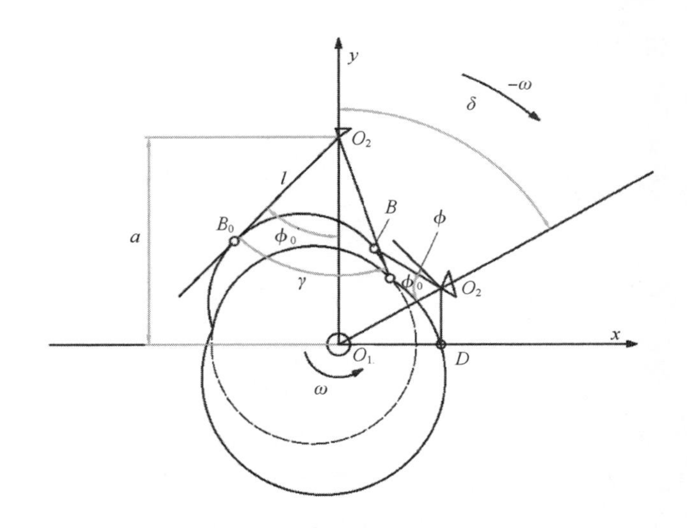

图9－19　共轭凸轮廓线求解图

$$\begin{cases}x_B=a\sin\delta-l\sin(\delta+\phi_0-\phi)\\ y_B=a\cos\delta-l\cos(\delta+\phi_0-\phi)\end{cases}\tag{9-91}$$

$$\begin{cases}x_D=a\sin\delta-l\sin(\delta+\phi_0-\phi-\gamma)\\ y_D=a\cos\delta-l\cos(\delta+\phi_0-\phi-\gamma)\end{cases}\tag{9-92}$$

式（9－91）、式（9－92）即为共轭凸轮理论廓线方程。设滚子半径为 R，则共轭凸轮工作廓线方程为：

$$\begin{cases} x' = x + R\cos\theta \\ y' = y + R\sin\theta \end{cases} \tag{9-93}$$

式中：

$$\begin{cases} \sin\theta = (\mathrm{d}x/\mathrm{d}\delta)/\sqrt{(\mathrm{d}x/\mathrm{d}\delta)^2 + (\mathrm{d}y/\mathrm{d}\delta)^2} \\ \cos\theta = -(\mathrm{d}y/\mathrm{d}\delta)/\sqrt{(\mathrm{d}x/\mathrm{d}\delta)^2 + (\mathrm{d}y/\mathrm{d}\delta)^2} \end{cases} \tag{9-94}$$

计算主、副凸轮工作廓线时，求得凸轮理论廓线坐标 x、y 及对应 $\mathrm{d}x/\mathrm{d}\delta$、$\mathrm{d}y/\mathrm{d}\delta$，联立式（9－93）和式（9－94），即可求得共轭凸轮工作廓线工程 x'、y'。

2. 凸轮廓线的极坐标值　以上求出的是主、副凸轮的直角坐标值，其极坐标向径 ρ 与向径角 θ 可按下式计算：

$$\begin{cases} \rho = \sqrt{X_C^2 + Y_C^2} \\ \tan\theta = Y_C/X_C \end{cases} \tag{9-95}$$

3. 求均分向径角的向径值　以上所算出的各向径角不是等分值。为此，可以用线性插值法确定均分向径角时的向径值：

$$\rho = \rho_t + \frac{\theta - \theta_t}{\theta_{t+1} - \theta_t}(\rho_{t+1} - \rho_t) \tag{9-96}$$

式中：θ_t、θ_{t+1} 为由式（9－95）算出的相邻两向径角；ρ_t、ρ_{t+1} 为与 θ_t、θ_{t+1} 对应的向径值。

4. 求主、副凸轮之间的安装角　假设选主凸轮小半径 O_1A_0 与副凸轮大半径 O_1A_0' 间的夹角为安装角，即为 $\angle A_0O_1A'_0$，如图 9－20 所示，则：

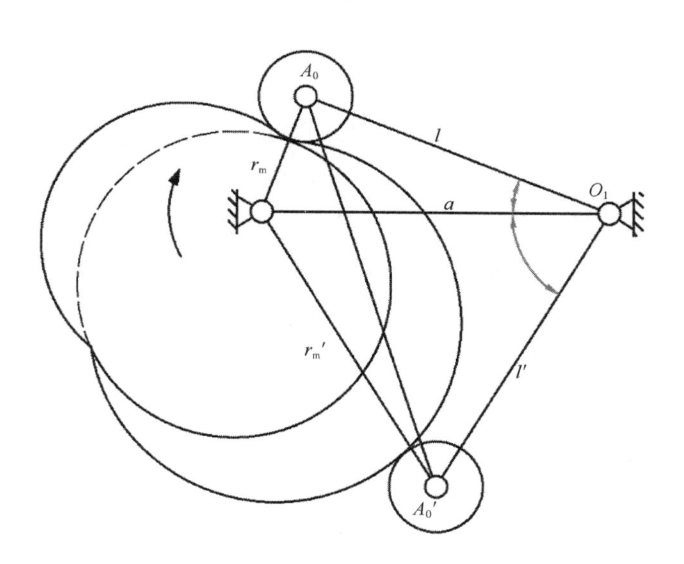

图 9－20　共轭凸轮的安装角

$$\angle A_0O_1A'_0 = \cos^{-1}\frac{a^2 + r_m^2 - l^2}{2ar_m} + \cos^{-1}\frac{a^2 + r'^2_m - l'^2}{2ar'_m} \tag{9-97}$$

四、共轭凸轮打纬机构的动态问题

由于打纬机构在一个运动周期中筘座静止时间长，运动时间短，动作急速，使凸轮打纬动态（机构实际运动）与静态（机构理论运动）之间有相当大的差异，主要体现在以下几方面：

（1）机构在急速运动中显示出构件弹性的影响，筘座的实际运动实质上是围绕理论运动（类似梯形加速度规律）所作的弹性振动，实际加速度峰值大于设计值。

（2）筘座实际运动时作弹性振动，当理论运动处于静止阶段时，筘座并不能真正静止不动，而是作自由衰减运动，即有振动残余，这会影响在此期间引纬器引纬运动的稳定性，因此，引纬时必须加导向件；有梭引纬无强制性导向，梭子受振动后偏离正确飞行方向，这是凸轮打纬机构不能用于有梭引纬的原因之一。

（3）为适应高速，最大速度需压低，并采用轻筘座结构，从而减小打纬时的惯性力。凸轮打纬机构一般是非惯性打纬，在打纬时会产生两次间隙换向冲击，对机件的加工精度和材质要求高，并希望充分的油浴润滑，在运动副间隙中形成油膜，以缓和换向冲击带来的转子对凸轮的碰撞。由于轻筘座的凸轮打纬机构往往是非惯性打纬，则启动中的首次打纬更是非惯性打纬，所以两者构件中的间隙状态是相同的，这就减少了“开车稀弄”的可能性，并缓和了对首次打纬时的转速的要求。

（4）在动态情况下，凸轮与转子的接触情况决定于筘座套件的动态受力状态。在空车运转不织布时，仅由惯性力的作用情况决定，而惯性力的变化取决于加速度的规律，此接触情况关系到凸轮上磨损区域的分布及共轭精度检测标准的掌握。

思考题

1. 已知四连杆打纬机构的各杆尺寸（单位：mm）：

$AB=75$，$BC=110$，$CD=520.2$，AD 水平距离为 498，AD 垂直距离为 150

（1）试推导用以计算 e 值的公式；（2）应用所推导出的公式，代入上列数据计算 e 值大小。

2. 某共轭凸轮打纬机构选用正弦、余弦组合加速度运动规律，$b=1.8$，筘座摆角 $\phi_{2m}=24°$，筘座来回摆动一次所对应的主轴转角 $\phi_{1m}=150°$，许用压力角 $[\alpha]=22°$，摆臂长度为 80mm，求：

（1）筘座的角位移曲线；（2）凸轮轴心设置区。

第十章　织机卷取与送经机构设计

本章知识点

1. 卷取机构类型及特点。
2. 送经机构类型及特点。
3. 电子送经与电子卷取机构特点。

第一节　卷取机构

卷取机构的作用，是把已经织好的织物引离织口，逐步卷绕到卷布辊上，保证织造过程的连续进行；同时使织物的纬密及纬密的差异保持在规定的范围之内。

一、机构组成

卷取机构通常由以下几部分组成：

（1）握持并牵引织物的装置。

（2）卷取传动及纬密调节装置。

（3）织物卷绕成形装置。

（4）操作装置。

二、设计要求

设计卷取机构的要求如下：

（1）要有足够的牵引力，保证织物被顺利引离织口。

（2）纬密的调节范围要符合工艺要求，纬密差异率要符合织物检验规定的国家标准。

（3）纬密变换齿轮数量要尽可能少，调节要方便。

（4）卷布辊上织物卷装要大，以减少落布次数，而且要求卷装成形良好。

（5）操作要方便、可靠和省力。

三、机构类型

卷取机构按工艺与结构特征可分为积极式卷取机构和消极式卷取机构两大类。

现代织机通常都装有积极式卷取机构，是用于纬纱线密度变化不大的织物生产。积极式卷取机构每次牵引出长度相等的织物，使相邻纬纱彼此间以相等的间隔均匀地排列在织物中。当采用线密度变化大的纬纱织造时，曾用消极式卷取机构与积极式送经相配合，然而由于织物规格标准化的要求，消极式卷取机构现在已极少使用。

（一）积极式卷取机构

积极式卷取机构通过积极传动卷取辊牵引织物，按其传动方式的不同可分为间歇式积极卷取机构和连续式积极卷取机构。

1. 间歇式积极卷取机构　单爪式棘轮机构是最常见的一种机构，如图 10－1 所示。卷取辊 1 的摆动从插在其下端叉口中的卷取指（装在筘座脚上）传来，卷取杆的上端同卷取钩 2 铰连，卷取钩的钩头置于卷取棘轮 Z_1 上。当筘座脚向前摆动时，卷取杆后摆，使卷取钩拉动棘轮转过一个角度，棘轮则通过卷取轮系中的变换齿轮 Z_2 和 Z_3 以及其后的齿轮 Z_4 ~ Z_7，使刺毛辊（卷取辊）3 转过一个微小的角度，带动包在它表面上的织物移过一定距离，实现织物的卷取；在筘座脚向后摆动时，卷取钩向机前运动，从棘轮齿的齿背上滑过，由于保持钩 4 对棘轮的制约作用，卷取机构不会因为织物的张力而倒转，抬起保持钩 4 及卷取钩 2，就可用手转动大齿轮 Z_7 进行退布和卷布。

间歇式卷取机构结构简单，调整方便，但是卷取钩工作时对棘轮有撞击作用，容易磨损和松动，使织物上出现纬向稀密不匀的现象；保持钩同棘轮轮齿之间实际存在间隙，还会引起每次卷取以后的织物倒退现象，造成织口布面的反复游动。为防止织物卷取过程中的松脱等现象，在卷取机构上装有织物卷绕加压装置。

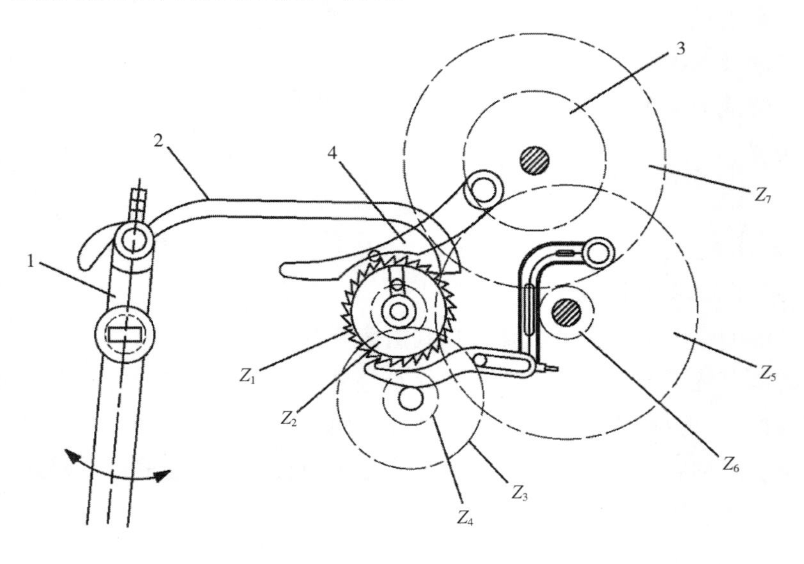

图 10－1　单爪棘轮机构

1—卷取杆　2—卷取钩　3—刺毛辊　4—保持钩　Z_1—棘轮　Z_2 ~ Z_7—齿轮

2. 连续式积极卷取机构　无梭织机上，由于织机车速较高，间歇式卷取机构已不能满足高速要求，因此普遍采用连续式卷取机构。连续式卷取机构特点是在织机整个工作周期内连续不断卷取织物，机构运动平稳，机件磨损小，适应高速。

图 10－2 是 TP500 型剑杆织机采用的连续卷取机构，采用两对变换齿轮调节纬密。随着织机主轴 1 的回转，通过 Z_1、Z_2、Z_3、Z_4 使送经侧轴 2 回转，再经齿轮 Z_5、Z_6、Z_7、Z_8 和变换齿轮 Z_A、Z_B、Z_C、Z_D 以及蜗杆 Z_{11} 、蜗轮 Z_{12} 和变换齿轮 Z_9 、Z_{10} ，最终使卷取辊 3 回转。卷取辊表面包覆增磨材料，通过摩擦传动使织物不断被引离织口，链轮 Z_{13} 固装在卷取辊的另一端，同时通过链条 4 传动链轮 Z_{14} ，再经摩擦离合器 5 使卷布辊回转。织造过程中，布卷直径不断增大，而卷取辊转速不变，因此两者传动路线中均加入了摩擦离合器。当织物达到一定张力时，卷布辊便不能卷取织物，此时摩擦离合器打滑，以确保卷布和卷取运动的协调。

根据图 10－2 可知，TP500 型剑杆织机的机上纬密计算如下：

$$P'_W = \frac{Z_2 Z_4 Z_6 Z_8 Z_B Z_D Z_{10} Z_{12}}{Z_1 Z_3 Z_5 Z_7 Z_A Z_C Z_9 Z_{11}} \frac{10}{\pi D} = i \frac{Z_B Z_D}{Z_A Z_C}$$

式中：i 为传动比，145.22；D 为卷取辊周长，558.92mm。

该机构虽然用了两对齿轮，但每台织机仅需备有变换齿轮 12 个，其中机上 4 个，备用 8 个，通过不同齿轮的组合即可得到各种不同纬密的织物，纬密范围为 19.2～1111.7 根/10cm。

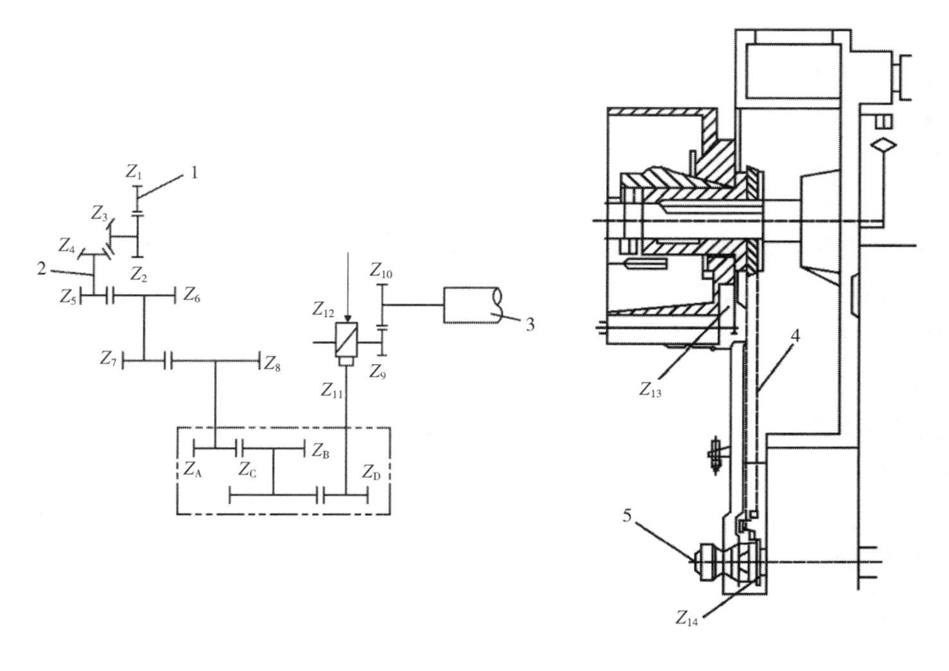

图 10－2　连续式卷取机构

1—主轴　2—侧轴　3—卷取辊　4—链条　5—摩擦离合器

（二）消极式卷取机构

消极式卷取机构与积极式不同，织物的张力不是由送经机构来决定的。图 10－3 是一种重型织机上所用的消极式卷取机构。当主轴上的偏心轮 1 带动滑槽连杆 2 移动到右端虚线位置时，滑槽带动销钉3移至相应的虚线位置，从而带动棘爪4也退至虚线极端位置，并使弹簧5伸长，此时棘轮6由保持棘爪7撑住固定不转。当偏心轮继续由虚线位置转向实线位置时，滑槽也移至左边实线位置，棘爪由于弹簧5的作用，推动棘轮6，再通过棘轮传动卷取辊，从而拖动织物引离织口。

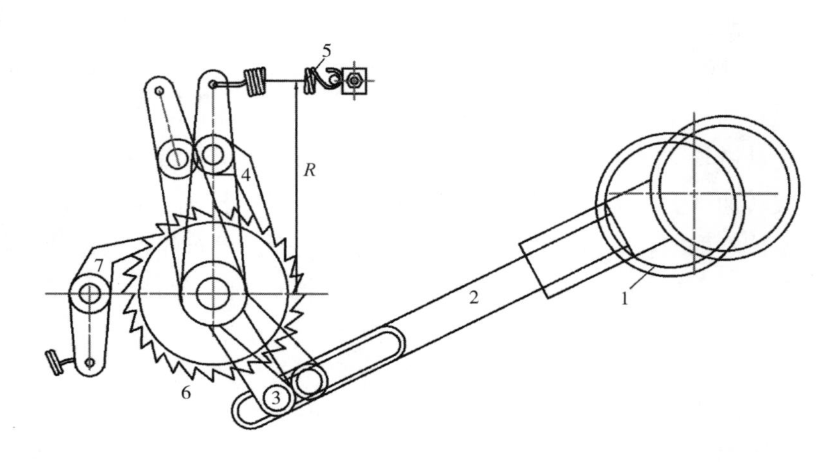

图10－3　消极式卷取机构

1—偏心轮　2—滑槽连杆　3—销钉　4—棘爪　5—弹簧　6—棘轮　7—保持棘爪

在消极式卷取机构上，织物张力是由弹簧5的拉力 Q 决定的，在弹簧拖动卷取辊转动后达到平衡状态（实线位置）。如果不计轴承的摩擦阻力，则在静力平衡的条件下，可求得卷取辊上所受圆周方向的阻力 F 为：

$$F = iQR/r \tag{10-1}$$

式中：Q 为弹簧拉力；R 为弹簧拉力的力臂；i 为棘轮到卷取辊的传动比；r 为卷取辊半径。

消极式卷取的纬密是由积极式送经机构对经纱的积极送出量来保证的。但由于两次开口的经纱张力不可能完全一致，所以用消极式卷取机构生产较稀的织物时，容易造成纬密稀密不匀。只有在生产较密的织物，特别是用粗细不匀的纬纱进行生产时，采用消极式卷取机构可获得较丰满的织物。消极式卷取在卷取机构上不需要有纬密调节装置和稀弄防止机构等，所以机构简单是其主要特点之一。

（三）电子式卷取机构

电子式卷取机构是近年来发展起来的一种新型卷取机构，克服了间歇式卷取机构和连续式卷取机构的不足，在新型织机上普遍应用。JAT600型喷气织机的电子式卷取机构工作原理如图10－4所示。

由于控制卷取的计算机和织机主控制计算机实现了双向通信，可实时获得织机状态信息，包括织机主轴信号的变化信息等。根据织机主轴一转的卷取量输出一定电压值，通过伺服放大器对信号进行放大处理，驱动交流伺服电动机转动，再经变速机构，传动卷取辊，获得要求的织物纬密。测速电动机实现伺服电动机转速的负反馈控制，伺服电动机转速可用输出电压表示，根据与计算机输出转速给定值的对比，调节伺服电动机转速。卷取辊轴上的旋转轴编码器用以实现卷取量的反馈控制。经卷取量换算后，旋转轴编码器的输出信号可反映实际卷取长度，与由织物纬密换算出的卷取量设定值进行比较，根据偏差大小控制伺服电动机的启停。本系统采用双闭环控制系统，可实现无级精密调节卷取量大小，适应各种织物纬密的要求。

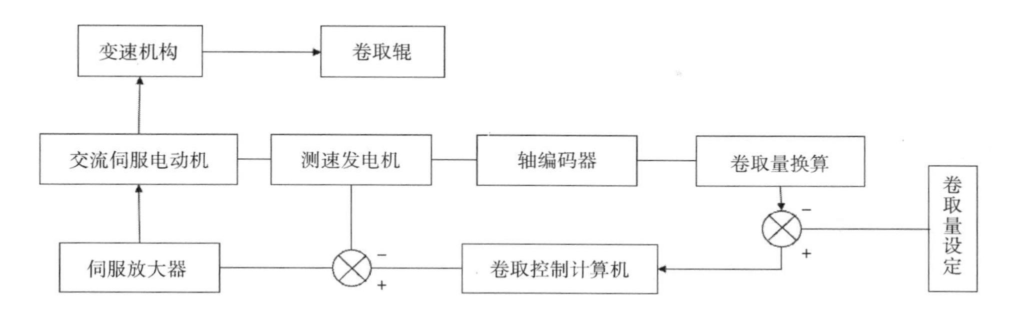

图 10－4　JAT600 型喷气织机的电子式卷取机构工作原理

第二节　送经机构

一、机构作用

送经机构的作用，是根据织物的纬密大小，在织造过程中及时送出定量的具有一定张力经纱，以维持织造生产的连续进行。能否在织轴从大到小的织造过程中保持经纱张力均匀，是衡量送经机构性能的主要指标。而经纱张力的大小和稳定性，在很大的程度上取决于送经量的大小。织物某些织疵的产生，如云织、窄幅长码布和宽幅短码布等，就是由于送经不匀造成的。云织是由于短片段的送经不匀，长短码布是由于长片段的送经不匀。

二、机构类型

为了寻求一个比较理想、性能良好的送经机构，在织造生产的发展史中，出现过许多不同结构形式的送经机构，因此送经机构的种类是织机各机构中较为繁杂的。按经纱的送出方式分类，各种送经机构可归纳为下面三种类型。

（一）机械式送经机构

1. 消极式送经机构　消极式送经机构依靠经纱张力的牵引来送出经纱。如图 10－5 所示，它使用重锤 1（或弹簧）和制动带 2，对织轴 3 施加一定的制动力。织造时，当经纱张力矩克服了制动力矩和轴承中的摩擦力矩时，织轴便被经纱拖动而送出经纱。

采用消极式送经机构织出的织物外观比较丰满，但有时易因织轴制动力发生变化而造成送经不匀，后者是因为制动带 2 与制动盘 4 表面间的摩擦系数，在织造过程中不能严格保持稳定。其他因素如气候变化时车间温湿度的变化、制动皮带的新旧、油腻的污染都会改变摩擦系数。在阴雨季节，由于湿度太大，有的织机时而出现织轴完全被刹住不能转动，时而因经纱张力剧增突然大量送出经纱，造成送经的极端不匀现象。

2. 半积极半消极式送经机构 半积极半消极式送经机构，典型的有1515型棉织机送经机构、双直槽式送经机构、摩擦盘式送经机构、TP－500送经机构和Picanol电子式送经机构等。这类送经机构与消极式送经机构的基本不同点在于织轴的转动不再与摩擦制动有关，而是在机构中加设一套传动装置来控制织轴的转动，因此克服了消极式的缺点。由于此类送经机构结构复杂，且现在很少使用，故此处不再赘述。

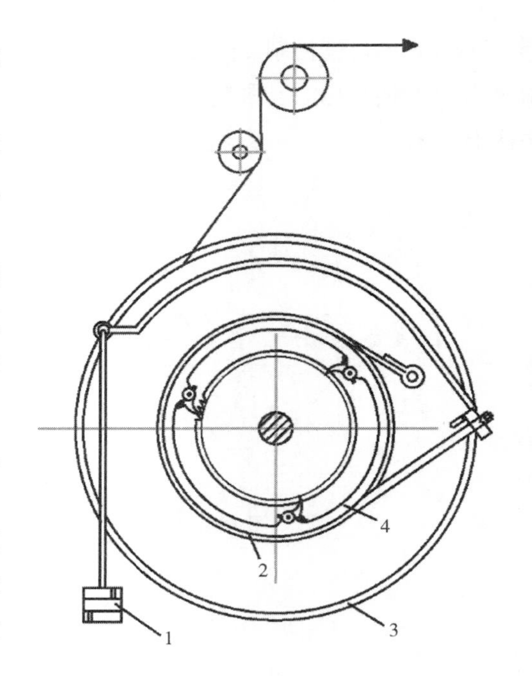

图10－5 消极式送经机构

1—重锤 2—制动带 3—织轴 4—制动盘

3. 积极式送经机构 织造某些特种织物，例如建筑用的金属丝网，采用积极式送经机构，依靠摩擦滚筒拖动经纱。摩擦滚筒的线速度是恒定的，即送经量不进行调节。这种织物的纬密很低，仅10根/10cm，每次送经量较大，当送经量与织造消耗量稍有差异时，利用消极式的卷取机构来平衡经纱张力。又如轮胎用的帘子布，纬密更低，送经量稍有出入，对织物的质量影响不大，故也采用积极式送经机构。但在机构中设有一根张力辊，若送经量过多，积累到一定程度，张力辊落下，切断传动系统的动力来源，停止送经。以后经纱逐步张紧，张力辊上升，接通传动系统，进而恢复送经。由于省去了调节装置，所以积极式送经机构比较简单。

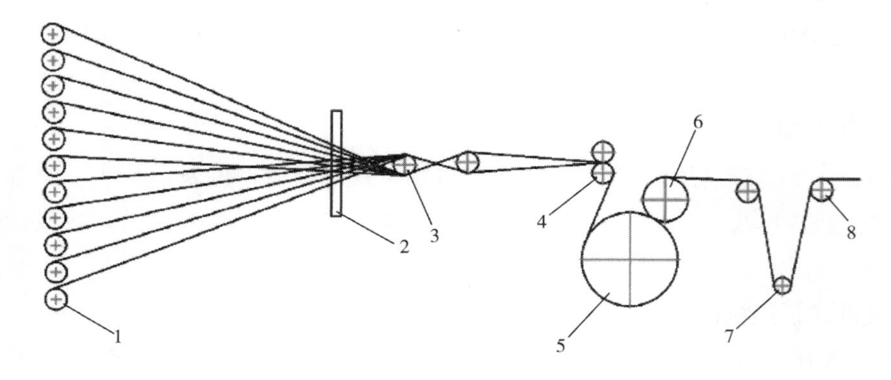

图10－6 积极式送经机构

1—筒子 2—导筘 3，4—导辊 5—摩擦滚筒 6—压辊 7—张力辊 8—后梁

大多数送经机构的经纱卷装做成织轴的形式，但在织造经纱较粗、纬密又稀的某些织物时，例如帘子布、厚重帆布、粗直径的金属丝网，若仍然采用织轴卷装，就会因使用时间太短而上、了机频繁，在这种情况下，适合采用筒子卷装。如图10－6所示，这些筒子1安装在筒子架上，由积极传动的摩擦滚筒5将成片的纱线自各筒子上引出。筒子架占地面积较大，

但可省去整经、穿综筘（结经），及上、了机等工序。经纱根数较多而布幅又窄时，可采用人字形筒子架，例如帘子布织机、帆布织机；经纱根数较少而布幅较宽时，可采用与织机主轴平行配置的一字形筒子架，例如重型金属丝网织机。

织轴的空管直径一般为 100 ~ 250mm，盘片的最大直径一般为 500 ~ 800mm。目前向大卷装方向发展，盘片直径以 700 ~ 800mm 占多数，个别有超过 1000mm 的，这样送经机构就与机身分离。在某些丝织机上，因丝质细弱，为了降低经丝断头，须放长梭口长度，织轴的位置向后移，因而也使送经机构与机身分离，俗称分离机架。

消极式或半积极半消极式送经机构，基本上都是由以下四部分所组成：

（1）经纱送出装置；

（2）经纱张力检测装置；

（3）送经量检测装置；

（4）调节装置。

以自动调节系统的原理来剖析送经机构，它的工作原理如图 10 - 7、图 10 - 8 所示。图中给定值为经纱上机张力，检测件 1 为活动后梁，检测件 2 为织轴触辊。

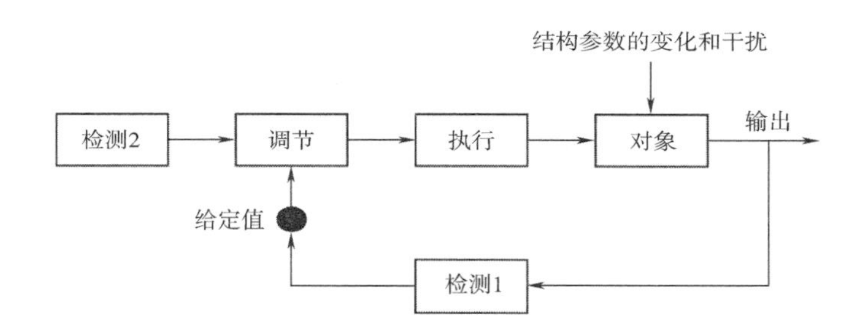

图 10 - 7 具有两个检测装置的送经机构调节原理图

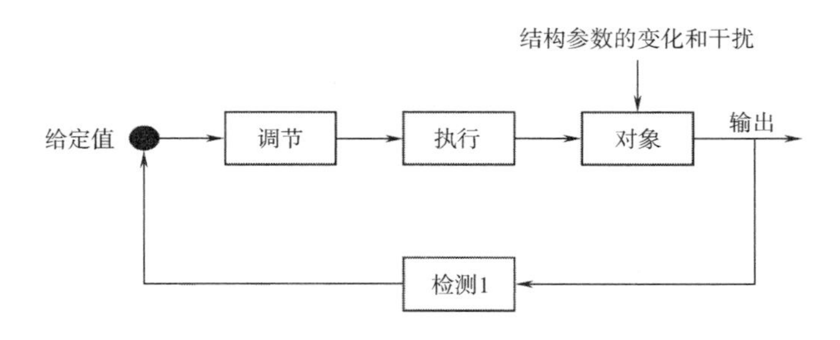

图 10 - 8 具有一个检测装置的送经机构调节原理图

执行件为织轴送出装置，对象为经纱，结构参数的变化为织轴直径的变化和经纱对后梁包角的变化；干扰，包括任意因素，例如气候变化、机件回转不灵活、理论设计与实际情况的出入（如织缩估计得不正确）等。

（二）电子式送经机构

1. 电子送经机构的特点 电子送经机构具有如下特点：

（1）响应速度比机械送经系统快得多。高档喷气、剑杆织机以及喷水织机都需要使用电子送经装置。

（2）具有记忆功能，在织机再启动时可实现织轴的任意倒顺转，能有效防止开车稀密路。

（3）电子送经张力的控制精度高，从满织轴到空轴，经纱张力差异小。

（4）通常采用平均经纱张力作为控制对象，以活动后梁作为经纱张力检测和调节的主要部件。

（5）电子送经系统的动态经纱张力变化平稳，波动量较小。

（6）电子送经系统可通过键盘或触摸屏等事先设定一组变化的送经参数，计算机自动执行，可以织制变纬密等特殊织物。

由于电子送经机构具有上述优点，因此在现代织机上大量使用，使得织机送经机构的发展达到了一个新的水平。

2. 电子送经机构的工作原理 电子送经机构的工作原理如图 10－9 所示，张力传感器检测经纱张力值，并和张力设定值进行比较得差值信号，该信号经信号处理放大，通过控制系统驱动送经电动机调速，送出一定量经纱。同时对送经电动机的输出转速进行检测和信号处理，并和期望输出值进行比较，对送经电动机速度进行修正。

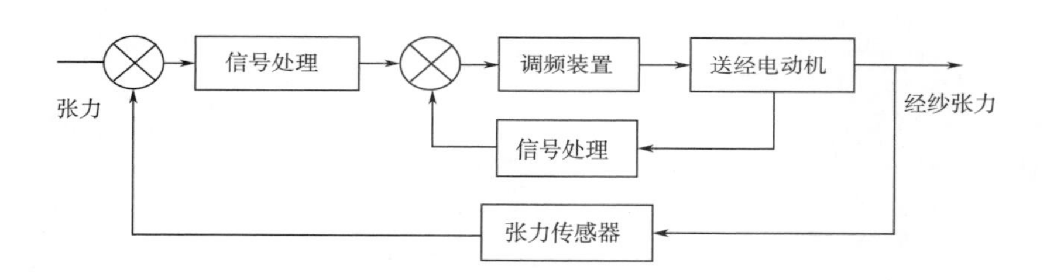

图 10－9 电子送经机构工作原理图

（1）张力检测装置。

①接近开关式检测装置。如图 10－10 为某接近开关式张力检测装置原理图。利用经纱张力与后梁位置的对应关系，通过监测后梁位置，控制经纱张力。经纱 4 绕过固定后梁 1 和活动后梁 2，使托架 3 绕支点沿顺时针方向转动，对张力弹簧 6 进行压缩。改变弹簧力可以调节经纱上机张力，并使后梁摆杆位于一个正常的平衡位置上。

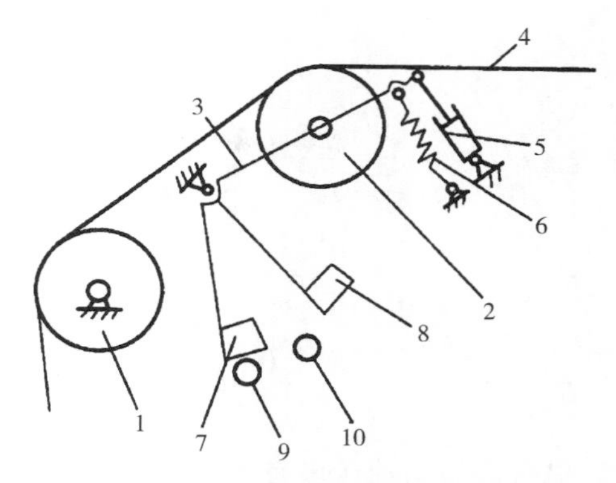

图 10－10 接近开关张力检测装置原理图

1—固定后梁 2—活动后梁 3—托架
4—经纱 5—液压缓冲器 6—张力弹簧
7，8—铁片 9，10—接近开关
11—模拟量接近开关

织造时，当经纱张力相对预设定值增大或减小时，后梁摆杆与平衡位置发生偏移，固定在托架 3 上的铁片 7 与 8 相对于接近开关 9 与 10 发生位置变化；当经纱张力较大时，铁片 7 遮住接近开关9，输出高电平二进制开关信号，触发送经电动机回转，送出经纱；当经纱张力减小时，活动后梁上移，铁片7偏离接近开关9，送经电动机停止送经，接近开关10起保护作用，当经纱张力太大时，铁片8遮住接近开关10，发出高电平，使织机停车；当经纱张力太小时，铁片7遮住接近开关10，同样使织机停车。

托架3根据经纱张力变化，不断调整铁片7与接近开关9的相对位置，使送经电动机时而放出经纱，时而停放。

图10－11（a）、（b）分别为接近开关工作原理图和接近开关实物图。当铁片1遮住能产生交变电磁场的感应头时，在铁片内产生涡流。这个涡流反作用到接近开关，使感应线圈2的振荡回路损耗增大，回路振荡减弱，使接近开关内部电路参数发生变化。当铁片遮盖到一定程度时，耗损大到使回路停振，此时晶体管开关电路输出一个开关量信号，由此识别出有无导电物体靠近，进而控制开关的通或断。

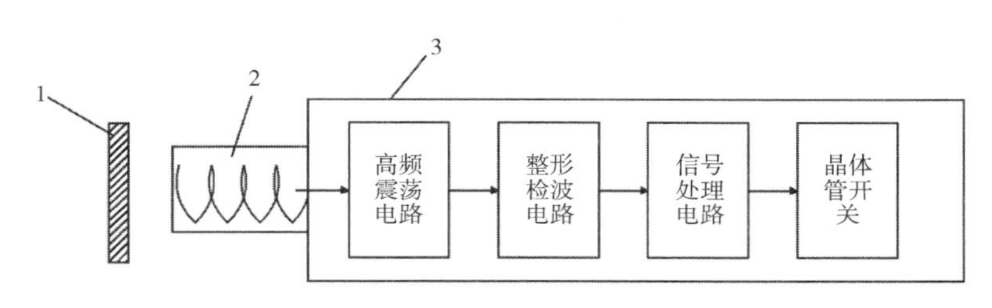

1—铁片　2—感应头内的感应线圈　3—接近开关

(a)接近开关工作原理图

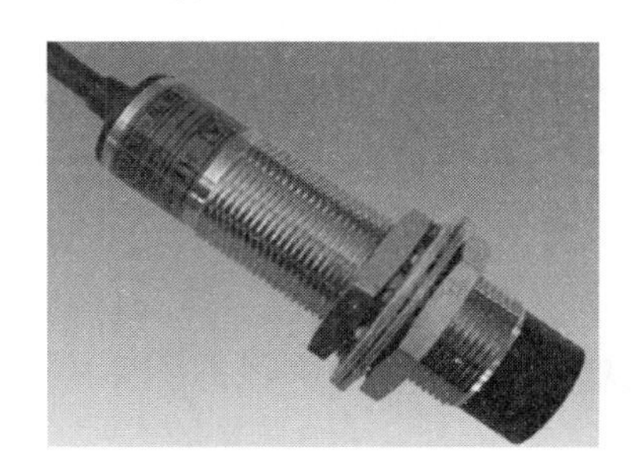

(b)接近开关实物图

图10－11　接近开关原理图和实物图

②张力传感器检测装置。如图10－12所示为一张力传感器式经纱张力检测装置，其工作原理为：经纱8绕过后梁1，经纱张力的大小通过后梁摆杆2，杠杆3、拉杆4，施加到应变片式张力传感器5上，张力传感器是由四片电阻应变片搭成的全桥悬臂式传感器。当传感器受拉压时，通过应变片微弱的应变，引起电阻变化，利用电桥输出与经纱张力对应的0～10V的电压模拟信号，来采集经纱张力变化的全部信息。

曲柄6、连杆7、后梁摆杆2组成了平纹织物织造的经纱张力补偿装置。改变曲柄长度，可以调节张力补偿量的大小。

（2）经纱送出装置设计。织机主轴每一回转，应能保证送出织造所需的经纱量。在消极

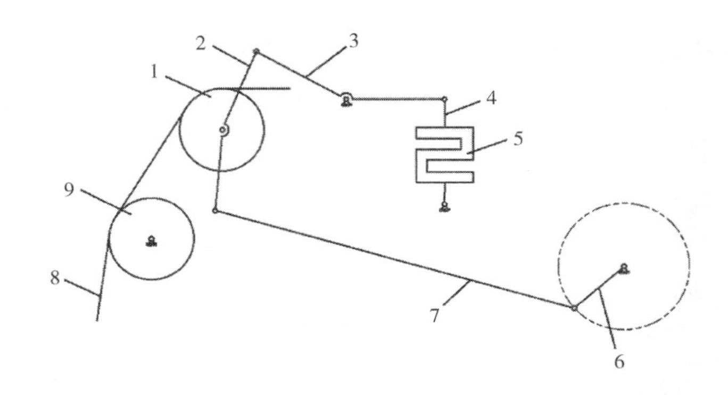

图 10－12　应变片式经纱张力采集系统工作原理图

1—后梁　2—后梁摆杆　3—杠杆　4—拉杆　5—应变片传感器　6—曲轴　7—连杆　8—经纱　9—固定后梁

式送经机构中，经纱的送出是依靠卷取机构牵引经纱来实现的，它的设计和机构都比较简单，设计计算的基本公式为（忽略轴承摩擦）：

经纱张力矩＝织轴制动力矩＋织轴惯性力矩。

在半积极半消极式送经机构中由轮系传动织轴，传动轮系的设计内容有以下三个方面：按织物的纬密范围确定轮系的传动比、传动件的结构参数；设计简单又方便的织轴倒顺转装置；采取措施防止送经不匀。电子式送经机构的设计主要包括按织物纬密范围、织轴空满轴直径等确定送出装置的传动比、传动件结构参数设计计算。

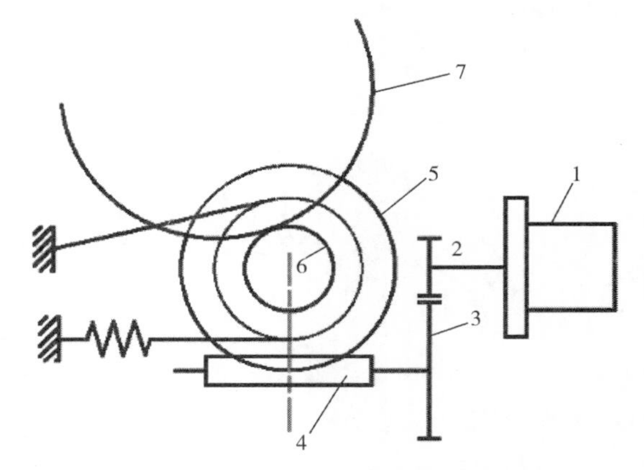

图 10－13　电子送经经纱送出装置

1—伺服电动机　2，3—齿轮　4—蜗杆　5—蜗轮　6—送经齿轮　7—织轴边盘齿轮

下面以某电子式送经机构为例，如图 10－13 和图 10－14 所示介绍其设计方法。

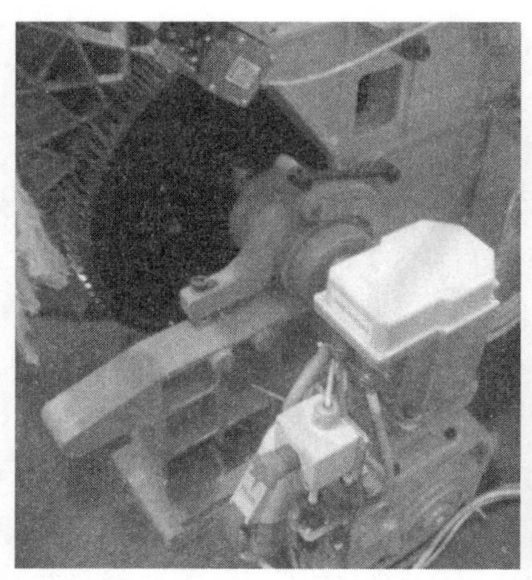

图 10－14　电子式经纱送出装置实物图

①电动机选取。已知电子送经系统的设计指标见表10－1。

表10－1　电子送经系统的设计指标

织物纬密范围/（根·英寸$^{-1}$）	10～250
织机转速范围/（r·min^{-1}）	150～800
织轴卷绕直径范围/cm	16.5～100

选用110BYG 550C型步进电动机，电动机主要技术参数见表10－2。

表10－2　110BYG 550C型步进电动机主要技术参数

相数	电流/A	步距角/（°）	最大静转矩/（N·m）	空载启动频率/kHz	运行频率/kHz
5	5	0.36/0.72	12	3	40

②减速轮系设计。在设计送经和卷取减速轮系时，必须兼顾步进电动机的容量和织物纬密要求。电子送经减速轮系的设计任务就是：根据表10－1的设计指标，计算出减速轮系的减速比i。

在满足设计指标的情况下，尽可能只取一个i值（一个i值就对应一套调速齿轮）。如果用户要求的纬密范围太大，步进电动机的矩频特性无法满足要求，那么只好取两个i值（一般最多取两个i值），相应地提供两套调速齿轮。

根据极限送经量来计算减速轮系的减速比：织造最密的织物、织轴满轴时对应最小送经量L_{min}；织造最稀的织物、织轴接近空轴时对应最大送经量L_{max}。

已知：步进电动机的步矩角为0.36°，设工作频率为f（Hz），织机的转速为$N_{织机}$（r/min），步进电动机转速为$N_{电动机}$（r/min），织轴的转速为$N_{织轴}$（r/min），织物的纬密为W（根/英寸），织轴直径为D（cm），减速轮系的减速比为i，那么，步进电动机的转速$N_{电动机}$为：

$$N_{电动机} = \frac{0.36° \times f \times 60}{360°} = 0.06f \tag{10-2}$$

且

$$N_{电动机} = i \times N_{织轴} \tag{10-3}$$

根据织造工艺，得出下列关系：

$$\frac{2.54 \times N_{织机}}{W} = \pi \times D \times N_{织轴} \tag{10-4}$$

将式（10－2），式（10－3）代入式（10－4）：

$$i = \frac{0.074f \times W \times D}{N_{织机}} \tag{10-5}$$

极限情况一（最小送经量）：当织物的最大纬密为250根/英寸，织轴的最大直径为100cm时，送经电动机的转速最慢，将步进电动机的工作频率选定为100Hz（也是步进电动机的启动频率），并将织机的转速选定为最大转速800r/min，那么可以计算出减速轮系的减速比：

$$i = \frac{0.074 \times 100 \times 250 \times 100}{800} \approx 231$$

极限情况二（最大送经量）：当织物的最小纬密为 10 根/英寸，织轴的最小直径为 16.5cm 时，送经电动机的转速最快，将织机的转速选定为最大转速（800r/min），前面已计算出减速轮系的减速比 $i=231$，那么，将这些数据代入式（10－5），可得送经电动机的最高工作频率 f_{max}（Hz）：

$$231 = \frac{0.074 \times f_{max} \times 10 \times 16.5}{800}$$

$$f_{max} = \frac{231 \times 800}{0.074 \times 10 \times 16.5} \approx 10090$$

综上所述，当减速轮系的减速比 $i=231$ 时，可以满足设计指标，而且送经电动机的工作频率范围是 $f=100 \sim 10090$Hz，从图 10－15 可以看出，该工作频率范围的转矩在 9N・m 以上，说明有理想的矩频特性，完全达到设计要求。

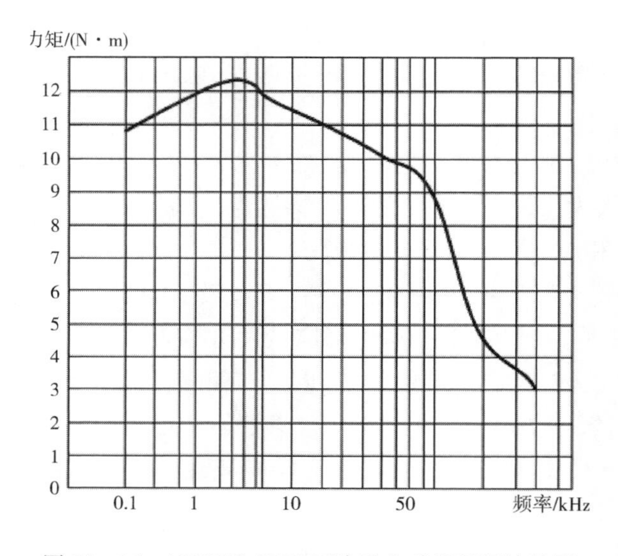

图 10－15　110BYG 550C 型步进电动机矩频特性图

到此计算得到图 10－13 经纱送出装置的减速比，接下来进行两级减速系统的减速比分配，并据此分别计算各传动件的结构参数，进行各传动件的强度校核，即完成该经纱送出装置的设计。

三、电子卷取系统

卷取机构的作用是将织好的织物卷离织口，送经机构同时送出相应长度的经纱，保持经纱张力稳定。因此卷取机构和送经机构可以由同一套控制系统进行卷取量和送经量的控制。图 10－16 为某电子送经和卷取系统原理图，活动后梁附近的接近开关式传感器检测经纱张力大小，张力信号输入控制系统内进行转换和放大后，一方面通过步进电动机驱动电路控制送经电动机调速，驱动织轴送出一定量的经纱；另一方面通过另一个步进电动机驱动电路控制卷取电动机调速，驱动卷取辊卷取一定量的织物。

图 10－16 的卷取机构为电子式卷取机构，与电子式送经机构类似，电动机输出的动力通过减速器减速后驱动卷取辊转动。因此电子式卷取机构设计也主要包括传动比的计算和减速轮系参数计算和结构设计等，此处不再赘述。

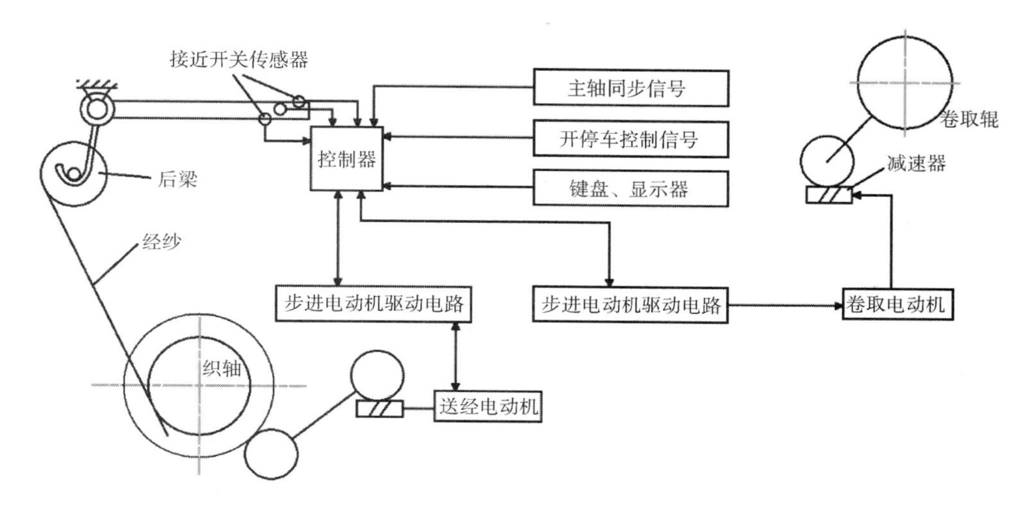

图 10－16　电子送经和卷取工作原理图（接近开关传感器检测经纱张力）

思考题

1. 已知某电子送经机构要满足的技术指标如下：

题表 10－1　技术指标

织物纬密范围/（根·cm^{-1}）	5～50
织机转速范围/（r·min^{-1}）	150～600
织轴卷绕直径范围/cm	20～120

试选用合适的电动机，并计算该经纱送出装置的减速比。

2. 电子式送经机构相比于传统机械式送经机构有什么特点或优势？

第十一章　纺织智能制造技术

本章知识点

1. 智能制造技术在纺织行业的典型应用。
2. 纺织智能制造关键技术。
3. 纺织智能制造技术未来发展方向分析。

人工智能是指用计算机模拟人类智能行为的学科，包括感知、认知和执行。它涵盖了训练计算机完成人类行为的范畴，如自主学习、判断和决策；其主要发展领域：视觉识别（看）、自然语言理解（听）、机器人（动）、机器学习（自我学习能力）等。在技术方面，人工智能分为三个层面，认知技术包括机器学习技术及使用机械视觉、语音识别和其他人工智能技术获取外部信息的技术；执行技术包括硬件技术和人工智能与机器人相结合的智能芯片计算技术。人工智能是当今科学与技术发展的一大主流方向，2030 年人工智能将为世界经济贡献 15.7 万亿美元，超过中国和印度 2017 年的经济总量 14.8 万亿美元。中国人工智能的发展已经进入一个新阶段。

人工智能在纺织领域已有很多应用，机器视觉的针织物疵点在线检测，智能验布系统，其精度和速度均远高于人工；自然语言处理在纺织电子商务中的应用，使用户在家中即可体验穿着效果；机器学习的应用使纺织 CAD 具有逻辑推理和决策的能力，提高面料评级分类以及生产管理的精度和效率，还可以帮助设计师预测服装流行趋势；智能机器人在纺织生产中的应用极大地降低了用人成本，提高了生产效率。

第一节　智能制造技术在纺织行业的典型应用

一、计算机视觉技术

计算机视觉是一门研究如何让机器“看”的学科，用计算机代替人眼，对事物进行识别、跟踪和测量，进一步作图形处理。在大规模视觉识别挑战赛中，图像标签的错误率从 2010 年的 28.5% 降到 2017 年的 2.5%，人工智能系统对物体识别的能力已经超越了人类，如图 11-1 所示。

深圳码隆科技研制的 Product AI 的人工智能视觉平台，搭建起了定制和个性化的以图搜

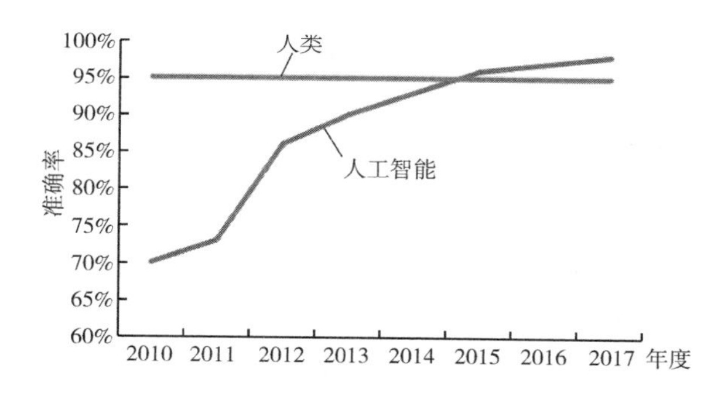

图 11－1　人工智能物体识别能力

图引擎，分析智能色彩流行趋势，以及服饰标注管理系统，减少了企业的人力成本，优化了生产制造流程，提高了购买转化率。

二、机器视觉技术

机器视觉分辨率远高于计算机视觉，且更高效，因此近年来被广泛应用于纺织品疵点检测。

（一）机器视觉在经编针织物疵点在线检测方面的应用

近年来，随着机器视觉和图像处理技术的发展，越来越多的公司将纺织品缺陷自动检测技术引入工业生产。目前，我国很多纺织企业仍依靠人力来检测织物疵点，不能对产品质量做到严格把控。

江南大学自主研发的断纱自停织物疵点在线检测系统，通过工业摄像机在线获取织物图像。在织造过程中，如果出现疵点，实时检测机器停机情况，并在线检测织物疵点，如图 11－2 所示。此系统适用于一般常见经编织疵、断经、油污、破洞的实时检测，可指示疵点发生位置并发出警报及时停机。此断纱自停织物疵点在线检测系统弥补了我国经编织物疵点检测技术的不足，有效加快我国经编产业的高质量发展。

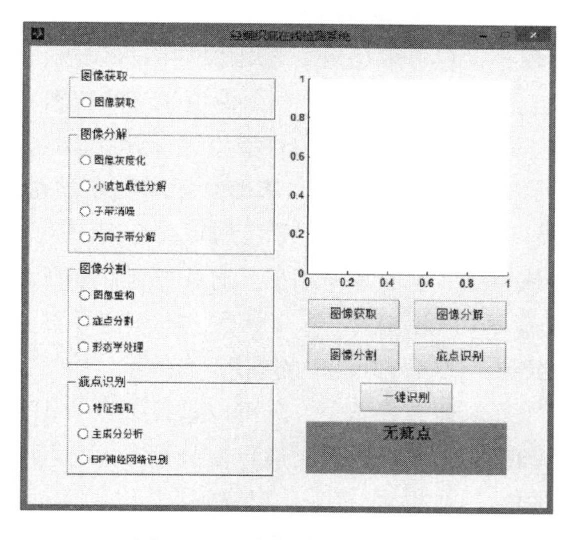

图 11－2　疵点检测系统界面

（二）机器视觉在纺织面料疵点检测方面的应用

智能验布机是基于机器视觉技术，集机械、电子、光学、计算机、软件工程等于一体的疵点检测机器，具有非接触、可重复、可靠、精度高、连续性、效率高、柔性好等众多优势。采用机器视觉检测技术，利用 CCD 工业相机模拟人眼检测布料疵点；通过获取图像、分析参数、对比数据，准确对被检测布匹疵点进行定位；再通过机械手或贴标机等手段对瑕疵点进行标记，同时生成布匹的详细检测报告。

智能验布系统与人工验布相比，具有以下特点：

（1）智能验布机检测速度高达 60～250m/min，人工 15～35m/min；

（2）智能验布机检测幅宽 1.2～3.6m，人工检测 1.6m；

（3）智能验布机可 24h 连续运转，不会视觉疲劳；

（4）智能验布机可准确直观记录疵点细节及分布情况；

（5）可与客户的 MES 系统自动对接导入，便于企业的数据化、信息化管理；

（6）可对织造各生产工艺流程进行实时监控，将损失降至最低点。如果发现严重缺陷，将进行报警和停机，以减少后续工艺延迟造成的大规模废布。

三、机器学习技术

机器学习本质上是计算机算法，计算机通过大量样本数据的训练后能够对后续输入的内容做出正确的反馈，把人类思考归纳经验的过程转化为计算机通过对数据处理计算得出模型的过程。主要以深度学习，增强学习算法为主，赋予机器自主学习并提高的能力。

机器学习的应用非常宽泛，以自然语言处理、图像识别和实体识别的形式被应用于文本、图像、视频中，还可以应用于汽车自动驾驶和医疗辅助诊断。其中，深度学习是机器学习的一个新领域，人工神经网络是通过模仿人类的脑神经回路进行分类作业的机器学习的算法，深度学习就是多层结构的人工神经网络。

（一）机器学习在纺织 CAD 中的应用

近年来，纺织行业向着小批量、多品种、变化快的趋势发展。传统的 CAD 交互过程太多，只是简单模仿设计人员的手工操作过程，引入深度学习的智能 CAD 系统具有逻辑推理和决策能力，在配色、织纹、纱线上具备一定的自动协调设计能力。结合大量设计示例、经验和标准，不断缩小基于设计目标的搜索范围，依赖知识库和自学系统达到理想的设计效果，如图 11－3 所示为程序设计流程图。引入机器学习的纺织 CAD 还可进行机器速度预测和送经量预测，将产品组织拆分成单元，求取数据库中具有相同组织单元的送经量平均值，根据所占权重预测送经量，如图 11－4 所示。

（二）机器学习在纺织面料评级与分类中的应用

将机器学习应用到纺织面料评级分类中，既可以进行疵点的识别和分析，还可以评价织物的性能、棉杂质的分类和等级、起球等级和染色率的计算等。另外，还可用于分析预测织物透气性、耐皱性、耐磨损性等性能。

（1）织物风格评价。通过 KES－F 系列风格仪可以完成织物风格评价，测定各样本的基

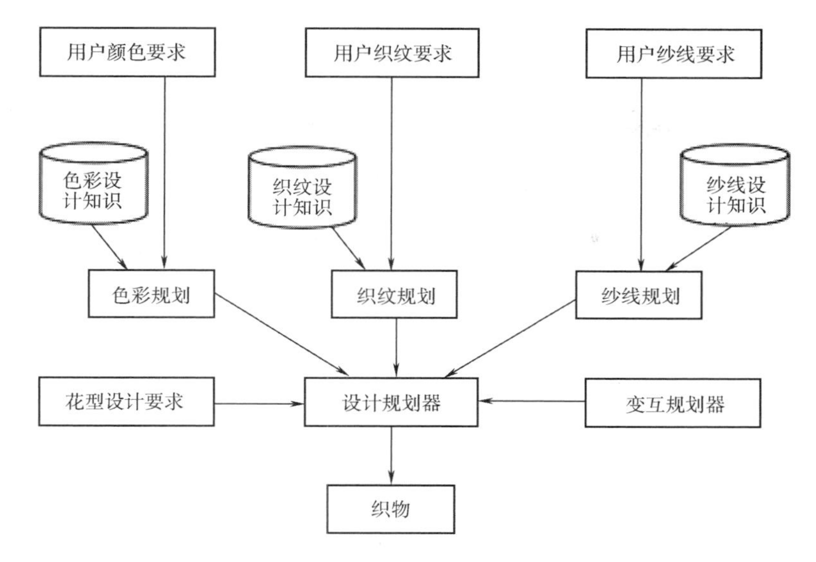

图 11－3 程序设计流程

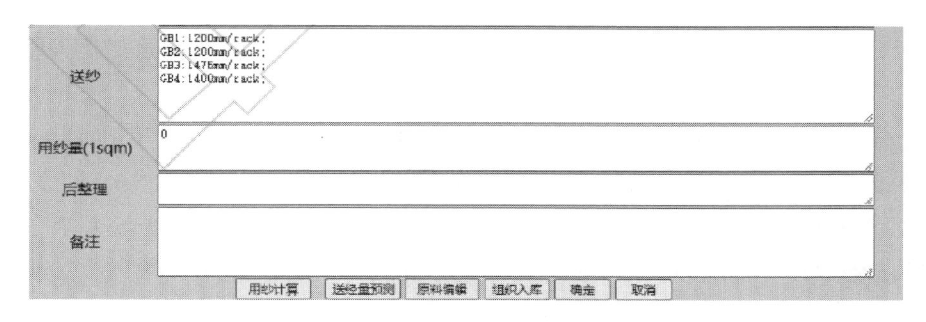

图 11－4 送经量预测

本物理力学量，通过多元回归分析法，建立了基本样式值 Y 和基本物理力学量之间的线性回归方程，包括综合样式值 H 和基本样式值 Y 间的多元线性回归方程式。

（2）纺织分类评级。用多层网络 MLP 及概率神经网络 PNN（图 11－5）对棉纤维的色泽进行了研究，用概率神经网络在小样本训练中获得了较高的识别率。

（3）纺纹识别。用三层 BP 网（图 11－6）进行训练，将 Kawabata 风格仪测得的物理量作为输入参数，织物种类为输出参数。

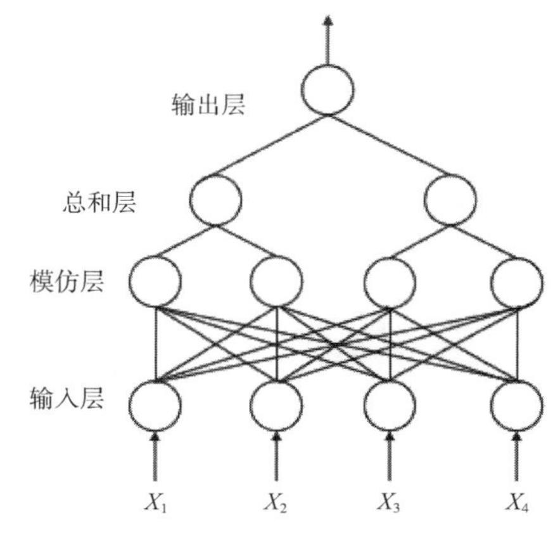

图 11－5 PNN 神经网络系统

（三）基于机器学习的纺织生产管理

将机器学习应用到实际生产中，建设工厂大数据系统、网络化分布等现代设施，开展以自动化和智能化生产、在线工艺和质量监控、自动输送包装及智能仓储为主要特征的智能化管理、智能化

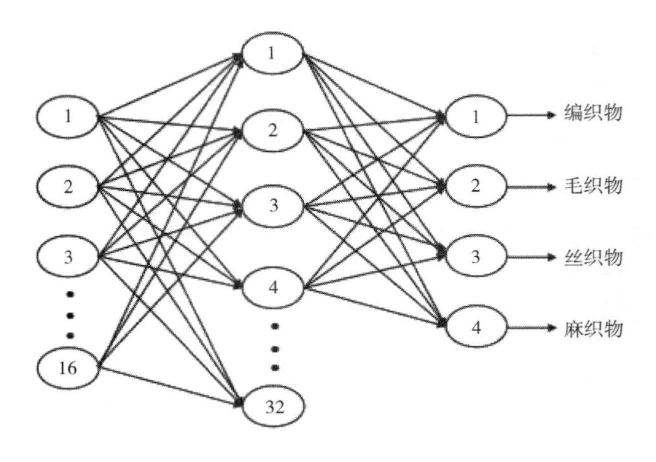

图 11－6　织物识别神经网络结构

工厂建设。将机器学习引入到工厂中，解决传统生产中只注重事后处理，缺乏科学的事先控制措施的问题。

1. 决策树　C5.0 算法通过对数据集处理，选择信息增益率最大的元素作为根节点，分别计算原材料、产品、设备型号、挡车工作、班次和质量等级元素的信息增益率，将确定树构建为一个分支，计算每个元素的值，优化每个决策树样本的权重，使用 Boosting 算法迭代生成多个决策树，最后得到高准确度的质量管理决策树模型。

2. 智能排产系统　APS 通过遗传算法（Genetic Algorithm）、限制理论（ Theory of Constraints ）、运筹学（Operations Research）、生产仿真（Simulation）及限制条件满足技术（Constraint Satisfaction Technique）。为了满足顾客需求及应对竞争激烈的市场，首先考虑企业资源（主要是材料和能力）的制约和生产现场的管理和派遣规律，规划可行的材料需求计划和生产计划，如图 11－7 所示。

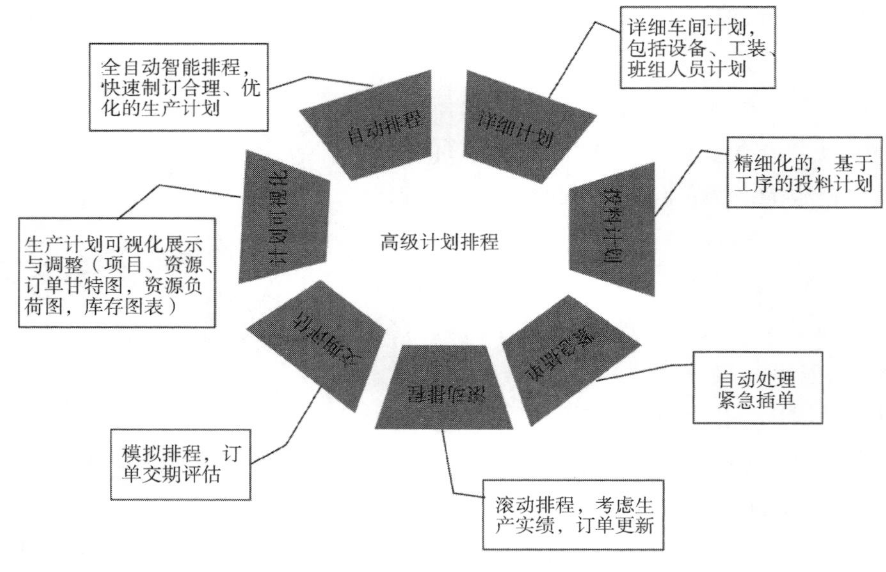

图 11－7　智能排产系统 APS

3. 绩效考核系统　运用系统工程中的层次分析法（AHP），建立了针织行业绩效考核递阶层次结构，客观地对生产企业人员绩效考核的有关绩效衡量、绩效目标分解与指标设置、指标权重计算等过程进行了定性和定量的研究与尝试。但是在应用层次分析法之前，应结合其他方法，灵活、简单地应用层次结构；应采取其他一些方法和手段来减少层次结构，缩小评估对象的范围，从而提高决策的科学性，同时兼顾效率。

（四）人工神经网络在智能穿戴中的应用

使用人工神经元网络（ANN）计算模型（图 11－8），从呼吸模式中提取特征，开发了使用呼吸模式的生物特征预测系统，该系统能够以 99.8% 的准确度正确预测生命体征。

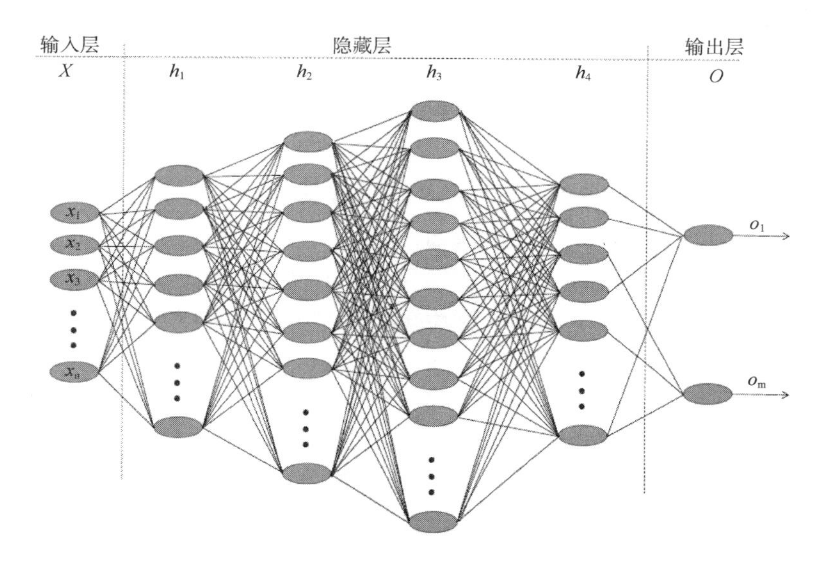

图 11－8　ANN 人工神经元网络

此外，机器学习还被应用于服装流行趋势预测、服装面料图案设计以及人工智能服装的设计中。借助计算机视觉与图像处理技术从海量图片中可以分析出不同群体穿衣偏好，归纳出流行色、流行款式等。由中国纺织信息中心、国家纺织产品开发中心与微软（亚洲）人工智能工程院合作开发的人工智能纺织面料图案设计平台，能够使用色彩心理学匹配情感色彩的算法，并对更新的数据分析学习，持续无线的导出新服装款式，满足现在快时尚的需求。

四、智能纺织机器人

智能化已成为当前机器人中重要的发展方向，将人工智能与机器人融合创新，使智能机器人有自主的感知、认知、决策、学习、执行和社会协作能力。工业机器人的普及是促进企业转型升级，实现自动化生产和提高社会生产效率的有效手段。

（一）智能机器人在筒子纱自动上纱的应用

将工业机器人应用到纬编中，代替人工将筒子纱自动上纱，如图 11 －9 所示。无锡艾姆维公司生产的机器人根据预先编排的程序，将筒子纱搬运到指定位置，辅助完成机器生产，可以提高生产效率，节约人工成本。

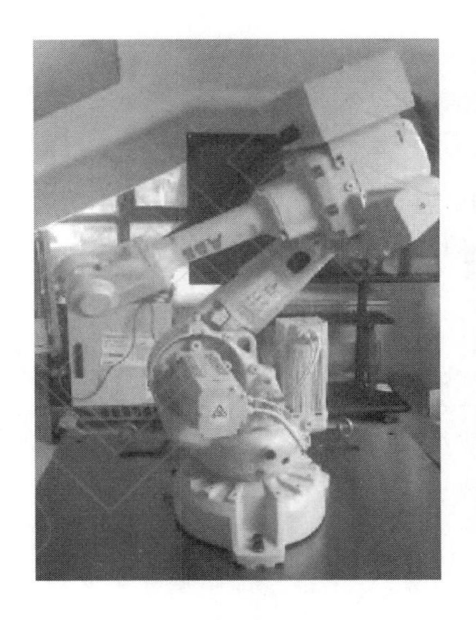

图 11 －9　无锡埃姆维公司的智能机器人

（二）智能机器人在筒子纱智能染色的应用

“筒子纱数字化自动染色成套技术与装备”创新研发出筒子纱数字化自动染色的工艺技术，使从原丝到成品筒子纱染色全过程实现了数字化、自动化生产，整个染色过程由中央自动控制系统进行控制，该技术使中国成为世界上第一个突破全过程自动染色技术并实现工程应用的国家。

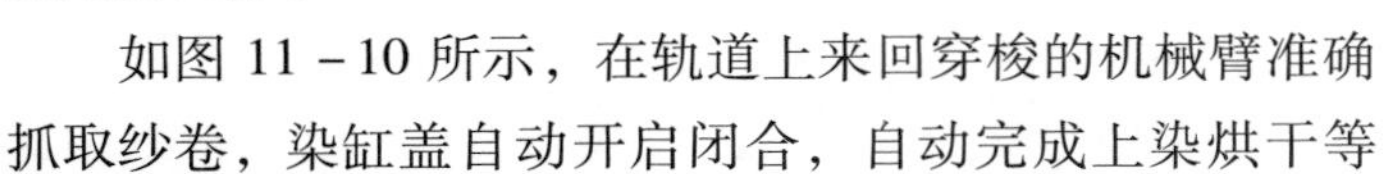

如图 11 －10 所示，在轨道上来回穿梭的机械臂准确抓取纱卷，染缸盖自动开启闭合，自动完成上染烘干等工序，首次实现了从原纱到成品的全过程数字化自动化生产。目前，康平纳纺机的成套装备及单台设备已在鲁泰、孚日等企业推广，该应用为构建我国极具特色的纺织机械研发生产基地奠定了坚实的基础。

图 11 －10　筒子纱智能染色

（三）智能仓储物流系统在纺织行业的应用

工业机器人在智能仓储物流系统的应用，对推动纺织工厂的智能化、信息化，推动产业升级转型有极大作用。目前，天猫、菜鸟、京东，都开始了仓储物流机器人改革。机器人的应用已成为决定企业之间竞争及其未来发展的一个重要标尺。仓储和物流行业面临着前所未有的发展机遇和全新的模式变革。

以恒力股份的智能化生产车间为例，从清板、落筒，到丝饼的运输、取放、上线、裹膜、落包、打包、缠膜、入库，一整套的产品生产流水线系统全部由机器人操作完成，如图 11 - 11 所示。

图 11 - 11　纱线整齐打包入库

第二节　纺织智能制造关键技术

机械的智能化是智能制造的核心，纺织智能制造涉及的关键技术包括：智能控制、网络化与信息化、纺织智能装置与机器人、纺织机械智能检测与故障诊断、工序机械的自动连接、纺织机械的大数据与建模等。

一、纺织机械的智能控制

（一）纺织机械智能控制的特点与主要类型

纺织机械的工况特点：纺织生产机械多为连续高负荷运转（两班或三班运转），工作环境一般为高温、高压、高湿、多尘。

纺织机械的典型控制类型包括以下几个方面：

（1）均匀性控制：纤维束（纱线）的定量控制，如条干均匀度、细度不匀等。

（2）张力控制：纤维、纱线、织物的在线张力检测与控制。

（3）速度、位置（轨迹）控制：如纱线卷绕成形控制。

（4）过程量在线检测与控制：如染整、浆纱工艺机械的温度、压力、流量控制。

（5）工艺动作顺序、循环控制：如自动织机五大机构运动的控制。

（6）多电动机协调控制：采用多电动机分别驱动各个工艺动作，实现纺织机械的“数控”。

（二）纺织机械智能控制器

1. 开发专用智能控制器　针对某一纺织工艺设备开发专用智能控制器，即根据工艺设备的特点，基于嵌入式处理器等先进控制器件与芯片技术，开发专门的控制系统硬件软件。近年来，许多企业致力于开发基于 ARM（Advanced RISC Machines）、复杂可编程逻辑器件（CPLD）、控制器局域网络（CAN）总线的高档织机控制系统。其特点是控制速度快、控制精度高、实时性好且软件保护性好；缺点是控制器需专门制造，通用性与互换性差。

2. 基于通用控制器件的智能控制系统 纺织机械采用 PLC、工控机等通用控制器件开发其智能控制系统，具有通用性好、编程方便、维护便捷、开发周期短、可靠性高等优点。然而，其硬件成本一般会高于专用控制器，硬件软件的可保护性也往往弱于专用控制器。究竟是采用专用控制器还是基于通用控制器进行开发，需要综合批量、复杂程度、成本等因素考虑。

二、纺织生产的网络化与信息化

纺织生产工艺路线长、工序多，机械种类多，为实现网络化与信息化，进而实现纺织制造的智能化，必须使各设备间通过网络通信实现数据的交换，进而实现设备的联网控制。因此，制订纺织设备的通信接口标准和协议，开发接口模块十分迫切和必要。

目前，中国纺织机械协会主持编制了《棉纺设备网络管理通信接口和规范》，其他纺织机械的通信接口规范也在陆续编制中，尚需建立有力的机制使相关企业自觉执行。

三、纺织智能生产装置与机器人

在纺织制造过程中，存在许多由人工完成的动作，如细纱机自动落纱上纱，粗纱机落纱，并条机换筒、送筒，梳棉机并条机的断条接条，自动织造车间的落布、上经轴，自动穿经结经，印染车间的布卷落卷与上卷等。这些工序动作，可以采用两种方案实现自动化乃至智能化。

（1）根据工艺要求和结构条件设计开发专门的自动化装置。其优点是工序动作可靠性高，可实现高速运行，控制便捷，有时还可以减少装置占用的空间；缺点是装置的结构需要单独设计制造。

（2）采用通用工业机器人（机械手），根据动作轨迹和速度等要求，利用编程实现。其优点是可以减少专用机械结构的开发试制；缺点是当工序动作较为复杂时，机器人运动速度有限，同时工序动作的精度取决于机器人（机械手）的精度，有时难以满足运动精度要求。另外，通用机器人占用空间大，系统整体性、紧凑性不佳。

四、纺织机械智能检测与故障诊断

（1）纺织加工工艺参数的在线检测与控制。如异纤、纤维与纤维束细度、纤维包密度、纤维束含水率；纱线张力、纱线运动姿态、捻度；上浆率、含水率、温度压力浓度等工艺参数；织物张力、织物运动姿态、织物纬斜与断纬等参数的检测与控制。

（2）机械电气性能的在线检测与智能控制。主要包括运动部件的位移、轨迹、加速度，机械运行电压、电流、功耗等电学参数的检测与智能控制。

（3）纺织机械故障诊断。在纺织机械动态特性研究的基础上，建立纺织机械故障分析与智能诊断方法与模型，通过检测纺织机械工艺参数与机械电学参数，发出故障信号警报、输出故障诊断报告等。

五、纺织生产各工序机械的自动连接

（1）根据各工序设备及其在车间的空间布局，设计专门的输送装置系统，纺织品从一台工序设备到另一台工序设备自动输送。其特点是传送效率高，可靠性易于保证。但针对不同工序设备需专门设计制造不同的输送装置系统，互换性差。

（2）基于自动导引小车的输送系统。其通用性好，运动路径需要根据实际编程控制，可适应不同工序间设备的输送需要。不过，自动导引小车与工序设备之间还需设置转接装置。

六、纺织智能制造机械的大数据与建模

大数据是智能机械控制模型与算法的基础，纺织智能机械大数据技术的主要内容包括：纺织机械的运行状态数据，包括振动、噪声、主要运动部件的加速度、电流及其波动、电压及其波动、功耗等；纺织加工的工艺数据包括纱线及织物的张力、速度、姿态，纱线及纤维条的细度、捻度、条干及其不匀率、温度、湿度、回潮率、产量、断纱率等。

纺织机械大数据技术的应用和研究应注意以下问题：

（1）多数纺织企业在数据采集、信息化等应用方面虽取得了一定的成效，但针对大数据的深入分析和有效应用面临诸多难题，例如：采集的大数据如何运用，如何为提升生产质量、产品档次、设备可靠性服务，真正实现智能化生产，缺乏理论和技术支持等问题。

（2）纺织机械大数据运用存在困难的主要原因在于相关领域的学术和技术界对于纺织机械的工作机理研究还不够深入，缺乏纺织智能制造机械的分析建模理论方法与技术，难以为大数据的有效运用提供理论和技术指导。

第三节　纺织智能制造技术未来发展方向

科技创新已经成为提高国家综合实力和国际竞争力的决定性力量，在党和国家发展全局中的地位和作用更加凸显。我国纺织工业要紧跟党和国家科技创新战略调整方向，面向世界科技前沿、面向国家重大需求、面向国民经济主战场，立足实现建设创新型国家“三步走”的战略目标、立足在重点领域抢占全球新一轮科技革命制高点、立足全面提升我国纺织科技创新供给能力。深入研究编制《纺织工业“十四五”科技进步纲要》，加强前沿技术研判，及时调整科技创新的方向路径，引领行业高质量发展。

在国家中长期科技发展规划和重点产业技术发展路线图研究的基础上，我国纺织工业未

来将在相当长的一段时间内，围绕纤维新材料、先进纺织制品、绿色制造和智能制造四大方向开展科技攻关。

一、纤维新材料

重点突破基础纤维、关键战略纤维与前沿纤维制备及应用技术，研究开发先进功能、高仿真、生物基等基础纤维，高性能 T1000、M55 碳纤维、对位芳纶等关键战略纤维以及纳米纤维、智能纤维、生物医用等前沿纤维。力争到 2025 年，先进功能、生物基、可降解等基础纤维总体技术水平达到国际先进；碳纤维 T1000、芳纶 1414 规模化制备技术接近发达国家水平；纳米纤维实现产业化，智能、生物医用纤维部分品种实现产业化。

二、先进纺织制品

重点发展应急与公共安全用纺织品、土工建筑用纺织品、海洋用纺织品、环境保护用纺织品、纺织复合材料、医卫健康用纺织品、高端消费纺织品。到 2025 年，基本建成较为完善的产业用纺织品行业创新体系，行业技术创新能力和国际竞争力明显增强，基本能够满足下游应用市场需求，先进产业用纺织品在安全防护、基础设施建设、海洋工程、环境保护等领域批量应用，国产化率提高 20%，大部分功能纺织面料处于国际领先地位。

三、纺织绿色制造

重点研究开发绿色化学品、高效纺织化学品利用及短流程印染技术、非水介质印染加工技术、低温节能印染新技术以及循环再生纤维利用技术。到 2025 年，印染工业能耗降低 20% 以上，全行业水回用率达到 40%，废旧化纤纺织品再生资源利用率达到 10% 以上。

四、纺织智能制造

重点研究纺织机器人、纺织智能检测、短流程纺织工艺、智能织造、智能染整、智能缝制等关键技术及装备，推进纺纱、化纤、印染、针织、非织造布、服装、家纺等智能工厂建设，形成纺织智能制造标准体系。到 2025 年，纺机行业实现由中低端向中高端的全面转型升级；化纤、纺纱、织造、印染等行业的自动化、数字化、智能化装备与智能制造水平达到国际先进；纺织服装行业实现大批量定制；纺纱智能工厂实现万锭用工 15 人以下。

思考题

1. 纺织智能技术的关键技术有哪些？
2. 目前应用于纺织行业的智能制造技术主要有哪些？
3. 纺织智能制造技术未来发展方向主要有哪几个？

参考文献

[1] 陈仁哲．纺织机械设计原理（上册）[M]．2版．北京：中国纺织出版社，1996.

[2] 陈仁哲．纺织机械设计原理（下册）[M]．2版．北京：中国纺织出版社，1996.

[3] 陈革，杨建成．纺织机械概论[M]．2版．北京：中国纺织出版社，2020.

[4] 陈革，孙志宏．纺织机械设计基础[M]．北京：中国纺织出版社，2020.

[5] 毛利民，裴泽光．纺纱机械[M]．北京：中国纺织出版社，2012.

[6] 任家智．纺织工艺与设备（上册）[M]．北京：中国纺织出版社，2004.

[7] 孟长明．纺织机械基础[M]．北京：中国纺织出版社，2014.

[8] 周琪甦．纺织机械基础概论[M]．北京：中国纺织出版社，2008.

[9] 张新江．FA322B自调匀整并条机性能特点及使用效果分析[J]．现代纺织技术，2012，21(3)：30－35.

[10] 静献鹏．P－3型清棉自调匀整仪的使用体会[R]．百度文库．

[11] 徐山青，施亚贤．储纬器定长方法的研究[J]．棉纺织技术，2003，31(2)：20－22.

[12] ISHIDA M，OKAJIMA A. Flow characteristics of an air－jet loom with a modified reed and auxiliary nozzles. part 1：flow in a main nozzle [J]．Textile Machinery Soc，1991，44(4)：43－54.

[13] ISHIDA M，OKAJIMA A. Flow characteristics of an air－jet loom with a modified reed and auxiliary nozzles. part 2：measurements of a high speed jet flow from a main nozzle and a weft traction force [J]．Textile Machinery Soc. 1992，45(12)：65－77.

[14] KIM S D，SONG D J. A numerical analysis of transonic/ supersonic flows in the axisymmetric main nozzle of and air－jet loom [J]．Textile. Res. J.，2001，71(9)：783－790.

[15] JEONG S Y，KIM K H，CHIO J H. Design of the main nozzle with different acceleration tube and diameter in an air－jet loom [J]．Precision Eng. Manufact. 2005，6(1)：23－30.

[16] 薛文良，魏孟媛，陈革．喷气织机主喷嘴内部流场的数值计算[J]．纺织学报，2010，31(4)：124－127.

[17] 张科．基于CFD的喷气织机主喷嘴气流场分析及局部结构参数优化[D]．苏州：苏州大学，2010.

[18] 王青，林何，沈丹峰．喷气织机主喷嘴导纱管改进构型的性能分析[J]．丝绸，2020，57(5)：42－46.

[19] 冯英杰，蒋高明，彭佳佳．人工智能引领纺织行业创新发展[J]．现代纺织技术，2020，29(3)：71－77.

[20] 梅金燕．双目测距系统中快速匹配算法研究[D]．苏州：苏州大学，2012.

[21] Shohma Y，Perrault R，Brynjolfsson E. Artificial intelligence index 2017 annual report [R]．Palo Alto：Stanford University，2017.

[22] 蔚苗苗．织物疵点检测算法研究和系统实现[D]．无锡：江南大学，2017.

[23] 夏栋．基于多尺度几何分析的经编织疵在线检测［D］．无锡：江南大学，2017.

[24] 李九灵．可重构的机器视觉在线检测方法的研究［D］．武汉：武汉科技大学，2013.

[25] 宗亚宁，薛冬梅，崔世忠．智能纺织 CAD 设计系统［J］．中原工学院学报，2002（3）：57－59.

[26] 张瑞林．人工神经网络在纺织中的应用研究［D］．杭州：浙江大学，2001.

[27] 金关秀．基于人工智能的纺织技术开发新途径［J］．纺织科技进展，2013（3）：11－14.

[28] 肖继梅，崔晓红．人工神经网络在纺织上的应用［J］．电脑开发与应用，2008（11）：39－41.

[29] 任强，徐旻．“纺织行业＋人工智能”的探讨［J］．纺织器材，2019（6）：13－15.

[30] 刘鹏飞，蒋高明，吴志明．决策树算法在针织产品质量管理中的应用［J］．纺织学报，2018（6）：149－154.

[31] 高昌洁，高杰，常华，等．创新“染”就七彩梦想［J］．中国纤检，2015（3）：32－36.

[32] 罗戎蕾．基于复小波变换的纺织品图案检索方法研究［J］．浙江理工大学学报，2015（1）：46－50.

[33] 梁莉萍．康平纳色纱惊艳中国国际纺织纱线展［J］．中国纺织，2018（5）：65.

[34] 何定边．未来智造——智能仓储机器人哪家强［J］．商业文化，2018（2）：44－51.

[35] 黄旭．纺织机械智能化探究［J］．机电信息，2018，36（12）：75－77.

[36] 李陵申．纺织科技创新布局未来［R］．摘编自中国纺织工业联合会副会长李陵申在 2019 年纺织科技教育鼓励大会上的讲话，2019.